湖北南河自然保护区
生物多样性及其保护研究

汪正祥　雷　耘　赵开德　杨建国　著

国家自然科学基金"中小尺度区域潜在植被预测研究"
（编号40971028）资助

科学出版社
北　京

内 容 简 介

　　湖北南河自然保护区地处大巴山东延的两条支脉武当山山脉东南麓、荆山山脉北麓以及两山脉之间,位于谷城县西南部,东接盛糠镇,北接五山镇,西与保康毗邻,南临保康县、南漳县,属"自然生态系统类"中的"森林生态系统类型"自然保护区。该保护区主要保护对象是北亚热带森林生态系统、国家珍稀濒危野生动植物及其栖息地。南河自然保护区多样化的生态系统类型,完整的自然植被系统、丰富的动植物资源对汉江流域(南水北调中线工程丹江口水库重要的水源区)的生态环境的保护与恢复也将起到关键示范作用。本书详细介绍了该保护区独特自然地理环境特征、动植物种类及区系特点、生物多样性的种群特征及其分布规律、珍稀濒危动植物的分布及保护状况,提出了加强对生物多样性保护的对策建议。

　　本书可供林业工作者及有关研究人员,环境保护工作者及有关研究人员,自然保护区管理人员,大中专学校的生物、林学、环境保护、生态专业有关人员阅读参考。

图书在版编目(CIP)数据

湖北南河自然保护区生物多样性及其保护研究/汪正祥等著.—北京:科学出版社,2013.2
　　ISBN 978-7-03-036645-0

Ⅰ.湖…　　Ⅱ.汪…　　Ⅲ.然保护区－生物多样性－保护－研究－湖北省
Ⅳ.S759.992.63

中国版本图书馆 CIP 数据核字(2012)第 022294 号

责任编辑:张颖兵/责任校对:吴　淼
责任印制:彭　超/封面设计:苏　波

科 学 出 版 社 出版

北京东黄城根北街 16 号
邮政编码:100717
http://www.sciencep.com

武汉中远印务有限公司印刷
科学出版社发行　各地新华书店经销

*

开本:787×1092　1/16
2013 年 1 月第 一 版　印张:11　插图:8
2013 年 1 月第一次印刷　字数:165 000

定价:120.00 元
(如有印装质量问题,我社负责调换)

峡谷景观1

峡谷景观2

河岸带植被景观

青龙山植被景观

石灰岩地貌1

石灰岩地貌2

石灰岩地貌3

石灰岩山地植被景观

崖白菜

血皮槭

领春木

水晶兰

瘿椒树

神农石韦

银杏

金荞麦

大斑叶兰

刺楸

青檀

叉叶蓝

栓栎林

青冈林

麻栎林

水竹灌丛

毛黄栌灌丛

黑壳楠林

刺叶栎林

银杏林

榉树林

日本金星蕨草丛

楸树林

虎耳草丛

枫扬林

油松林

离舌橐吾草丛

小叶平枝栒子灌丛

大鲵

黑鳍鳈

花斑副沙鳅

黄颡

瓦氏黄颡鱼

拟鮈

宽鳍鱲

紫薄鳅

中华鳑鲏

赤眼鳟

短体副沙鳅

黄尾鲴

刺鳅

大口鲶

鳡鱼

白缘𫚖

湖北圆吻鲴

鳠

尖头红鲌

青梢红鲌

小口白甲鱼

兴山条鳅

银鮈

斑鳜

隆肛蛙

王锦蛇

白腰文鸟

中华大蟾蜍

花臭蛙

黑眉锦蛇

黑斑侧褶蛙

棉凫

水雉

赤膀鸭

山斑鸠

小鸦鹃

雕鸮

黑鹳

秃鹫

鹰鸮

灰鹤

刺猬

红白鼯鼠

草兔

藏酋猴

汪正祥教授（中）考察山顶植被

杨其仁教授（右）鱼市调查

江建国教授（右）捕昆虫

诱捕昆虫灯

整理昆虫标本

管护界碑

放生鸟

放飞

湖北南河自然保护区地质图

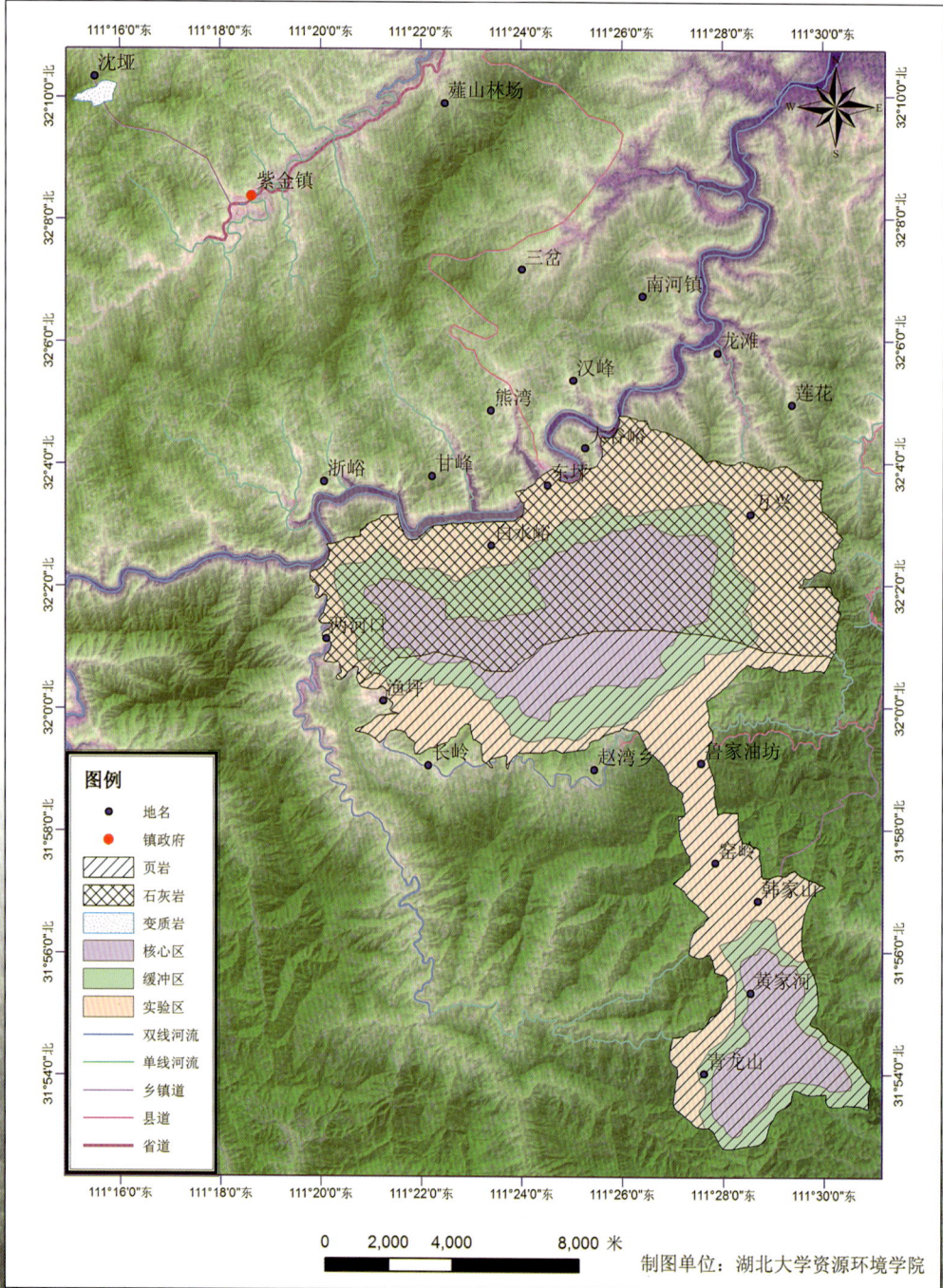

图例

- 地名
- 镇政府
- 页岩
- 石灰岩
- 变质岩
- 核心区
- 缓冲区
- 实验区
- 双线河流
- 单线河流
- 乡镇道
- 县道
- 省道

0 2,000 4,000 8,000 米

制图单位：湖北大学资源环境学院

湖北南河自然保护区水系图

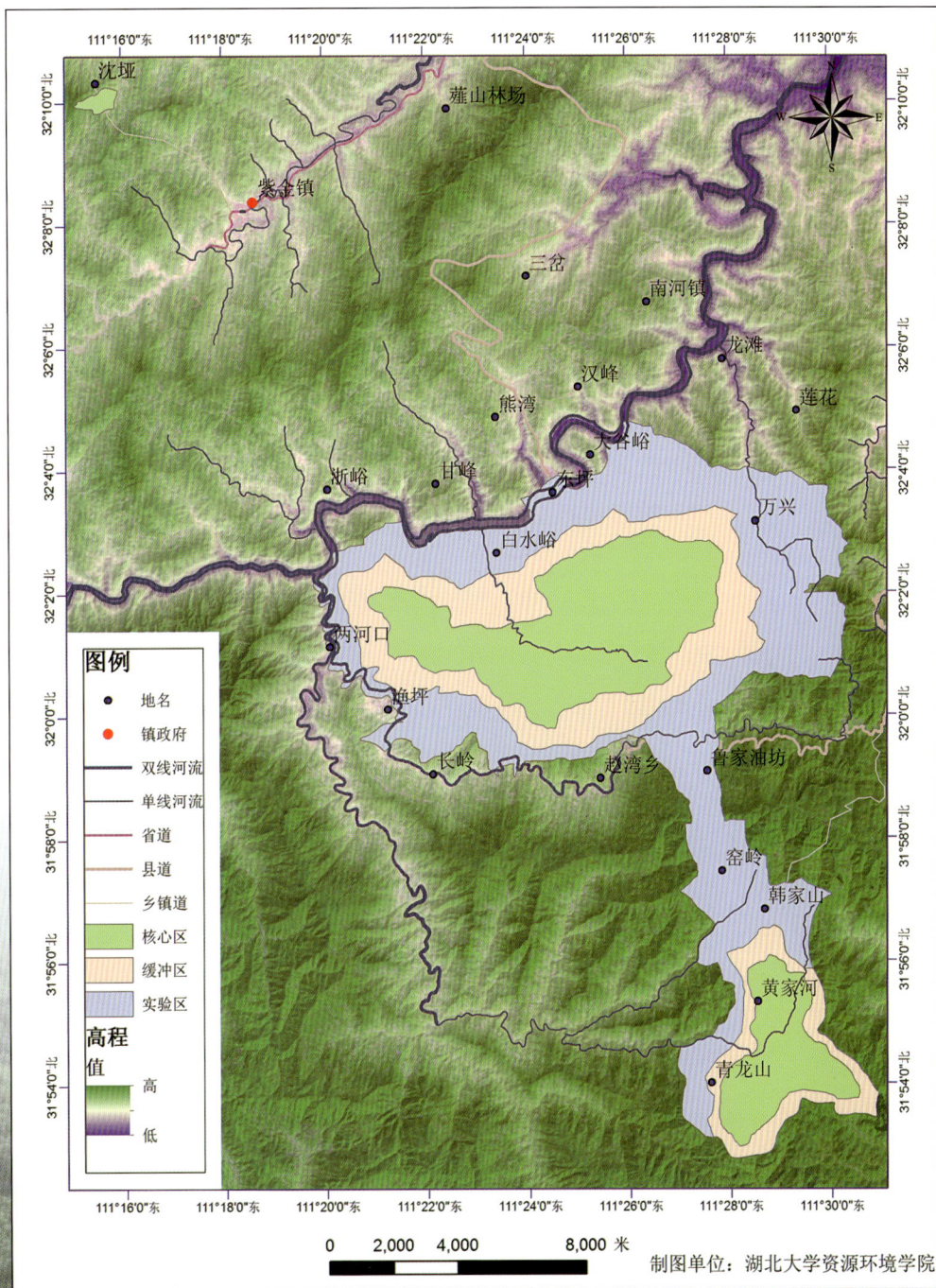

图例

- 地名
- 镇政府
- 双线河流
- 单线河流
- 省道
- 县道
- 乡镇道
- 核心区
- 缓冲区
- 实验区

高程
值
高
低

沈垭　莲山林场　紫金镇　三岔　南河镇　龙滩　莲花　汉峰　熊湾　大谷峪　浙峪　甘峰　东坪　万兴　白水峪　两河口　渔坪　长岭　赵湾乡　鲁家油坊　窑岭　韩家山　黄家河　青龙山

0　2,000　4,000　8,000 米

制图单位：湖北大学资源环境学院

湖北南河自然保护区珍稀濒危野生植物分布图

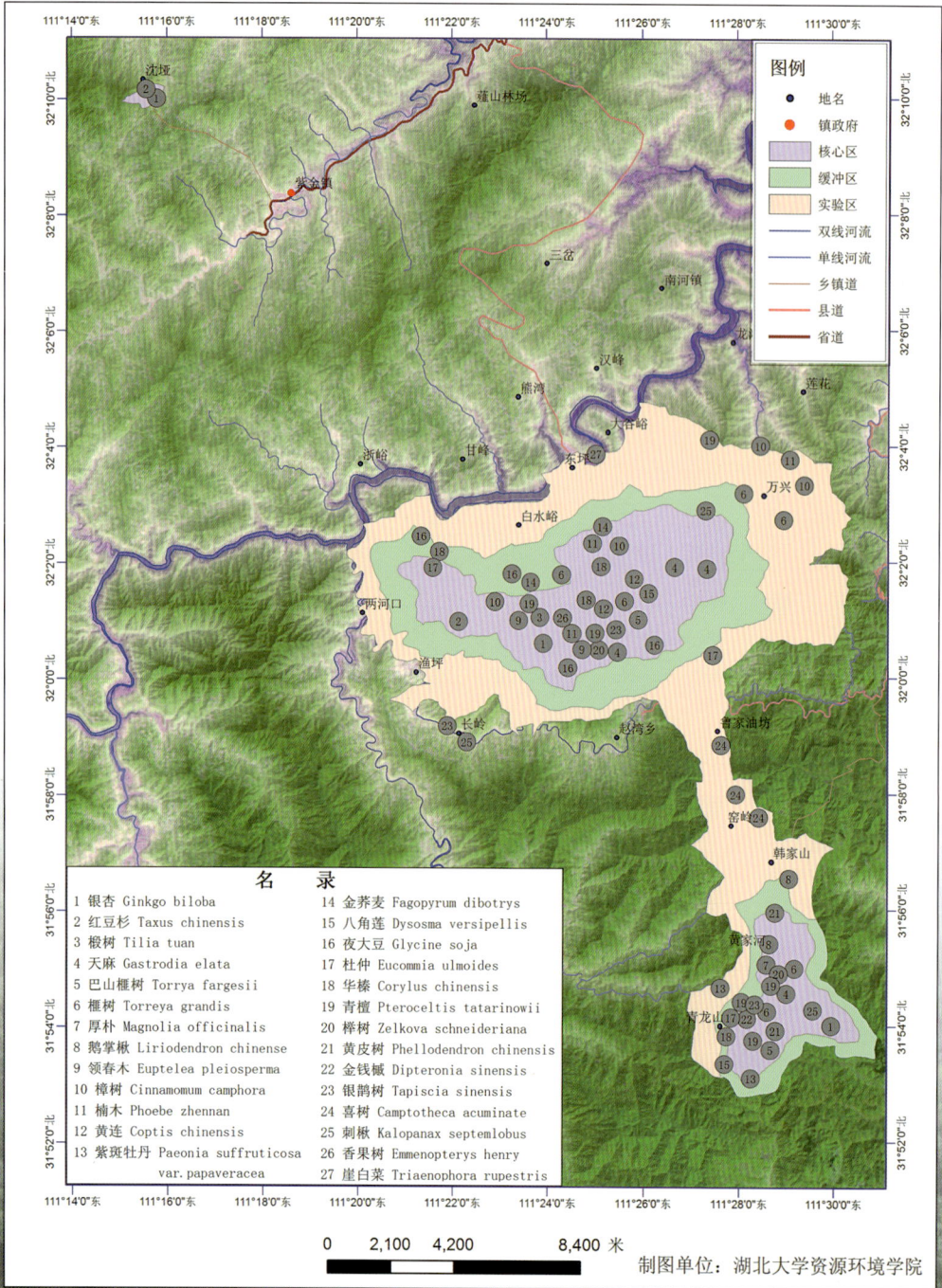

图例

- 地名
- 镇政府
- 核心区
- 缓冲区
- 实验区
- 双线河流
- 单线河流
- 乡镇道
- 县道
- 省道

名　录

1 银杏 Ginkgo biloba	14 金荞麦 Fagopyrum dibotrys
2 红豆杉 Taxus chinensis	15 八角莲 Dysosma versipellis
3 椴树 Tilia tuan	16 夜大豆 Glycine soja
4 天麻 Gastrodia elata	17 杜仲 Eucommia ulmoides
5 巴山榧树 Torrya fargesii	18 华榛 Corylus chinensis
6 榧树 Torreya grandis	19 青檀 Pteroceltis tatarinowii
7 厚朴 Magnolia officinalis	20 榉树 Zelkova schneideriana
8 鹅掌楸 Liriodendron chinense	21 黄皮树 Phellodendron chinensis
9 领春木 Euptelea pleiosperma	22 金钱槭 Dipteronia sinensis
10 樟树 Cinnamomum camphora	23 银鹊树 Tapiscia sinensis
11 楠木 Phoebe zhennan	24 喜树 Camptotheca acuminate
12 黄连 Coptis chinensis	25 刺楸 Kalopanax septemlobus
13 紫斑牡丹 Paeonia suffruticosa var. papaveracea	26 香果树 Emmenopterys henry
	27 崖白菜 Triaenophora rupestris

地名：沈垭、薤山林场、紫金镇、三岔、南河镇、龙×、汉峰、莲花、熊湾、大谷垭、浙峪、甘峰、东坪、白水峪、两河口、渔坪、长岭、赵湾乡、曾家油坊、窑岭、韩家山、黄家河、青龙山

0　2,100　4,200　8,400 米

湖北南河自然保护区植被分布图

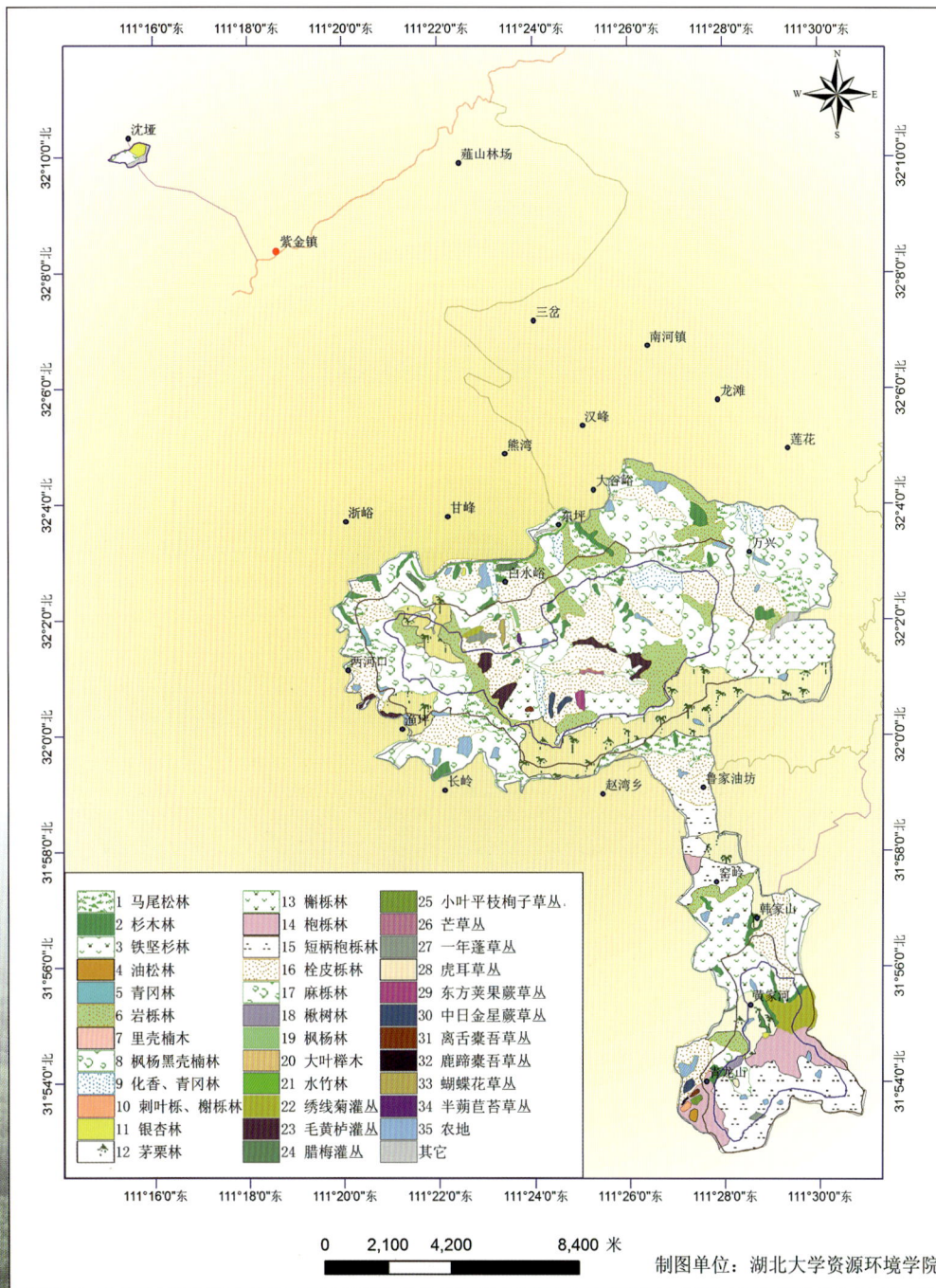

沈垭

蕙山林场

紫金镇

三岔

南河镇

汉峰

龙滩

熊湾

莲花

浙峪 甘峰 大谷峪

东坪

白水峪 万兴

两河口

渔关

长岭 赵湾乡 鲁家油坊

窖岭

韩家山

1 马尾松林	13 槲栎林	25 小叶平枝栒子草丛
2 杉木林	14 枹栎林	26 芒草丛
3 铁坚杉林	15 短柄枹栎林	27 一年蓬草丛
4 油松林	16 栓皮栎林	28 虎耳草丛
5 青冈林	17 麻栎林	29 东方荚果蕨草丛
6 岩栎林	18 楸树林	30 中日金星蕨草丛
7 里壳楠木	19 枫杨林	31 离舌橐吾草丛
8 枫杨黑壳楠林	20 大叶榉木	32 鹿蹄橐吾草丛
9 化香、青冈林	21 水竹林	33 蝴蝶花草丛
10 刺叶栎、槲栎林	22 绣线菊灌丛	34 半蒴苣苔草丛
11 银杏林	23 毛黄栌灌丛	35 农地
12 茅栗林	24 腊梅灌丛	其它

0 2,100 4,200 8,400 米

制图单位：湖北大学资源环境学院

湖北南河自然保护区国家重点保护动物分布图

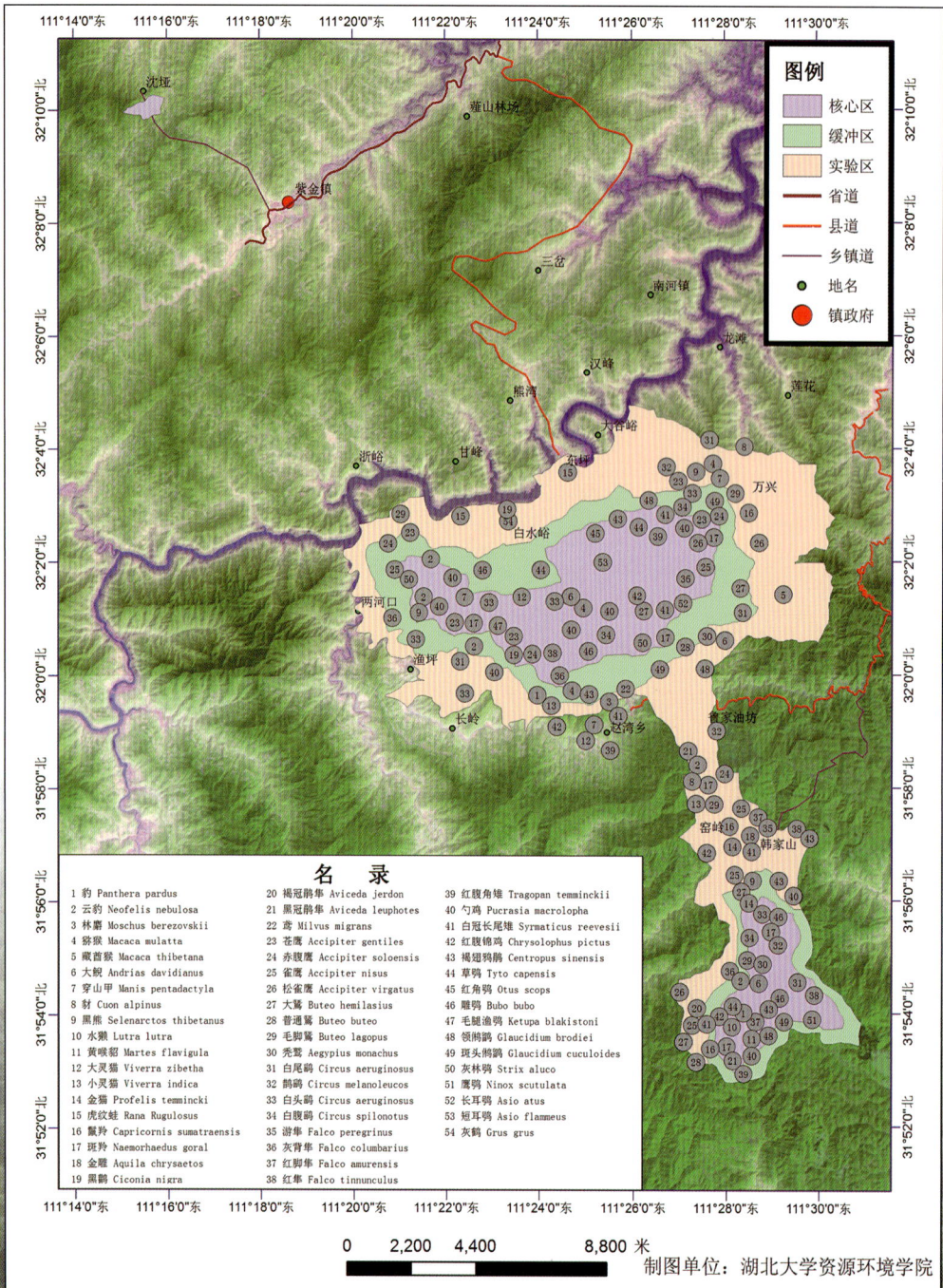

沈垭　莲山林场　紫金镇　三岔　南河镇　龙滩　莲花　熊湾　汉峰　大谷峪　东垭　甘峰　浙峪　万兴　白水峪　两河口　渔坪　长岭　达湾乡　詹家油坊　窑峰　韩家山

名　录

1 豹 Panthera pardus	20 褐冠鹃隼 Aviceda jerdon
2 云豹 Neofelis nebulosa	21 黑冠鹃隼 Aviceda leuphotes
3 林麝 Moschus berezovskii	22 鸢 Milvus migrans
4 猕猴 Macaca mulatta	23 苍鹰 Accipiter gentiles
5 藏酋猴 Macaca thibetana	24 赤腹鹰 Accipiter soloensis
6 大鲵 Andrias davidianus	25 雀鹰 Accipiter nisus
7 穿山甲 Manis pentadactyla	26 松雀鹰 Accipiter virgatus
8 豺 Cuon alpinus	27 大鵟 Buteo hemilasius
9 黑熊 Selenarctos thibetanus	28 普通鵟 Buteo buteo
10 水獭 Lutra lutra	29 毛脚鵟 Buteo lagopus
11 黄喉貂 Martes flavigula	30 秃鹫 Aegypius monachus
12 大灵猫 Viverra zibetha	31 白尾鹞 Circus aeruginosus
13 小灵猫 Viverra indica	32 鹊鹞 Circus melanoleucos
14 金猫 Profelis temmincki	33 白头鹞 Circus aeruginosus
15 虎纹蛙 Rana Rugulosus	34 白腹鹞 Circus spilonotus
16 鬣羚 Capricornis sumatraensis	35 游隼 Falco peregrinus
17 斑羚 Naemorhaedus goral	36 灰背隼 Falco columbarius
18 金雕 Aquila chrysaetos	37 红脚隼 Falco amurensis
19 黑鹳 Ciconia nigra	38 红隼 Falco tinnunculus

39 红腹角雉 Tragopan temminckii	
40 勺鸡 Pucrasia macrolopha	
41 白冠长尾雉 Syrmaticus reevesii	
42 红腹锦鸡 Chrysolophus pictus	
43 褐翅鸦鹃 Centropus sinensis	
44 草鸮 Tyto capensis	
45 红角鸮 Otus scops	
46 雕鸮 Bubo bubo	
47 毛腿渔鸮 Ketupa blakistoni	
48 领鸺鹠 Glaucidium brodiei	
49 斑头鸺鹠 Glaucidium cuculoides	
50 灰林鸮 Strix aluco	
51 鹰鸮 Ninox scutulata	
52 长耳鸮 Asio otus	
53 短耳鸮 Asio flammeus	
54 灰鹤 Grus grus	

0　2,200　4,400　8,800 米

制图单位：湖北大学资源环境学院

前　言

　　湖北南河自然保护区地处大巴山东延的两条支脉武当山山脉东南麓、荆山山脉北麓,位于谷城县西南部,东接盛康镇,北接五山镇,西与保康毗邻,南临保康县、南漳县,总面积为 14 833.7 hm²,属"自然生态系统类"中的"森林生态系统类型"自然保护区。主要保护对象是北亚热带森林生态系统及国家珍稀濒危野生动植物及其栖息地。

　　谷城县是"全国造林绿化百佳县"、"全国退耕还林工程先进单位"、"湖北省绿化模范县"。地方政府一贯重视自然保护区的建设和发展,2003 年将赵湾乡、南河镇、紫金镇内自然植被保存较好的区域进行划片保护,并经襄樊市人民政府批准建立市级自然保护区,2010 年经湖北省人民政府批准建立省级自然保护区。为了加强南河自然保护区的保护和管理,谷城县政府决定南河自然保护区进一步申报国家级自然保护区,并委托湖北大学资源环境学院负责,联合华中师范大学生命科学学院、湖北生态工程职业技术学院的专家组成综合学考察队,对该区域的自然地理环境及动植物资源进行了更深入系统的科学考察。

　　南河自然保护区生物多样性丰富。据调查,保护区内维管植物共 183 科、735 属、1 574 种,其中,蕨类植物 30 科、54 属、104 种,裸子植物 6 科、15 属、21 种,被子植物 147 科、666 属、1 449 种。在这些植物中,属国家珍稀濒危保护野生植物 27 种,其中,国家重点保护野生植物 15 种(Ⅰ级 2 种、Ⅱ级 13 种),国家珍贵树种 8 种(一级 2 种,二级 6 种),国家珍稀濒危植物 15 种(2 级 4 种,3 级 11 种)。保护区内野生脊椎动物共 30 目、89 科、218 属、296 种,其中,鱼类有 4 目、9 科、33 属、38 种,两栖类有 2 目、8 科、16 属、21 种,爬行类有 3 目、9 科、23 属、31 种,鸟类有 13 目、40 科、93 属、133 种,兽类有 8 目、23 科、53 属、73 种。珍稀濒危野生动物种类的稀有性较为突出,共有国家重点保护动物 54 种(Ⅰ级 5 种,Ⅱ级 49 种),列入中国濒危动物红皮书的 38 种,属于中国特有种有 29 种。保护区内昆虫有 23 目、212 科、1 303 种。

　　南河自然保护区具有独特的区位优势。其所属的谷城县,紧邻南水北调中线工程丹江口水库,既是丹江口水库重要的水源保护区,也是丹江口水库坝下第一个山区县,其特殊的地理位置决定了谷城县在确保丹江口水库供水安全,维护坝下汉江流域生态安全方面具有不可替代的作用。此外丹江调水后,汉江流域坝下年平均流量将减少 26%,枯水期将从 4 个月增至 8～9 个月,河床裸露面积增加,沿江及江中洲滩湿地面积减少，因生存环境破坏将导致生物多样性减少，生态环境恶化，恢复和重建这些受损的生态系统将是一个重要课题。南河自然保护区的建立，其多样化的生态系统类型，完整的自然植被系统、丰富的动植物资源对汉江流域的生态环境的保护与恢复也将起到关键示范作用。

野外考察充满艰辛。感谢谷城县委、县政府、县林业局、赵湾乡政府、南河镇政府、紫金镇政府、南河自然保护区管理局的大力支持，他们对自然的热爱以及对自然保护事业的孜孜以求，将使我们铭记在心。本书由湖北大学资源环境学院的汪正祥教授总撰稿，华中师范大学生命科学院杨其仁教授、雷耘教授及湖北生态工程职业技术学院的江建国教授撰写了部分章节，参加科考队的部分研究生及谷城县林业局同志参与了资料收集、标本采集与鉴定及部分章节的修订工作。

由于时间紧，加之水平有限，错误之处难免，恳望批评指正。

作者

2012 年 9 月

目　　录

1 湖北南河自然保护区综述

1.1 自 然 环 境

湖北南河自然保护区(以下简称南河保护区或保护区)地处我国第二阶梯向第三阶梯的过渡区域,北亚热带向暖温带过渡性地带,位于湖北省谷城县境内,总面积为14 833.7 hm²。根据保护区实际,保护区分为南河部分和沈垭保护点两部分。南河部分地理坐标为北纬31°53′11.9″~32°4′44.3″、东经111°19′55.29″~111°30′56.6″,面积为14 775.6 hm²,其中,核心区面积为4 385.5 hm²,缓冲区面积为3 466.5 hm²,实验区面积为6 923.6 hm²。沈垭保护点地里坐标为北纬32°9′54.9″~32°10′25.4″、东经111°15′7.9″~111°16′1.7″,面积为58.1 hm²。

1.1.1 地质与地貌

湖北南河自然保护区位于大巴山东延的两条支脉武当山山脉东南麓、荆山山脉北麓,地质为远古时代武当变质岩、石灰岩和页岩。区内重峦叠嶂、沟壑纵横,地势起伏多变。区内有海拔900 m以上的山峰20座,以青龙山为最高点,海拔1 584 m,最低点在南河大谷峪,海拔140 m,相对高差1 444 m。

1.1.2 气候

南河保护区属北亚热带半湿润气候带,气候具有雨量充沛、光照充足、气候温和、四季分明、冬冷夏热,冬干夏湿、雨热同季的特点。

1.1.3 水文

保护区水系发达,有大小河流7条,分别为南河(1.5 km)、西河(1.2 km)、东河(4.1 km)、棋彦河(8.2 km)、老庙河(3.5 km)、白水峪(9 km)和万兴河(8.1 km),其中河流流量以南河最大。整个河流在保护区内总长达35.6 km。

1.1.4 土壤

保护区内因地质复杂、海拔高程悬殊,水热状况不一,以及人类活动众多因素,形成土壤的多样性,并呈立体分布。根据 1981 年全县第二次土壤普查结果,共有黄棕壤土类和石灰土类 2 个土类,黄棕壤性土、山地黄棕壤、棕色石灰土 3 个亚类,3 个土属,13 个土种。

1.2 植 物 资 源

1.2.1 植物区系

1.2.1.1 种类组成

保护区维管束植物共 183 科、735 属、1 574 种(含种下等级,下同),其中,蕨类植物 30 科、54 属、104 种,裸子植物 6 科、15 属、21 种,被子植物 147 科、666 属、1 449 种。维管束植物分别占湖北总科数的 75.94%、总属数的 50.62%、总种数的 26.15%;占全国总科数的 51.85%、总属数的 23.13%、总种数的 5.65%。

1.2.1.2 植物区系的地理成分

(1) 蕨类植物的区系分析

从南河自然保护区分布的蕨类植物来看,其种类丰富,占湖北总属数的 55.67%,总种数的 28.11%。中国的蕨类植物分为 13 个分布类型,而南河自然保护区的蕨类植物可分为 8 个分布类型。统计南河自然保护区蕨类植物的地理分布类型发现,属于世界分布类型的占 35.19%,属于热带分布类型的占 42.59%,属于温带分布类型的占 22.21%,没有中国特有分布的属。

蕨类植物的地理分布与森林植被类型密切相关,其对水、热条件也极为敏感,多数种类均需要森林植被为其提供温暖湿润的生存的环境。从另一方面反映了该区域森林植被的丰富性。

(2) 种子植物科的统计分析

在种子植物 153 科中,有单种科 28 个,含 2~10 种的科 88 个,含 11~20 种的科 19 个,含 21~50 种的科 13 个,含 50 种以上的大科 5 个。保护区亚洲特有科有珙桐科、杜仲科、银杏科、大血藤科、猕猴桃科、三尖杉科、领春木科、旌节花科、虎皮楠科 9 科。这些科多为古老孑遗的类型,表现该区系具有较强的原始性质。

南河自然保护区科的分布型有 12 类,仅缺温带亚洲,地中海区、西亚至中亚和中亚三个类型。

(3) 种子植物属的统计分析

保护区内共有种子植物 669 属(除去栽培属)。在属的区系中共有 15 个地理成分,其中温带分布区类型的属有 374 属,占总数的 55.90%;热带分布类型的属有 214 属,占总属数的 31.99%。植物区系以温带性质为主,亚热带向温带过渡的特征明显。其中北温带分布类型占 22.42%,泛热带分布类型占 15.10%,东亚分布类型占 14.65%,表明各种地理成分相互渗透,显示出本地区植物区系地理成分的复杂性。该区植物区系与北温带、泛热带、东亚植物区系有密切的联系。

（4）种子植物中国特有分布属的统计分析

保护区有中国特有属 26 个,占南河自然保护区植物区系总属数的 3.89%。反映了南河自然保护区为我国植物特有中心一部分,这些属多为落叶乔木或草本,反映了该区种子植物温带性的特征。由于南河自然保护区自三叠纪末期以来,基本上保持着温暖湿润的气候,第四纪冰川期间的影响亦不大,使本区成为许多古老植物的避难所之一。因此南河尚能保存下来一大批古老的孑遗植物以及系统进化上原始或孤立的科、属,反映了该区区系的古老性和残遗性。

1.2.2 自然植被

1.2.2.1 分类系统

根据群落的特征,按照《中国植被》中的分类系统,划分出不同的植被类型,保护区内植被类型计 4 个植被型组、7 个植被型、34 个群系。

I. 针叶林

  1. 暖性针叶林

    （1）马尾松林(Form. *Pinus massoniana*)

    （2）杉木林(Form. *Cunninghamia lanceolata*)

    （3）铁坚杉林(Form. *Keteleeria davidiana*)

    （4）油松林(Form. *Pinus tabulaeformis*)

II. 阔叶林

  2. 常绿阔叶林

    （5）青冈林(Form. *Cyclobalanopsis glauca*)

    （6）岩栎林(Form. *Quercus acrodonta*)

    （7）黑壳楠林(Form. *Lindera megaphylla*)

  3. 常绿、落叶阔叶混交林

    （8）枫杨、黑壳楠林(Form. *Pterocarya stenoptera*, *Lindera megaphylla*)

    （9）化香、青冈林(Form. *Platycarya strobilacea*, *Cyclobalanopsis glauca*)

    （10）刺叶栎、槲栎林(Form. *Quercus spinosa*, *Q. aliena*)

  4. 落叶阔叶林

    （11）银杏林(Form. *Ginkgo biloba*)

    （12）茅栗林(Form. *Castanea sequinii*)

    （13）槲栎林(Form. *Quercus aliena*)

    （14）枹栎林(Form. *Quercus serrata*)

    （15）短柄枹栎林(Form. *Quercus serrata* var. *brevipetiolata*)

    （16）栓皮栎林(Form. *Quercus variabilis*)

（17）麻栎林（Form. *Quercus acutissima*）

（18）楸树林（Form. *Catalpa bungeii*）

（19）枫杨林（Form. *Pterocarya stenoptera*）

（20）大叶榉林（Form. *Zelkova schneideriana*）

III. 竹林

5. 竹林

（21）水竹林（Form. *Phyllostachys heteroclada*）

IV. 灌丛及草丛

6. 灌丛

（22）绣线菊灌丛（Form. *Spiraea* sp.）

（23）毛黄栌灌丛（Form. *Cotinus coggygria* var. *pubescebs*）

（24）蜡梅灌丛（Form. *Chimonanthus praecox*）

（25）小叶平枝栒子灌丛（Form. *Cotoneaster horizontalis* var. *perpusillus*）

7. 草丛

（26）芒草丛（Form. *Miscanthus sinensis*）

（27）一年蓬草丛（Form. *Erigeron annuus*）

（28）虎耳草草丛（Form. *Saxifraga stolonifera*）

（29）东方荚果蕨草丛（Form. *Matteuccia orientalis*）

（30）中日金星蕨草丛（Form. *Parathelypteris nipponica*）

（31）离舌橐吾草丛（Form. *Ligularia veitchiana*）

（32）鹿蹄橐吾草丛（Form. *Ligularia hodgsonii*）

（33）蝴蝶花草丛（Form. *Iris japonica*）

（34）半蒴苣苔草丛（Form. *Hemiboea henryi*）

1.2.2.2　植被分布规律

由于南河自然保护区境内自然条件复杂,地形起伏悬殊,山地森林生态系统与河流生态系统相交织,使其在植被特征上表现出复杂性;但总体上南河自然保护区位于北亚热带,在水平地带上,属于北亚热带常绿、落叶阔叶混交林带。在垂直带谱上,南河自然保护区山地自然植被依据山地生态条件与植被历史发生特点,随着海拔的增高,演替成不同的植被带,植被的垂直分布规律明显。其垂直带谱由三个主要的植被带组成:1 000 m 以下为常绿、落叶阔叶混交林带,1 000～1 400 m 为落叶阔叶林带;1 400 m 以上为针阔混交林带。由于河流纵横,在自然植被中还有较多的河岸带自然植被类群。

1.2.3　国家珍稀濒危保护植物

保护区内珍稀濒危保护植物丰富。根据国务院 1999 年 8 月 4 日批准公布的由国家林业局、农业部申报的《国家重点保护野生植物名录（第一批）》和1984年国家环保局、中国科学院植物所公布的《中国珍稀濒危保护植物名录（第一册）》，据调查统计，保护区内有国家珍稀濒危保护野生植物27种，其中国家重点保护野生植物15种，占湖北省总数51种的29.41%，I级2种，分别为银杏（*Ginkgo biloba*）和红豆杉（*Taxus chinensis*）；II级13种，分别为巴山榧树（*Torreya fargesii*）、榧树（*Torreya grandis*）、鹅掌楸（*Liriodendron chinense*）、厚朴（*Magnolia officinalis*）、樟树（*Cinnamomum camphora*）、楠木（*Phoebe zhennan*）、野大豆（*Glycine sqja*）、榉树（*Zelkova schneideriana*）、喜树（*Camptotheca acuminata*）、香果树（*Emmenopterys henryi*）、崔白菜（*Triaenophora rupestris*）、金荞麦（*Fagopyrum dibotrys*）和黄皮树（*Phellodendron chinense*）。

保护区内有国家珍贵树种8种，占湖北省总数28种的28.57%，一级2种，分别为银杏和香果树；二级6种，分别为厚朴、楠木、鹅掌楸、杜仲（*Eucommia ulmoides*）、刺楸（*Kalopanax septemlobus*）和椴树（*Tilia tuan*）。

保护区内有国家珍稀濒危植物15种，占湖北省总数62种的24.19%，2级4种，分别为银杏、鹅掌楸、杜仲和香果树；3级11种，分别为楠木、厚朴、领春木（*Euptelea pleiosperma*）、黄连（*Coptis chinensis*）、华榛（*Corylus chinensis*）、青檀（*Pteroceltis tatarinowii*）、金钱槭（*Dipteronia sinensis*）、银鹊树（*Tapiscia sinensis*）、天麻（*Gastrodia elata*）、紫斑牡丹（*Paeonia suffruticosa* var. *papaveracea*）和八角莲（*Dysosma versipellis*）。

1.3　动　物　资　源

南河自然保护区有野生脊椎动物30目、89科、218属、296种，其中鱼类有4目、9科、33属、38种，两栖类有2目、8科、16属、21种，爬行类有3目、9科、23属、31种，鸟类有13目、40科、93属、133种，兽类有8目、23科、53属、73种。南河自然保护区野生脊椎动物占全省野生脊椎动物的33.15%。调查统计，保护区有昆虫23目、212科、1 303种。

1.3.1　鱼类

据调查统计，保护区有鱼类38种，隶属4目9科，以鲤科鱼类的种数最多，共23种，占60.53%；其次是鳅科4种，占10.53%；鲿科3种，占7.89%；鮨科和鮨科各2种，各占5.26%；其余4科（钝头鮠科、合鳃鱼科、鳢科、刺鳅科）各仅1种，分别占2.63%。南河鱼的种类占全省鱼类资源的18.45%。

1.3.2　两栖类资源

保护区有两栖动物21种，隶属2目8科，以无尾目种数最多，共6科、19种，分别占总数的75%和90.48%，而无尾目中的蛙科（Ranidae）种类最多，共11种，占无尾目总数的57.98%。其他7科按种的多少排序：锄足蟾科（Pelobatidae）、蟾蜍科（Bufonidae）、姬蛙科(Microhylidae)排第 2,多度值分别为 9.52;隐鳃鲵科(Cryptobranchidae)、蝾螈科(Salamandridae)、雨蛙科(Hylidae)、树蛙科(Rhacophoridae)排第 3,多度值分别为4.76。南河自然保护区的两栖动物全部为华中区分布型,根据不同类群两栖动物在适应陆地生活的程度不同,可以将它们大致划分为流溪型、静水型、陆栖型和树栖型4 种类型。

在 21 种两栖动物中,有国家重点 II 级保护动物 2 种,分别为大鲵(*Andrias davidianus*)、虎纹蛙(*Rana Rugulosus*);列入国家保护的有益的或者有重要经济、科学研究价值的有 17 种;列入中国濒危动物红皮书有 4 种,分别为大鲵(极危)、中国林蛙(易危)、棘胸蛙(易危)、棘腹蛙(易危);属于中国特有种有 10 种,分别为大鲵、东方蝾螈、峨山掌突蟾、巫山角蟾、华西蟾蜍、湖北侧褶蛙、沼水蛙、绿臭蛙、花臭蛙、隆肛蛙;列入湖北省重点保护爬行动物有 11 种。

1.3.3 爬行类资源

保护区有爬行动物 31 种,隶属 3 目 9 科,占全省爬行动物的 50%。其中,游蛇科的种类最多,占总种数的 51.6%;其次是石龙子科、蜥蜴科、蝰科,各占 9.7%;列第三的是鬣蜥科,占 6.4%;鳖科、龟科、壁虎科、眼镜蛇科各 1 种,分别占 3.2%。由此可见,游蛇科是南河自然保护区爬行动物主要种类组成。其区系成为以东洋界种占优势,有 22 种,占种总数的 71.0%;跨界种次之,有 8 种,占总数的 25.8%;古北界种最少,仅 1 种,占总数的 3.2%。

在 31 种爬行动物中,列入国家保护的有益的或者有重要经济、科学研究价值的有 31 种;列入中国濒危动物红皮书的有 11 种,分别为中华鳖(易危)、乌龟(依赖保护)、王锦蛇(易危)、玉斑锦蛇(易危)、紫灰锦蛇(易危)、黑眉锦蛇(易危)、滑鼠蛇(濒危)、乌梢蛇(需予以关注)、眼镜蛇(易危)、短尾蝮(易危)、尖吻蝮(濒危);属于中国特有种的有 5 种,分别为草绿龙蜥(*Japalura flaviceps*)、丽纹龙蜥(*Japalura splendida*)、石龙子(*Eumeces chinensis*)、蓝尾石龙子(*Eumeces elegans*)、双斑锦蛇(*Elaphe bimaculata*);列入湖北省重点保护爬行动物的有 9 种。

1.3.4 鸟类资源

保护区内有鸟类 133 种,隶属 13 目、40 科,占全省鸟类资源的 29.16%。雀形目的科数、种数最多,有 19 科、58 种,分别占总数的 47.5%和 43.61%;其次是隼形目的种类共20 种,占 15.04%;鸮形目鸟类排第 3 位,共 10 种。

南河自然保护区的鸟类区系组成是,东洋种 59 种,占 44.36%;古北种 47 种,占35.34%;跨界种 27 种,占 20.30%。其区系特征以东洋种占优势,并呈现东洋种、古北种混杂的格局。

在 133 种鸟类中,留鸟有 65 种,占 48.87%;夏候鸟有 34 种,占 25.56%;冬候鸟有 22种,占 15.54%;旅鸟有 12 种,占 9.02%。其季节型的特征是以繁殖鸟占主体,留鸟和夏候鸟两者加起来占 74.43%。这一特征从季节型的角度反映出南河自然保护区鸟类有稳定的多样性。

在 133 种鸟类中,有国家 I 级保护鸟类 2 种,分别为金雕(*Aquila chrysaetos*)、黑鹳(*Ciconia nigra*);II 级保护野生动物 35 种,分别为褐冠鹃隼(*Aviceda jerdoni*)、黑冠鹃隼(*Aviceda leuphotes*)、鸢(*Milvus migrans*)、苍鹰(*Accipiter gentilis*)、赤腹鹰(*Accipiter soloensis*)、雀鹰(*Accipiter nisus*)、松雀鹰(*Accipiter virgatus*)、大鵟(*Buteo hemilasius*)、普通鵟(*Buteo buteo*)、毛脚鵟(*Buteo lagopus*)、秃鹫(*Aegypius monachus*)、白尾鹞(*Circus cyaneus*)、鹊鹞(*Circus melanoleucos*)、白头鹞(*Circus aeruginosus*)、白腹鹞(*Circus spilonotus*)、游隼(*Falco peregrinus*)、灰背隼(*Falco columbarius*)、红脚隼(*Falco amurensis*)、红隼(*Falco tinnunculus*)、红腹角雉(*Tragopan temminckii*)、勺鸡(*Pucrasia macrolopha*)、白冠长尾雉(*Syrmaticus reevesii*)、红腹锦鸡(*Chrysolophus pictus*)、褐翅鸦鹃(*Centropus sinensis*)、草鸮(*Tyto capensis*)、红角鸮(*Otus scops*)、雕鸮(*Bubo bubo*)、毛腿渔鸮(*Ketupa blakistoni*)、领鸺鹠(*Glaucidium brodiei*)、斑头鸺鹠(*Glaucidium cuculoides*)、灰林鸮(*Strix aluco*)、鹰鸮(*Ninox scutulata*)、长耳鸮(*Asio otus*)、短耳鸮(*Asio flammeus*)、灰鹤(*Grus grus*)。另外,有国家保护的有益的或者有重要经济、科学研究价值的鸟类 76 种;列于中国濒危动物红皮书的有 8 种:黑鹳(濒危)、褐冠鹃隼(稀有)、金雕(易危)、秃鹫(易危)、红腹角雉(易危)、白冠长尾雉(濒危)、红腹锦鸡(易危)、雕鸮(稀有)。属于中国特有鸟类共 4 种:灰胸竹鸡、白冠长尾雉、红腹锦鸡、橙翅噪鹛。列于湖北省级保护鸟类有 34 种。

1.3.5 兽类资源

保护区内有兽类 73 种,隶属 8 目 23 科,占全省兽类资源的 61.34%。其中啮齿目的科数、种数最多,分别为 5 科、25 种,各占总数的 21.74% 和 34.25%;其次是食肉目,有 5 科、18 种,分别占 21.74% 和 24.66%。

南河自然保护区兽类的区系组成是:东洋种 45 种,占 61.64%;古北种 19 种,占 26.03%;跨界种 9 种,占 12.33%。其区系特征以东洋种占绝对优势,并呈现东洋种和古北种相混杂的格局。

保护区兽类中列入国家重点保护的有 15 种,其中,国家 I 级保护的有 3 种,分别是豹(*Panthera pardus*)、云豹(*Neofelis nebulosa*)和林麝(*Moschus berezovskii*);国家 II 级保护的有 12 种,分别是猕猴(*Macaca mulatta*)、藏酋猴(*M. thibetana*)、穿山甲(*Manis pentadactyla*)、豺(*Cuon alpinus*)、黑熊(*Selenarctos thibetanus*)、水獭(*Lutra lutra*)、黄喉貂(*Martes flavigula*)、大灵猫(*Viverra zibetha*)、小灵猫(*Viverricula indica*)、金猫(*Profelis temmincki*)、鬣羚(*Capricornis sumatraensis*)和斑羚(*Naemorhaedus goral*);国家保护的有益的或者有重要经济、科学研究价值的兽类 24 种;列于中国濒危动物红皮书的有 15 种,分别是甘肃鼹(稀有)、猕猴(易危)、藏酋猴(易危)、豺(易危)、黑熊(易危)、水獭(易危)、大灵猫(易危)、豹猫(易危)、金猫(易危)、豹(濒危)、云豹(濒危)、林麝(濒危)、鬣羚(易危)、斑羚(易危)和复齿鼯鼠(易危);属于中国特有种的有 10 种,分别是长吻鼹、西南鼠耳蝠、林麝、小麂、藏鼠兔、岩松鼠、复齿鼯鼠、洮州绒鼠、苛岚绒鼠和藏酋猴;列入湖北省重点保护动物 15 种。

1.3.6　昆虫资源

南河自然保护区有昆虫 23 目、212 科、1 303 种,昆虫总种类占湖北省昆虫总种数的 22.72%。其中,鞘翅目昆虫种数最多,45 科、330 种,占保护区昆虫总数的 25.33%;鳞翅目昆虫次之,30 科、327 种,占保护区昆虫总数的 25.10%。南河自然保护区鞘翅目、鳞翅目两个大目的昆虫总种数分别占湖北省的 22.711% 和 18.38%。

保护区昆虫区系分析表明,东洋种最多,有 834 种,占总数的 64.01%;其次是广布种,有 417 种,占总数的 32.00%;古北种最少,仅有 52 种,占总数的 3.99%。说明该地区昆虫以东洋种和广布种为主,兼有少量古北种。昆虫在保护区地理分布来看,以中下坡及河岸带多样性指数最高,种类最多。

南河自然保护区的植被丰富,生物群落复杂,捕食性和寄生性天敌昆虫十分丰富。另外还有一些观赏昆虫、药用昆虫及食用昆虫。在南河自然保护区的 1 303 种昆虫中,危害农林果蔬的害虫约有 682 种,要加强农林害虫的综合防治。

1.4　社区及社区经济与发展

保护区辖南河镇的万兴、大谷峪、白水峪、东坪 4 个村、赵湾乡的渔坪、油坊、长岭、左家庙、桃庄、韩家山、青龙山 7 个村、紫金镇的沈垭 1 个村,共 12 个行政单位。

据 2012 年统计,保护区内现有住户 386 户,人口 1 467 人,人口密度 9.9 人/km²。其中核心区 79 人,缓冲 286 人,实验区 1 057 人,保护点 45 人,全部为汉族。其中,南河镇有 183 户、615 人,赵湾乡有 191 户、807 人,紫金镇有 12 户、45 人。

保护区内交通状况较为便利,有 1 条主要公路干线——盛赵路(3.6 km),另有左青路(7.7 km)、东峪路(3.5 km)、紫沈路(0.5 km)3 条乡级公路。

近年来通信发展较快,90% 的自然村通程控电话,90% 的自然村通移动电话。

保护区内供电状况良好、户户通电。

保护区供水状况良好,能保证生活水源,但在偏远的山区,部分居民吃水较困难,靠蓄积天然降水生活。

保护区和周边社区主要经济来源为种植业、养殖业以及外出务工。主要农作物为水稻、玉米和土豆等;其他经济类有茶叶、药材、食用菌、高山蔬菜等;养殖业主要为猪、牛、羊等。年人均纯收入约为 5 015 元。

南河自然保护内社会事业发展较快,人民生活逐步改善,解决了温饱问题。

教育设施和师资力量在区内出现过剩状况,九年义务教育普及率达到 100%。

保护区周边各行政村实现了村村通电,广播电视较为普及,不少家庭购置了高档家用电器。

社区医疗事业近几年得到了较快发展,各乡镇有医院,各行政村有医务室。

2 湖北南河自然保护区自然环境状况

2.1 地理位置与范围

湖北南河自然保护区位于大巴山东延的两条支脉武当山山脉东南麓、荆山山脉北麓,谷城县西南部,总面积为14 833.7 hm²。根据保护区实际,保护区分为南河部分和沈垭保护点2个部分。南河部分地理坐标为北纬31°53′11.9″～32°4′44.3″,东经111°19′55.29″～111°30′56.6″,面积为14 775.6 hm²。其中,核心区面积为4 385.5 hm²,占保护区总面积的29.56%,缓冲区面积为3 466.5 hm²,占保护区总面积的23.37%,实验区面积为6 923.6 hm²,占总面积的46.67%。沈垭保护点地里坐标为北纬32°9′54.9″～32°10′25.4″,东经111°15′7.9″～111°16′1.7″,面积为58.1 hm²,占保护区总面积的0.39%。

2.2 自 然 环 境

2.2.1 地质构造

保护区地质为远古时代武当变质岩、石灰岩和页岩。海拔在1 200 m以上的谷南高山,即赵湾乡的三道岭一带,为志留纪页岩。海拔500～800 m的谷南低山,即粟谷庙、龙滩、南河镇大部分等地区,为震旦纪和寒武纪的石灰岩。海拔在800～1 200 m的谷西北二高山地带,即沈垭等地区,属武当变质岩区域。

2.2.2 地貌

保护区处于我国地理结构的第二阶梯和第三阶梯的过渡段。区内重峦叠嶂、沟壑纵横,地势起伏多变。地貌特点是地割强烈、谷涧纵横、起伏坡度大。区内以青龙山为最高点,海拔1 584 m,最低点在南河大谷峪,海拔140 m,相对高差1 444 m。

保护区内山地为大巴山的支脉,分属于武当山脉和荆山山脉,海拔超900 m的山峰共20座。各山峰的基本状况见表2.1。

表 2.1　南河自然保护区 900 米以上山峰统计表

所属山系	山峰名称	属 地	海拔高/m
武当山脉(系)	大黑扒	紫金沈垭	939.3
	青龙山	赵湾	1 584.0
荆山山脉(系)	云风寨	赵湾	1 189.0
	阴坡尖子(阳坡尖子)	赵湾	1 113.0
	庙垭	赵湾	1 000.0
	剥皮囊	赵湾	950.0
	八里荒	赵湾	1 445.0
	崔家垭子	赵湾	1 380.0
	摩天包	赵湾	1 522.0
	母猪窝梁子	赵湾	1 465.0
	跑马岑	赵湾	900.0
	三道岑	赵湾	1 120.0
	天空山	盛康赵湾交界	1 107.7
	五龙山	龙滩	1 039.1
	茨树垭子	龙滩	954.0
	偏头山	龙滩	1 086.0
	杨家大尖	粟谷	1 010.6
	青龙山	粟谷	917.0
	傅家山	粟谷赵湾交界	1 158.8
	轿顶山	粟谷	1 011.0

2.2.3　气候

保护区气候属北亚热带季风气候,具有雨量充沛、光照充足、气候温和、四季分明、冬冷夏热、冬干夏湿、雨热同季的特点。

春季:气温回升显著,冷暖变化剧烈。入春以后,由于暖空气势力渐强,冷空气仍然活跃,造成冷暖空气交替频繁。平均气温在 15.2℃,受冷空气影响时,气温骤降,常伴有大风阴雨天气,寒潮过后又迅速回暖。这种忽冷忽暖、忽阴忽晴的天气在 3~4 月份经常出现。

夏季:初夏温和雨少,初夏(5 月底~7 月初)副热带高压北进,在长江流域与北方冷空气相遇。而保护区地处长江以北,仍以冷空气控制为主,温度回升不快,气候温和,6 月雨量反而比 5 月份少 10%~20%,个别年份仅 20~30 mm,出现初夏干旱情况。一般年份,6 月下旬降水开始增多,但副高压强劲时,冷暖空气团在汉水流域交锋持续,造成阴雨,给夏收带来困难,甚至出现梅雨季节。

秋季:秋季干燥、寒冷的北方冷空气开始活跃南下,气温开始下降。但白天温度高,气温日差大,晴天多,平均气温 16℃,雨量 253.4 mm,雨日 31.3 天,占全年 1/4。

冬季:受北方冷空气团控制,温度低,雨量少,平均气温 3.5℃,极端最低气温多在−6℃。1月为最冷的月份,多出现寒潮。当寒潮来临时,常伴有降雪和剧烈降温。

2.2.3.1　气温

保护区地形复杂,丘陵、中山、高山均有,气候差异很大,全年日均气温在9.0～15.4℃。代表丘陵的南河龙滩为15.1℃,代表中山的沈垭为13.1℃,代表高山的韩家山为10.6℃。温度垂直递减率0.45℃/100 m,即海拔上升100 m,温度下降0.45℃,气温年际变化均呈单峰型,各地比较一致。7月最热,日均气温沈垭为24.3℃,韩家山为21.6℃。

2.2.3.2　降水

保护区各地年降雨量为354～1 254 mm,其分布有丘陵向山区逐渐增多,沿紫金、粟谷、南河一带的西南山区降雨量最多。年降雨量较多的地区为观音堂(1 723.3 mm,1964年)、南河(1 503.3 mm,1979年),当铺(1 591.6 mm,1964年)、韩家山(1 580.5 mm,1982年)。

各地降雨量月际变化基本一致,7月、8月最多,为122.3～300.2 mm;12月、1月最少,为25.4～30.0 mm。西南部山区,月际变化大,丘陵区,月际变化小。

保护区降雨强度大的西南山区是紫金、粟谷、南河一带,最大降雨量多在200 mm以上。1982年7月29日,南河降雨量达497.7 mm。南河是特大暴雨的中心地带。

2.2.3.3　风

受地形影响,保护区夏季盛行东风和东南风,冬季盛行西风和西北风,南风极少。历年平均风速为1.7 m/s,6月最大为2.1 m/s,9～11月最少为1.5 m/s。瞬间最大风速为17 m/s的8级大风,每年平均3.3次,多时可达14次。

2.2.3.4　霜

保护区各地无霜期随地势增高而减少,沈垭为232天,韩家山为191天,沈垭是11月16日～3月29日,韩家山是10月29日～4月20日。

2.2.3.5　雪

保护区降雪期为100～159天,从丘陵向高山逐渐增多。沈垭为120天,韩家山为149天。

2.2.3.6　冰雹

保护区地形复杂,年年降雹,但范围小,强度弱,对农业生产影响不大。

2.2.3.7　自然灾害

保护区所在的谷城县地处中纬大陆,属北亚热带季风气候。西部为武当山东脉东南麓,南部为荆山山脉北麓、中部处于两山脉之间的狭窄过渡带,为南北交界的气候带,直接受西伯利亚冷空气及太平洋暖流的交替影响。因此春季寒潮,夏季旱涝及秋季寒露风灾较为频繁。

春季寒潮。据 1959～1980 年气候资料分析,平均气温连续 3 天低于 10℃,或连续 5 天低于 12℃的春季寒潮就有 57 次,平均每年出现 2.59 次。春季阴雨连绵,小麦发病率高。

夏秋洪涝、干旱。日降 100 mm 的大暴雨,一年三遇。7～9 月出现次数最多。因降水集中,往往山洪暴发,泛滥成灾,平均五年一遇。汉水、南河、北河同时涨水时,南北河洪水无法下泄,北河等粮棉油产区受涝最为严重。

干旱也比较严重,几乎是"十年九旱"。伏旱发生率为 1%,秋旱发生率为 40.9%。持续时间一般在 30 天左右,特大干旱曾达 32 天,受旱特别严重的是中北部丘陵地区。常因缺水,造成严重减产歉收。紫金、粟谷等高山局部地区,夏秋之交,还常出现冰雹和暴风雨灾害。对房屋、农作物和人畜造成严重损害。

秋季寒露风来得较早。日平均气温连续 3 天降到 4.5℃ 以下的寒露风,几乎每年1 次。

2.3 水　　文

保护区水系发达。有大小河流 7 条,在保护区内总长达 35.6 km。其中,南河 1.5 km,西河 1.2 km,东河 4.1 km,棋彦河 8.2 km,老庙河 3.5 km,白水峪 9 km 和万兴河 8.1 km。河流流量以南河最大。

南河属汉水中游西南岸的一支支流,上游南源,发源于神农架东南麓;北源发源房县的南进沟。二河于保康县寺坪西北的珠藏洞彭家湾处汇合,流至开峰峪汇合清溪沟后始称南河,在官坊乡玛瑙观村的东庄峪进入谷城境内。流向由西南至东北,经粟谷的大山寨至粟谷庙,沿浙峪、癫池、白水峪、东坪、大谷峪、何湾至龙滩进入南河电站库区,越过电站大坝,经南河镇的九里坪,盛康的唐洲、周湾到盛康镇,沿前营、后营、土地岭至城关镇的谢家营,过襄渝铁路南河 6.20 大桥,经刘家康,至格垒嘴注入汉水。南河在保护区所在的谷城县 74 km,其中,流经保护区 1.5 km。沿途有 5 km 以上支流 42 条,流域面积为 1 051 km²,流域内以气旋雨降水为主,多年平均降水量为 935 mm,来水总量为 24.16 亿 m³,年径流量 25.2 亿 m³。

南河属典型的副热带山溪性河流,为长流河。中上游沿岸多为缺草少木的嶂谷,河床落差较大。

2.4 土　　壤

保护区内地质复杂、海拔高程悬殊,水热状况不一,以及人类活动众多因素,形成土壤的多样性,并呈立体分布。根据 1981 年谷城县第二次土壤普查结果,保护区共有 2 个土类、3 个亚类、3 个土属、13 个土种,见表 2.2。

表 2.2　南河自然保护区土壤类型统计表

土　类	亚　类	土　属	土　种	主要分布范围
黄棕壤	黄棕壤性土	粗骨性黄棕壤	黄石渣子土	赵湾
			薄层黄石渣子土	赵湾,分布较零散
			林黄石渣子土	赵湾
	山地黄棕壤	山地泥质岩黄棕壤	山地黄砂泥土	赵湾
			山地黄石渣子土	赵湾
			林山地黄石渣子土	赵湾
			林山地黄砂泥土	赵湾
石灰土	棕色石灰土	碳酸盐类土	棕黄土	南河
			棕面黄土	南河
			薄层棕面黄土	南河
			灰石渣子土	南河
			林棕黄土	南河
			林灰石渣子土	南河

2.4.1　黄棕壤的特征

　　南河自然保护区具有典型的北亚热带生物气候特点,受东南季风的影响较强,干季与湿季分明,夏秋多雨,冬春干旱,高温同雨季相一致,淋溶作用强烈,有利土壤中盐基离子的淋失,土壤盐基不饱和,多呈微酸性到中性反应。黏性的形成与淋溶积聚十分活跃,心、底土层一般质地黏重。铁铝移动明显,铁锰与黏土胶膜在土体结构面上普遍出现,形成了黄棕壤土类特有的剖面性态。在黄棕壤的剖面形态特征中,最醒目的是棕色心土层。这一层虽然母质不同而颜色不一,但一般都具有棱状和块状结构,结构面上被覆棕色或暗棕色胶膜,或有铁、锰结核。耕种黄棕壤以及坡度较小的林荒黄棕壤中,这些特征特性尤为明显;坡度较大的林荒黄棕壤,地表径流强烈,淋溶作用减弱,上述特征特性表现不甚明显,而仅有母质层,无明显的铁锰淀积,黏粒下移积聚不甚明显,有的剖面无明显分化,质地均一。

　　根据地形地貌的垂直差异、成土年龄所引起的成土过程的差异性,将黄棕壤土类过程分为黄棕壤、粗骨性黄棕壤和山地黄棕壤三个亚类。这三个亚类在保护区均有分布。

2.4.2　石灰土类的特征

　　石灰土的母质富含石灰酸盐,主要的母质有震旦纪、寒武纪灰岩、泥质条带灰岩等。石灰岩地区历史上多生长灌丛,一年生草本植物,加适宜的气候条件,四季分明,温暖多雨,光照适中,植物生长繁茂,冬去春来,年年都有大量的枯枝落叶覆盖在土壤表层,生物的富积作用,使石灰土比其他土壤都富有机物质,土壤肥力水平较高。加之石灰土的母质富含盐基离子,在同样的气候条件下,虽然淋溶作用相同,石灰土与其他土壤比较,盐基离子含量较高,土壤容量大,代换量高,保肥供肥性能好。当然,石灰土作为一个自然实体,也有它不足之处,就是土壤黏粒含量高,质地比较黏重,其次,由于卡斯特地形地貌的影响,在石灰土中,耕种石灰土面积少,而多数为林荒地,耕地与荒地之比为0.8:10。

由于很多原因,石灰土诸土种,甚至相同的土种有很大的差异,特别是石灰性反应,无规律可循。有的林地,耕地都有石灰性反应,有的在相同的地形部位又没有石灰性反应。酸碱度差别也很大,有的海拔800~900 m的,酸碱度反比海拔400~500 m的高,有的地形相同,酸碱度却不同,有的甚至相差两级;但石灰土酸碱度总的趋势比相同地形部位黄棕壤土类为高,pH一般在7.2~8.05。

保护区内,仅存有棕色石灰土亚类1亚类。

3 湖北南河自然保护区的植物资源

3.1 植物区系

3.1.1 植物区系组成成分

通过对南河自然保护区植物区系调查,并对历年积累的植物区系资料作系统整理,保护区维管束植物共 183 科、735 属、1 574 种(含种下等级,下同),见表 3.1。其中,蕨类植物 30 科、54 属、104 种;裸子植物 6 科、15 属、21 种;被子植物 147 科、666 属、1 449 种。维管束植物分别占湖北总科数的 75.94%、总属数的 50.62%、总种数的 26.15%;占全国总科数的 51.85%、总属数的 23.13%、总种数的 5.65%。由此可见,南河自然保护区的植物区系在湖北省植物区系中占有重要的地位。

表 3.1 南河自然保护区维管束植物统计表

项　目	蕨类植物			种子植物						合　计		
				裸子植物			被子植物					
	科	属	种	科	属	种	科	属	种	科	属	种
南河保护区	30	54	104	6	15	21	147	666	1 449	183	735	1 574
湖北	41	97	370	9	31	100	191	1 324	5 550	241	1 452	6 020
全国	52	204	2 600	10	34	238	291	2 940	25 000	353	3 178	27 838
占湖北比例/%	73.17	55.67	28.11	66.67	48.39	21.00	76.97	50.30	26.11	75.94	50.62	26.15
占全国比例/%	57.70	26.47	4.00	60.00	44.12	8.83	50.52	22.65	5.80	51.84	23.13	5.65

3.1.2 植物区系地理成分分析

植物区系的科、属、种数与分布型的统计分析,可以了解到该区系的一般特征和性质。

3.1.2.1 蕨类植物的地理成分分析

根据《中国植物志》对中国蕨类植物的区系分析,中国的蕨类植物可以分为 13 种分布类型,表 3.2 列出了南河自然保护区蕨类植物属的分布区类型统计状况。

表 3.2 南河自然保护区蕨类植物属的分布区类型统计表

分 布 区 类 型	属 数	占总属数的比例/%
1. 世界分布	19	35.19
2. 泛热带分布	16	29.63
3. 旧大陆热带分布	1	1.85
4. 热带亚洲和热带美洲间断分布	0	0
5. 热带亚洲至热带大洋洲分布	2	3.70
6. 热带亚洲至热带非洲分布	4	7.41
7. 热带亚洲分布	0	0
8. 北温带分布	7	12.96
9. 东亚和北美间断分布	1	1.85
10. 旧大陆温带分布	0	0
11. 温带亚洲分布	0	0
12. 东亚分布及其变型		
12. 东亚(喜马拉雅-中国-日本)分布	2	3.70
12-1. 中国-喜马拉雅分布	1	1.85
12-2. 中国-日本分布	1	1.85
13. 中国特有分布	0	0
合　　计	54	100

（1）世界分布。南河自然保护区该分布区类型共 19 个属,占总属数的 35.19%,隶属于 17 科。它们是石松属（*Lycopodium*）、卷柏属（*Selaginella*）、瓶儿小草属（*Ophioglossum*）、假阴地蕨属（*Botrypus*）、膜蕨属（*Hymenophyllum*）、蕨属（*Pteridium*）、粉背蕨属（*Aleuritopteris*）、铁线蕨属（*Adiantum*）、蹄盖蕨属（*Athyrium*）、铁角蕨属（*Asplenium*）、荚囊蕨属（*Struthiopteris*）、狗脊蕨属（*Woodwardia*）、鳞毛蕨属（*Dryopteris*）、耳蕨属（*Polystichum*）、石韦属（*Pyrrosia*）、剑蕨属（*Loxogramme*）、苹属（*Marsilea*）、槐叶苹属（*Salvinia*）、满江红属（*Azolla*）。南河自然保护区世界分布的种有43 种,分别为石松（*Lycopodium clavata*）、蛇足石松（*Lycopodium serratum*）、细叶卷柏（*Selaginella labordei*）、伏地卷柏（*Selaginella nipponica*）、兖州卷柏（*Selaginella involvens*）、缘毛卷柏（*Selaginella comota*）、瓶尔小草（*Ophioglossum vulgatum*）、一支箭（*Ophioglossum pedunculosum*）、蕨萁（*Botrypus virginianum*）、穗状假阴地蕨（*Botrypus strictum*）、华东膜蕨（*Hymenophyllum barbatum*）、蕨（*Pteridium aquilinum* var. *latiusculum*）、毛蕨（*Pteridium revolutum*）、银粉背蕨（*Aleuritopteris argentea*）、铁线蕨（*Adiantum capillus-veneris*）、白背铁线蕨（*Adiantum davidii*）、掌叶铁线蕨（*Adiantum pedatum*）、灰背铁线蕨（*Adiantum myriosoyum*）、华东蹄盖蕨（*Athyrium nipponicum*）、北京铁角蕨（*Asplenium pekinense*）、铁角蕨（*Asplenium trichomanes*）、长叶铁角蕨（*Asplenium prolongatum*）、华中铁角蕨（*Asplenium pekinense*）、荚囊蕨（*Struthi-opteris eburnea*）、狗脊蕨（*Woodwardia japonica*）、单芽狗脊蕨（*Woodwardia* unigemmata)、黑足鳞毛蕨(*Dryopteris fuscipes*)、对生耳蕨(*Polystichum deltodon*)、革叶耳蕨(*Polystichum neolobatum*)、三叉耳蕨(*Polystichum tripteron*)、鞭叶耳蕨(*Polystichum craspedosorum*)、黑鳞耳蕨(*Polystichum makinoi*)、相似石韦(*Pyrrosia assimilis*)、毡毛石韦(*Pyrrosia drakeana*)、石韦(*Pyrrosia lingua*)、矩圆石韦(*Pyrrosia martinii*)、有柄石韦(*Pyrrosia petiolosa*)、庐山石韦(*Pyrrosia sheareri*)、柳叶剑蕨(*Loxogramme salicifolia*)、匙柄剑蕨(*Loxogramme grammitoides*)、苹(*Marsilea quadrifolia*)、槐叶苹(*Salvinia natars*)、满江红(*Azolla imbricata*)。

(2) 泛热带分布。南河自然保护区该分布类型共 16 个属,占总属数的 29.63%,隶属于 12 科。它们是瘤足蕨属(*Plagiogyria*)、海金沙属(*Lygodium*)、里白属(*Diplopterygium*)、蕗蕨属(*Mecodium*)、碗蕨属(*Dennstaedtia*)、乌蕨属(*Stenoloma*)、肾蕨属(*Nephrolepis*)、凤尾蕨属(*Pteris*)、碎米蕨属(*Cheilanthea*)、金粉蕨属(*Onychium*)、凤丫蕨属(*Coniogramme*)、毛蕨属(*Cyclosorus*)、金星蕨属(*Parathelypteris*)、假毛蕨属(*Pseudocyclosrus*)、复叶耳蕨属(*Arachniodes*)、黑心蕨属(*Doryopteris*)。南河自然保护区泛热带分布的种有 29 种,分别为华中瘤足蕨(*Plagiogyria euphlebia*)、镰叶瘤足蕨(*Plagiogyria distinctissima*)、海金沙(*Lygodium japonicum*)、里白(*Diplopterygium glaucum*)、蕗蕨(*Mecodium badium*)、小果蕗蕨(*Mecodium microsorumg*)、齿苞蕗蕨(*Mecodium propinquum*)、溪洞碗蕨(*Dennstaedtia wilfordii*)、细毛碗蕨(*Dennstaedtia pilosella*)、乌蕨(*Stenoloma chusanum*)、肾蕨(*Nephrolepis cordifolia*)、猪鬣凤尾蕨(*Pteris actiniopteroides*)、井栏边草(*Pteris multifida*)、凤尾蕨(*Pteris nervosa*)、半边旗(*Pteris semipinnata*)、蜈蚣草(*Pteris vittata*)、溪边凤尾蕨(*Pteris excelsa*)、毛轴碎米蕨(*Cheilanthea chusana*)、野鸡尾(*Onychium japonicum*)、凤丫蕨(*Coniogramme japonica*)、普通凤丫蕨(*Coniogramme intermedia* var. *intermedia*)乳头凤丫蕨(*Coniogramme rosthornii*)、渐尖毛蕨(*Cyclosorus acuminatus*)、金星蕨(*Parathelypteris glanduligera*)、中日金星蕨(*Parathelypteris nipponica*)、普通假毛蕨(*Pseudocyclosrus supochthodes*)、中华复叶耳蕨(*Arachniodes chinensis*)、长尾复叶耳蕨(*Arachniodes simplicior*)、黑心蕨(*Doryopteris concolor*)。

(3) 旧大陆热带分布。南河自然保护区该分布类型只有 1 个属 1 种,即芒萁属(*Dicranopteris*)、芒萁(*Dicranopteris dichotoma*)。

(4) 热带亚洲和热带美洲间断分布。南河自然保护区没有该分布类型的属。

(5) 热带亚洲至热带大洋洲分布。南河自然保护区该分布类型共有 2 个属,占总属数的3.70%,隶属于 2 科。它们是针毛蕨属(*Macrothelypteris*)、槲蕨属(*Drynaria*)。属于该分布类型的种有 2 种,即普通针毛蕨(*Macrothelypteris toressiana*)、槲蕨(*Drynaria fortunei*)。

(6) 热带亚洲至热带非洲分布。南河自然保护区该分布类型共有 4 个属,占总属数的 7.41%,隶属于 2 科。它们是贯众属(*Cyrtomium*)、瓦韦属(*Lepisorus*)、星蕨属(*Microsorium*)、盾蕨属(*Neolepisorus*)。属于该分布类型的种有 9 种,分别是贯众(*Cyrtomium fortunei*)、大羽贯众(*Cyrtomium macrophyllum*)、网眼瓦韦(*Lepisorus clathratus*)、瓦韦(*Lepisorus thunbergianus*)、扭瓦韦(*Lepisorus contortus*)、大瓦韦

（*Lepisorus macrosphaerus*）、黄瓦韦（*Lepisorus macrosphaerus* var. *asterolepis*）、攀援星蕨（*Microsorium buergerianum*）、盾蕨（*Neolepisorus ovatus*）。

（7）热带亚洲分布。南河自然保护区没有该分布类型的属。

（8）北温带分布。南河自然保护区该分布类型共有 7 个属，占总属数的 12.96％，隶属于 7 科。它们是问荆属（*Equisetum*）、阴地蕨属（*Scepteridium*）、紫萁属（*Osmunda*）、羽节蕨属（*Gymnocarpium*）、卵果蕨属（*Phegopteris*）、荚果蕨属（*Matteuccia*）、岩蕨属（*Woodsia*）。该区域属于北温带分布的种有 10 种，分别是问荆（*Equisetum arvense*）、木贼（*Equisetum hiemale*）、阴地蕨（*Scepteridium ternatum*）、紫萁（*Osmunda japonica*）、绒紫萁（*Osmunda claytoniana*）、东亚羽节蕨（*Gymnocarpium oyamense*）、延羽卵果蕨（*Phegopteris decursive-pinnata*）、东方荚果蕨（*Matteuccia orientalis*）、荚果蕨（*Matteuccia struthiopteris*）、耳羽岩蕨（*Woodsia polystichoides*）。

（9）东亚和北美间断分布。南河自然保护区该分布类型只有 1 属，即蛾眉蕨属（*Lunathyrium*），该分布类型共有 2 种，即陕西蛾眉蕨（*Lunathyrium giraldii*）、华中蛾眉蕨（*Lunathyrium centrochinense*）。

（10）旧大陆温带分布。南河自然保护区没有该分布类型的属。

（11）温带亚洲分布。南河自然保护区没有该分布类型的属。

（12）东亚（喜马拉雅-中国-日本）分布。南河自然保护区该分布类型共有 2 个属，占总属数的 3.70％，隶属于 1 科。它们是水龙骨属（*Polypodiodes*）、假瘤蕨属（*Phymatopsis*）。该区域属于东亚分布的种有 6 种，分别为友水龙骨（*Polypodium amoena*）、水龙骨（*Polypodium nipponica*）、假友水龙骨（*Polypodium pseudoamoenum*）、金鸡脚（*Phymatopsis hastata*）、陕西假瘤蕨（*Phymatopsis shensiensis*）、喙叶假瘤蕨（*Phymatopsis rhymchophylla*）。

（13）中国-喜马拉雅分布。该分布类型共有 1 个属 1 种，即骨牌蕨属（*Lepidogrammitis*）、抱石莲（*Lepidogrammitis drymoglossoides*）。

（14）中国-日本分布。该分布类型共有 1 个属 1 种，即石蕨属（*Saxiglossum*）、石蕨（*Saxiglossum angustissimum*）。

（15）中国特有分布。南河自然保护区没有该分布类型的属。

蕨类植物的地理分布与森林植被类型密切相关，其对水、热条件也极为敏感，多数种类均需要森林植被为其提供温暖湿润的生存的环境。从南河自然保护区分布的蕨类植物来看，其种类丰富，占湖北总属数的 55.67％，总种数的 28.11％，从另一方面反映了该区域森林植被的丰富性。

统计南河自然保护区蕨类植物的地理分布类型发现，属于世界分布的占 35.19％，属于热带分布的占 42.59％，属于温带分布类型的占 22.21％，没有中国特有分布的属。

南河自然保护区生态环境复杂，蕨类植物生态类型也丰富多样。旱生蕨类植物如蜈蚣草，中生蕨类植物如中日金星蕨、东方荚果蕨，水生蕨类植物如苹、满江红，土生蕨类植物如各种鳞毛蕨和耳蕨等构成了南河自然保护区主要的蕨类植物类群，中日金星蕨、东方荚果蕨甚至成为南河保护区主要的植被群系。

3.1.2.2 种子植物的地理成分分析

3.1.2.2.1 科的种数统计与地理成分分析

1) 科的种数统计分析

保护区共有种子植物 153 科,根据其所含种数的多少可划分为 5 个级别,顺序依次为寡种科、单种科、中等科、较大科和大型科,见表 3.3 和表 3.4。表 3.4 显示该区系各级别占南河总数的大小。单种科共 28 科,其中有不少是古老孑遗类型,为本区系原始和古老性的重要标志,如领春木科(Eupteleaceae)、银杏科(Ginkgoaceae)、杜仲科(Eucommiaceae)、大血藤科(Sargentodoxaceae)、透骨草科(Phrymaceae)、蜡梅科(Calycanthaceae)、七叶树科(Aesculiaceae)等。含 2～10 种的科,本区有 88 科,包括柏科(Cupressaceae)、木通科(Lardizabalaceae)、无患子科(Sapindaceae)、漆树科(Anacardiaceae)、凤仙花科(Balsaminaceae)、胡颓子科(Elaeagnaceae)等。含 11～20种的中等科有 19 科,包括小檗科(Berberidaceae)、十字花科(Cruciferae)、槭树科(Aceraceae)、茜草科(Rubiaceae)、木犀科(Oleaceae)等。含 21～50 种较大科有 13 科,包括毛茛科(Ranunculaceae)、兰科(Orchidaceae)、伞形科(Umbelliferae)、百合科(Liliaceae)、蓼科(Polygonaceae)等。大于 50 种的大型科有 5 科,包括蝶形花科(Papilionaceae)、蔷薇科(Rosaceae)、菊科(Compositae)、唇形科(Labiatae)、禾本科(Gramineae)。可见,该地区植物区系主要是由寡种科的植物组成的。

表 3.3　南河自然保护区种子植物科所含属和种数统计

大型科(>50 种)(5 科 174 属 354 种)		
蔷薇科(Rosaceae)29：77	蝶形花科(Papilionaceae)31：59	菊科(Compositae)49：96
禾本科(Gramineae)40：67	唇形科(Labiatae)25：55	

较大科(21～50 种)(13 科 155 属 363 种)		
樟科(Lauraceae)6：24	毛茛科(Ranunculaceae)15：43	石竹科(Caryophyllaceae)14：25
蓼科(Polygonaceae)6：27	壳斗科(Fagaceae)5：21	大戟科(Euphorbiaceae)12：25
伞形科(Umbelliferae)18：29	忍冬科(Caprifoliaceae)6：26	玄参科(Scrophulariaceae)14：28
兰科(Orchidaceae)17：25	莎草科(Cyperaceae)9：24	百合科(Liliaceae)22：43
荨麻科(Urticaceae)11：23		

中等科(11～20 种)(19 科 114 属 283 种)		
小檗科(Berberidaceae)6：17	十字花科(Cruciferae)9：17	葡萄科(Vitaceae)5：19
绣球科(Hydrangeaceae)9：16	茜草科(Rubiaceae)10：20	榆科(Ulmaceae)4：12
桑科(Moraceae)5：12	卫矛科(Celastraceae)3：17	鼠李科(Rhamnaceae)7：17
芸香科(Rutaceae)7：17	槭树科(Aceraceae)2：12	五加科(Araliaceae)7：13
木犀科(Oleaceae)6：15	萝藦科(Asclepiadaceae)7：17	报春花科(Primulaceae)3：14
紫草科(Boraginaceae)7：13	天南星科(Araceae)6：13	马鞭草科(Verbenaceae)6：11
茄科(Solanaceae)5：11		

寡种科(2～10 种)(88 科 210 属 442 种)		
松科(Pinaceae)4：7	杉科(Taxodiaceae)3：4	柏科(Cupressaceae)4：4

续表

寡种科（2～10 种）（88 科 210 属 442 种）

三尖杉科（Cephalotaxaceae）1：2	红豆杉科（Taxaceae）2：3	木兰科（Magoliaceae）3：7
四照花科（Cornaceae）5：10	五味子科（Schisandraceae）1：3	木通科（Lardizabalaceae）4：6
防己科（Menispermaceae）6：10	马兜铃科（Aristolochiaceae）3：9	金粟兰科（Chloranthaceae）2：5
罂粟科（Papaveraceae）5：7	紫堇科（Fumariaceae）1：5	远志科（Polygalaceae）1：3
藜科（Chenopodiaceae）2：3	苋科（Amaranthaceae）3：6	牻牛儿苗科（Geraniaceae）1：4
酢浆草科（Oxalidaceae）1：2	凤仙花科（Balsaminaceae）1：6	千屈菜科（Lythraceae）3：5
柳叶菜科（Onagraceaec）3：7	瑞香科（Thymelaeaceae）3：4	海桐科（Pittosporaceae）1：4
大风子科（Flacourtiaceae）3：4	秋海棠科（Begoniaceae）1：2	茶科（Theaceae）2：6
猕猴桃科（Actinidiaceae）1：4	金丝桃科（Hypericaceae）1：8	椴树科（Tiliaceae）3：7
梧桐科（Sterculiaceae）2：2	锦葵科（Malvaceae）3：4	菝葜科（Smilacaceae）1：8
茶藨子科（Grossulariaceae）1：4	含羞草科（Mimosaceae）1：2	苏木科（Caesalpiniaceae）5：5
旌节花科（Stachyuraceae）1：2	金缕梅科（Hamamelidaceae）6：7	黄杨科（Buxaceae）3：4
榛科（Corylaceae）2：7	大麻科（Cannabidaceae）2：2	冬青科（Aquifoliaceae）1：7
桑寄生科（Loranthaceae）2：5	檀香科（Santalaceae）2：3	蛇菰科（Balanophoraceae）1：2
胡颓子科（Elaeagnaceae）1：4	苦木科（Simarubaceae）2：2	楝科（Meliaceae）2：2
清风藤科（Sabiaceae）2：7	省沽油科（Staphyleaceae）3：4	漆树科（Anacardiaceae）4：9
胡桃科（Juglandaceae）4：6	八角枫科（Alangiaceae）1：3	珙桐科（Nyssaceae）2：2
鹿蹄草科（Pyrolaceae）2：3	越桔科（Vacciniaceae）1：3	柿树科（Ebenaceae）1：3
紫金牛科（Myrsinaceae）2：4	安息香科（Styracaceae）1：4	山矾科（Symplocaceae）1：4
马钱科（Loganiaceae）2：6	夹竹桃科（Apocynaceae）3：4	败酱科（Valerianaceae）2：7
川续断科（Dipsacaceae）1：2	龙胆科（Gentianaceae）5：7	车前草科（Plantaginaceae）1：3
半边莲科（Lobeliacea）1：2	旋花科（Convolvulaceae）4：8	苦苣苔科（Gesneriaceae）7：8
紫葳科（Bignoniaceae）2：3	爵床科（Acanthaceae）5：7	泽泻科（Alismataceae）2：3
眼子菜科（Potamogetonaceae）1：2	杜鹃花科（Ericaceae）3：9	鸭跖草科（Commelinaceae）3：4
姜科（Zingiberaceae）1：2	延龄草科（Trilliaceae）1：5	虎耳草科（Saxifragaceae）6：9
杨柳科（Salicaceae）2：10	鸢尾科（Iridaceae）2：4	百部科（Stemonaceae）1：2
薯蓣科（Dioscoreaceae）1：7	灯心草科（Juacaceae）2：5	堇菜科（Violaceae）1：10
景天科（Crassulaceae）3：10	葫芦科（Cucurbitaceae）5：10	桔梗科（Campanulaceae）6：9
石蒜科（Ameryliiaceae）1：2		

单种科（1 种）（28 科 28 属 28 种）

银杏科（Ginkgoaceae）1：1	领春木科（Eupteleaceae）1：1	大血藤科（Sargentodoxaceae）1：1
胡椒科（Piperaceae）1：1	三白草科（Saururaceae）1：1	粟米草科（Mollugoceae）1：1
马齿苋科（Portulacaceae）1：1	商陆科（Phytolaccaceae）1：1	假繁缕科（Theligonaceae）1：1
亚麻科（Linaceae）1：1	马桑科（Coriariaceae）1：1	野牡丹科（Melastomaceae）1：1
蜡梅科（Calycanthaceae）1：1	桦木科（Betulaceae）1：1	铁青树科（Olacaceae）1：1
无患子科（Sapindaceae）1：1	七叶树科（Aesculiaceae）1：1	山柳科（Clethraceae）1：1
水晶兰科（Monotropaceae）1：1	列当科（Orobanchaceae）1：1	透骨草科（Phrymaceae）1：1
谷精草科（Eriocaulaceae）1：1	棕榈科（Palmaceae）1：1	杜仲科（Eucommiaceae）1：1
八角科（Illiciaceae）1：1	虎皮楠科（Daphniphyllaceae）1：1	茨藻科（Najadaceae）1：1
香蒲科（Typhaceae）1：1		

表 3.4 南河自然保护区种子植物科的分组统计

分类群	单种科 （含1种）	寡种科 （2～10种）	中等科 （11～20种）	较大科 （21～50种）	大型科 （>50种）
裸子植物	1	5			
被子植物	27	83	19	13	5
总和	28	88	19	13	5
占南河总科数比例/%	18.30	57.52	12.42	8.50	3.27

2) 科的分布型统计

植物分布区的类型称为分布型。一般据植物种、属、科的现代地理分布来区划分布型，这种区划的区系划分称为区系的地理成分。

科的分布型统计，据 2003 年吴征镒等《世界种子植物科的分布区类型系统》来统计，见表 3.5。

表 3.5 湖北南河自然保护区种子植物科的分布型统计表

	分 布 类 型	科 数	比例/%
1	世界广布	43	28.10
2	泛热带	48	31.37
3	东亚（热带、亚热带）及热带南美间断	8	5.23
4	旧世界热带	2	1.31
5	热带亚洲至热带大洋洲	4	2.61
6	热带亚洲至热带非洲	1	0.65
7	热带亚洲	2	1.31
8	北温带	30	19.61
9	东亚及北美间断	6	3.92
10	旧世界温带	2	1.31
11	温带亚洲	0	0.00
12	地中海区、西亚至中亚	0	0.00
13	中亚	0	0.00
14	东亚	4	2.61
15	中国特有	3	1.96
	合 计	153	100

（1）世界广布类型的科有 43 科。代表种有毛茛科、十字花科、堇菜科、远志科、景天科、虎耳草科、石竹科、马齿苋科、蓼科、藜科、苋科、酢浆草科、千屈菜科、柳叶菜科、瑞香科、茶藨子科、蔷薇科、蝶形花科、榆科、桑科、鼠李科、伞形科、木犀科、茜草科、败酱科、菊科、龙胆科、报春花科、车前草科、桔梗科、半边莲科、紫草科、茄科、旋花科、玄参科、唇形科、泽泻科、眼子菜科、茨藻科、香蒲科、兰科、莎草科、禾本科。

（2）泛热带分布科有 48 科。代表种有樟科、防己科、马兜铃科、胡椒科、金粟兰科、粟米草科、商陆科、凤仙花科、大风子科、葫芦科、秋海棠科、茶科、野牡丹科、椴树科、梧桐科、锦葵科、大戟科、含羞草科、苏木科、荨麻科、卫矛科、铁青树科、桑寄生科、蛇菰科、葡萄科、芸香科、苦木科、楝科、无患子科、漆树科、山柳科、柿树科、紫金牛科、山矾科、马钱科、夹竹桃科、萝摩科、紫葳科、爵床科、鸭趾草科、谷精草科、菝葜科、天南星科、石蒜科、鸢尾科、薯蓣科、棕榈科、檀香科。

（3）东亚（热带、亚热带）及热带南美间断分布有 8 科。代表种有木通科、冬青科、七叶树科、省沽油科、五加科、安息香科、苦苣苔科、马鞭草科。

（4）旧世界热带分布有 2 科。它们是海桐科、八角枫科。

（5）热带亚洲至热带大洋洲分布有 4 科。它们是虎皮楠科、姜科、马桑科、百部科。

（6）热带亚洲至热带非洲仅杜鹃花科 1 科。

（7）热带亚洲（即热带东南亚至印度-马来，太平洋诸岛）有 2 科。它们是大血藤科、清风藤科。

（8）北温带分布类型有 30 科。代表种有松科、杉科、柏科、红豆杉科、小檗科、罂粟科、紫堇科、牻牛儿苗科、亚麻科、金丝桃科、绣球科、金缕梅科、黄杨科、杨柳科、桦木科、壳斗科、榛科、大麻科、胡颓子科、槭树科、胡桃科、山茱萸科、越桔科、鹿蹄草科、水晶兰科、忍冬科、列当科、百合科、延龄草科、灯心草科。

（9）东亚及北美间断分布类型有 6 科。代表种有木兰科、八角科、五味子科、三白草科、蜡梅科、透骨草科。

（10）旧世界温带分布有 2 科。它们是川续断科、假繁缕科。

（11）东亚分布有 4 科。分别是猕猴桃科、三尖杉科、领春木科、旌节花科。

（12）中国特有分布有 3 科。分别是珙桐科、杜仲科、银杏科。

上述统计表明，除去世界分布的科外，热带性科略占多数，但是这些科所含的属种数则较小，在世界性分布的科中，有许多是主产温带地区的科，从而使温带分布的科在数量上占有优势，这说明该地区植物区系性质具有温带性质和热带亲缘性，这样使该地区各类区系成分并存，表现了区系成分的复杂性。

亚洲特有科在该区系上占十分重要的地位，这些科多为古老孑遗类型，表现该区系具有较强的原始性质，见表 3.6 所示。

表 3.6　南河自然保护区亚洲特有科统计表

科　名	拉　丁　名	种　属　数①	分　布
珙桐科	Nyssaceae	2/2;2/2;2/2	西南-华中
杜仲科	Eucommiaceae	1/1;1/1;1/1	西南-华中
银杏科	Ginkgoaceae	1/1;1/1;1/1	中国-日本
领春木科	Eupteleaceae	1/1;1/2;1/2	中国、印度及日本
大血藤科	Sargentodoxaceae	1/1;1/1;1/1	西南-华中
猕猴桃科	Actinidiaceae	1/4;2/53;2/55	喜马拉雅至日本
旌节花科	Stachyuraceae	1/3;1/8;1/10	东亚、西亚
三尖杉科	Cephalotaxaceae	1/2;1/7;1/9	东亚
虎皮楠科	Daphniphyllaceae	1/1;1/12;1/12	中国至马来西亚

① 南河属数/南河种数；中国属数/中国种数；全科属数/全科种数

3.1.2.2.2 属的分析

1）属的分布类型统计

属的分布类型在植物区系研究上极其重要,一般"属"的分布作为划分植物区系地区的标志和依据。且属的分布类型能基本体现一个地区植物区系的基本特征。属的分布类型统计多依据吴征镒(1991)的《中国种子植物分布区类型》的划分原则,将保护区种子植物 669 属(除栽培属),划分为 15 个分布区类型,见表 3.7。

表 3.7　南河自然保护区种子植物属的分布区类型统计表

分 布 区 类 型	属 数	占总属数的比例/%
1　世界分布	55	8.22
2　泛热带分布及其变型	101	15.10
2-1　热带亚洲、大洋洲、南美洲间断	(2)	
2-2　热带亚洲、非洲、南美洲间断	(1)	
3　热带亚洲和热带美洲间断分布	7	1.05
4　旧世界热带分布及其变型	24	3.59
4-1　热带亚洲、非洲、大洋洲间断	(4)	
5　热带亚洲至热带大洋洲分布及其变型	22	3.29
5-1　中国(西南)亚热带和新西兰间断	(1)	
6　热带亚洲至热带非洲分布及其变型	19	2.84
6-1　华南、西南到印度和热带非洲间断	(1)	
6-2　热带亚洲和东非或马达斯加间断	(1)	
7　热带亚洲(印度-马来西亚)分布及其变型	41	6.13
7-1　爪哇、喜马拉雅间断或星散分布到华南、西南	(4)	
7-2　热带印度至华南	(2)	
7-3　缅甸、泰国至华西南	(1)	
7-4　越南(或中南半岛)至华南(或西南)	(3)	
8　北温带分布及其变型	150	22.42
8-4　北温带和南温带间断	(31)	
8-5　欧亚和南美洲温带间断	(2)	
8-6　地中海区、东亚、新西兰和墨西哥到智利间断	(1)	
9　东亚和北美间断分布	56	8.37
9-1　东亚和墨西哥间断	(1)	
10　旧世界温带分布及其变型	52	7.77
10-1　地中海区、西亚和东亚间断	(10)	
10-3　欧亚、南美洲间断	(6)	
11　温带亚洲分布	14	2.09
12　地中海区、西亚至中亚分布	2	0.30
13　中亚分布	2	0.30
14　东亚分布及其变型	98	14.65
14(SH)中国-喜马拉雅	(22)	
14(SJ)中国-日本	(32)	
15　中国特有分布	26	3.88
合　　计	669	100.00

2) 属分布区类型分述

(1) 世界分布。世界分布指遍布世界各大洲而无特殊分布中心的属。该分布区类型共 55 属,占总属数的 8.22%。隶属于 33 科。它们是银莲花属(*Anemone*)、铁线莲属(*Clematis*)、毛茛属(*Ranunculus*)、碎米荠属(*Cardamine*)、独行菜属(*Lepidium*)、蔊菜属(*Rorippa*)、堇菜属(*Viola*)、远志属(*Polygala*)、繁缕属(*Stellaria*)、蓼属(*Polygonum*)、酸模属(*Rumex*)、商陆属(*Phytolacca*)、藜属(*Chenopodium*)、苋属(*Amaranthus*)、老鹳草属(*Geranium*)、酢浆草属(*Oxalis*)、千屈菜属(*Lythrum*)、金丝桃属(*Hypericum*)、悬钩子属(*Rubus*)、黄芪属(*Astragalus*)、槐属(*Sophora*)、鼠李属(*Rhamnus*)、茴芹属(*Pimpinella*)、变豆菜属(*Sanicula*)、猪殃殃属(*Galium*)、鬼针草属(*Bidens*)、飞蓬属(*Erigeron*)、牛膝菊属(*Galinsoga*)、鼠曲草属(*Gnaphalium*)、千里光属(*Senecio*)、苍耳属(*Xanthium*)、龙胆属(*Gentiana*)、珍珠菜属(*Lysimachia*)、车前草属(*Plantago*)、半边莲属(*Lobelia*)、酸浆属(*Physalis*)、茄属(*Solanum*)、沟酸浆属(*Mimulus*)、鼠尾草属(*Salvia*)、黄芩属(*Scutellaria*)、水苏属(*Stachys*)、香科科属(*Teucrium*)、眼子菜属(*Potamogeton*)、茨藻属(*Najas*)、香蒲属(*Typha*)、羊耳蒜属(*Liparis*)、灯心草属(*Juncus*)、地杨梅属(*Luzula*)、苔草属(*Carex*)、莎草属(*Cyperus*)、荸荠属(*Eleocharis*)、藨草属(*Scirpus*)、马唐属(*Digitaria*)、芦苇属(*Phragmites*)、早熟禾属(*Poa*)。木本植物仅有鼠李属和槐属,木本、草本兼有的有铁线莲属、金丝桃属、苦参属、悬钩子属、千里光属、茄属,余皆为草本,毛茛属、蓼属、悬钩子属、苔草属、飞蓬属是主要的林下草本层和河岸带常见的种类。虽然这些世界分布属在确定植物区系的热带或温带性质时意义不大,但由于世界类型多水生植物属,在南河自然保护区这一成分占较高比例,也反映了南河自然保护区植物区系的一个特征。

(2) 泛热带分布及其变型。泛热带分布指分布于东、西两半球热带地区,以及在全球范围内有 1 个或数个分布中心,但其他地区也有一些种类分布的属;不少属尽管也分布到亚热带乃至温带,但其分布中心和原始类型仍然在热带范围之内的属也属此种类型。该分布区类型共有 101 属,占 15.10%。植物种类多以暖温带为其天然分布的北界。有木防己属(*Cocculus*)、马兜铃属(*Aristolochia*)、胡椒属(*Piper*)、金粟兰属(*Chloranthus*)、白鼓丁属(*Polycarpaea*)、粟米草属(*Mollugo*)、马齿苋属(*Portulaca*)、牛膝属(*Achyranthes*)、青葙属(*Celosia*)、凤仙花属(*Impatiens*)、节节菜属(*Rotala*)、丁香蓼属(*Ludwigia*)、柞木属(*Xylosoma*)、秋海棠属(*Begonia*)、马松子属(*Melochia*)、苘麻属(*Abutilon*)、木槿属(*Hibiscus*)、梵天花属(*Urena*)、铁苋菜属(*Acalypha*)、山麻杆属(*Alchornea*)、大戟属(*Euphorbia*)、算盘子属(*Glochidion*)、叶下珠属(*Phyllanthus*)、乌桕属(*Sapium*)、云实属(*Caesalpinia*)、猪屎豆属(*Crotalaria*)、黄檀属(*Dalbergia*)、槐蓝属(*Indigofera*)、崖豆藤属(*Millettia*)、油麻藤属(*Mucuna*)、补骨脂属(*Psoralea*)、鹿藿属(*Rhynchosia*)、豇豆属(*Vigna*)、黄杨属(*Buxus*)、朴属(*Celtis*)、榕属(*Ficus*)、苎麻属(*Boehmeria*)、艾麻属(*Laportea*)、冷水花属(*Pilea*)、冬青属(*Ilex*)、南蛇藤属(*Celastrus*)、卫矛属(*Euonymus*)、青皮木属(*Schoepfia*)、枣属(*Ziziphus*)、花椒属(*Zanthoxylum*)、积雪草属(*Centella*)、天胡荽属(*Hydrocotyle*)、柿树属(*Diospyros*)、紫金牛属(*Ardisia*)、野茉莉属(*Styrax*)、山矾属(*Symplocos*)、醉鱼草属(*Buddleja*)、素馨属

（*Jasminum*）、鹅绒藤属（*Cynanchum*）、栀子属（*Gardenia*）、耳草属（*Hedyotis*）、钩藤属（*Uncaria*）、白酒草属（*Conyza*）、鳢肠属（*Eclipta*）、泽兰属（*Eupatorium*）、豨莶属（*Siegesbeckia*）、斑鸠菊属（*Vernonia*）、曼陀罗属（*Datura*）、红丝线属（*Lycianthes*）、打碗花属（*Calystegia*）、菟丝子属（*Cuscuta*）、马蹄金属（*Dichondra*）、牵牛属（*Pharbitis*）、母草属（*Lindernia*）、蝴蝶草属（*Torenia*）、紫珠属（*Callicarpa*）、大青属（*Clerodendrum*）、马鞭草属（*Verbena*）、牡荆属（*Vitex*）、鸭跖草属（*Commelina*）、谷精草属（*Eriocaulon*）、菝葜属（*Smilax*）、薯蓣属（*Dioscorea*）、虾脊兰属（*Calanthe*）、飘拂草属（*Fimbristylis*）、水蜈蚣属（*Kyllinga*）、扁莎属（*Pycreus*）、珍珠茅属（*Scleria*）、孔颖草属（*Bothriochloa*）、狗牙根属（*Cynodon*）、穇属（*Eleusine*）、野黍属（*Eriochloa*）、白茅属（*Imperata*）、柳叶箬属（*Isachne*）、千金子属（*Leptochloa*）、球米草属（*Oplismenus*）、雀稗属（*Paspalum*）、狼尾草属（*Pennisetum*）、棒头草属（*Polypogon*）、狗尾草属（*Setaria*）、鼠尾粟属（*Sporobolus*）、决明属（*Cassia*）等。此外,此类型有 2 个变型,一是热带亚洲、大洋洲和南美洲（墨西哥间断）分布,包括石胡荽属（*Centipeda*）、蓝花参属（*Wahlenbergia*）2 属;另一变型是热带亚洲、非洲和南美洲间断分布,保护区仅糯米团属（*Gonostegia*）1 属。在这里值得一提的是,绝大多数是以热带分布为主,也有延伸到亚热带和温带的广大地区的属,缺乏一些真正较严格的热带科中的属。另外,虽然该类型仅次于北温带分布类型,居第二位,但这些属中的种数在该地显著减少,如胡椒科的胡椒属,桑科的榕属,这些情况充分表明该区所处的位置已是热带分布属的北缘,显示该地为中亚热带的近北缘地区。同时,该类型中的一些种类是该地区森林植被灌木层中的重要类型。草本属中的凤仙花属、白茅属、冷水花属等是组成林下草本层的重要种类。

（3）热带亚洲和热带美洲间断分布。该类型的属间断分布于热带美洲和亚洲温暖地区,在亚洲可能延伸到澳大利亚东北部或西南太平洋岛屿,但它们的分布中心都局限于亚、美热带。该分布类型在本区共 7 属,占总属数的 1.05%。具体包括木姜子属（*Litsea*）、楠属（*Phoebe*）、柃属（*Eurya*）、雀梅藤属（*Sageretia*）、苦木属（*Picrasma*）、泡花树属（*Meliosma*）、山柳属（*Clethra*）。其中如楠木属、山柳属、泡花树属的许多种类是该区域森林和灌丛的重要组成成分。

（4）旧世界热带分布及其变型。旧世界热带分布指分布于亚洲、非洲和大洋洲热带地区的属。该分布类型在本区共 24 属,隶属于占 3.59%,包括本类型仅有的一个变型,即热带亚洲、非洲和大洋洲间断分布。主要有千金藤属（*Stephania*）、海桐属（*Pittosporum*）、苦瓜属（*Momordica*）、扁担杆属（*Grewia*）、野桐属（*Mallotus*）、合欢属（*Albizia*）、楼梯草属（*Elatostema*）、槲寄生属（*Viscum*）、乌蔹莓属（*Cayratia*）、吴茱萸属（*Evodia*）、楝属（*Melia*）、八角枫属（*Alangium*）、吊灯花属（*Ceropegia*）、娃儿藤属（*Tylophora*）、一点红属（*Emilia*）、厚壳树属（*Ehretia*）、香茶菜属（*Rabdosia*）、水竹叶属（*Murdannia*）、天门冬属（*Asparagus*）、细柄草属（*Capillipedium*）。此外,其变型热带亚洲、非洲、大洋洲间断分布有青牛胆属（*Tinospora*）、水蛇麻属（*Fatoua*）、百蕊草属（*Thesium*）、爵床属（*Rostellularia*）4 属。本类型中的合欢属（*Albizia*）的山合欢（*A. kalkora*）、八角枫属（*Alangium*）的八角枫（*A. chinense*）和瓜木（*A. platanilolium*）多出现于河岸边及林缘;海桐属（*Pittosporum*）是河岸边常见的常绿灌木;野桐属（*Mallotus*）的石岩枫(*M. repandus*)是低海拔常见种。草本植物有楼梯草属、水竹叶属为林下及灌丛中最常见成分;虽然该类型在本区域所占的比重不大,但大多数属的种类是本区各类森林植被的主要伴生种。

(5) 热带亚洲至热带大洋洲分布及其变型。热带亚洲至热带大洋洲分布指分布于旧世界热带分布区的东翼,西端有时到马达加斯加但通常不及非洲大陆的属。该分布类型在本区域共22属,占3.29%。如樟属(*Cinnamomum*)、紫薇属(*Lagerstroemia*)、荛花属(*Wikstroemia*)、栝楼属(*Trichosanthes*)、雀儿舌头属(*Leptopus*)、野扁豆属(*Dunbaria*)、蛇菰属(*Balanophora*)、猫乳属(*Rhamnella*)、崖爬藤属(*Tetrastigma*)、臭椿属(*Ailanthus*)、香椿属(*Tonna*)、通泉草属(*Mazus*)、旋蒴苣苔属(*Boea*)、白接骨属(*Asystasiella*)、姜属(*Zingiber*)、百部属(*Stemona*)、隔距兰属(*Cleisostoma*)、兰属(*Cymbidium*)、天麻属(*Gastrodia*)、蜈蚣草属(*Eremochloa*)、淡竹叶属(*Lophatherum*)。此外,其变型中国(西南)亚热带和新西兰间断仅梁王茶属(*Nothopanax*)1属。尽管这些属的许多种类常出现在各自相关的林分中,但一般数量稀少。但樟属(*Cinnamomum*)中的种类是林中重要的常绿树种。臭椿属、香椿属的种类是森林中的常见种。兰属中的蕙兰(*C. goeringii*)在林下相当普遍;藤本植物的崖藤在中低海拔河岸边较常见;天麻属为该区域重要的中草药种类。

(6) 热带亚洲至热带非洲分布及其变型。该类型指分布于旧世界热带分布区西翼的属,其分布范围一般指热带非洲至印度-马来西亚,有时也达斐济等南太平洋岛屿,但不到澳大利亚大陆。该分布类型在本区共19属,占总属数的2.84%。有赤瓟属(*Thladiantha*)、山黑豆属(*Dumasia*)、大豆属(*Glycin*)、水麻属(*Debregeasia*)、钝果寄生属(*Taxillus*)、蝎子草属(*Girardinia*)、飞龙掌血属(*Toddalia*)、常春藤属(*Hedera*)、铁仔属(*Myrsine*)、杠柳属(*Periploca*)、水团花属(*Adina*)、豆腐柴属(*Premna*)、荩草属(*Arthraxon*)、芒属(*Miscanthus*)、菅属(*Themeda*)、九头狮子草属(*Peristrophe*)、魔芋属(*Amorphophallus*)。此外,该类型有2个变型,一是华南、西南到印度和热带非洲间断分布,仅南山藤属(*Dregea*)1属。另一是热带亚洲和东非或马达加斯加间断分布,有马蓝属(*Strobilanthes*)1属。木本植物中的水麻(*Debregeasia*)是河岸带灌丛重要的成分;草本植物中的芒属种类是河流河漫滩主要群落类型的优势种。常春藤攀缘于岩石及树干上,林中较为常见。

(7) 热带亚洲分布及其变型。热带亚洲(印度-马来西亚)分布是指旧世界或旧大陆的中心部分,其范围包括印度、斯里兰卡、中南半岛、印度尼西亚、加里曼丹、菲律宾及新几内亚等东面可达斐济等太平洋岛屿,但不到澳大利亚大陆。我国西南、华南及台湾,甚至更北地区是这一分布区类型的北部边缘。该分布类型在本区共41属,占总属数的6.13%。该类型中许多属的种类在区域森林群落组成中具有重要作用。有含笑属(*Michelia*)、山胡椒属(*Lindera*)、新木姜子属(*Neolitsea*)、轮环藤属(*Cyclea*)、草珊瑚属(*Sarcandra*)、绞股蓝属(*Gynostemma*)、山茶属(*Camellia*)、虎皮楠属(*Daphniphyllum*)、黄常山属(*Dichroa*)、蛇莓属(*Duchesnea*)、葛属(*Pueraria*)、水丝梨属(*Sycopsis*)、野扇花属(*Sarcococca*)、青冈属(*Cyclobalanopsis*)、构属(*Broussonetia*)、紫麻属(*Oreocnide*)、赤车属(*Pellionia*)、清风藤属(*Sabia*)、鳝藤属(*Anodendron*)、毛药藤属(*Cleghornia*)、蛇根草属(*Ophiorrhiza*)、鸡矢藤属(*Paederia*)、苦荬菜属(*Ixeris*)、翅果菊属(*Pterocypsela*)、唇柱苣苔属(*Chirita*)、芋属(*Colocasia*)、犁头尖属(*Typhonium*)、斑叶兰属(*Goodyera*)、石斛属(*Dendrobium*)、薏苡属(*Coix*)、箬竹属(*Indocalams*)。此外,该类型有 4 个变型,一是爪哇、喜马拉雅间断或星散分布到华南、西南分布,有重阳木属(*Bischofia*)、松风草属(*Boenninghausenia*)、金钱豹属(*Campanumoea*)、假糙苏属(*Paraphlomis*)4 属;二是热带印度至华南分布有肉穗草属(*Sarcopyramis*)和独蒜兰属(*Pleione*)2 属;三是缅甸、泰国至华西南分布,仅粗筒苣苔属(*Briggsia*)1 属;四是越南(或中南半岛)至华南(或西南)分布有半蒴苣苔属(*Hemiboea*)、山一笼鸡属(*Gutzlaffia*)、竹根七属(*Disporopsis*)3 属。在本区的该分布类型中有较多的常绿木本成分,如青冈栎属常沿海拔 1 000 m 以下的沟谷分布,有时甚至成为群落的优势种或共建种,但一般面积不大,沿小地形呈带状或斑块状分布;润楠属、山茶属、水丝梨属、山胡椒属等常绿乔灌木与青冈栎的分布状况类似,但局限性更大,仅零星地出现在沟谷林中,是原始植被残留下来的成分。构树属为本区常见种之一,然而林中并不多见;草本植物不多,主要是生于林下的斑叶兰属等兰科植物,以及林缘路边常见的菊科苦荬菜属植物。竹类的箬竹属种类为较高海拔林下灌木层优势种类。本分布类型还有较多的藤本植物,如鸡矢藤属、葛属和清风藤属等。

(8)北温带分布及其变型。北温带分布一般是指那些广泛分布于欧洲、亚洲和北美洲温带地区的属。该分布类型在本区共 150 属,占总属数的 22.42%。主要有松属(*Pinus*)、柏木属(*Cupressus*)、刺柏属(*Juniperus*)、圆柏属(*Sabina*)、红豆杉属(*Taxus*)、乌头属(*Aconitum*)、乌头属(*Aconitum*)、耧斗菜属(*Aquilegia*)、升麻属(*Cimicifuga*)、黄连属(*Coptis*)、翠雀属(*Delphinium*)、芍药属(*Paeonia*)、白头翁属(*Pulsatilla*)、小檗属(*Berberis*)、细辛属(*Asarum*)、紫堇属(*Corydalis*)、荠属(*Capsella*)、播娘蒿属(*Descurainia*)、葶苈属(*Draba*)、菥蓂属(*Thlaspi*)、虎耳草属(*Saxifraga*)、种阜草属(*Moehringia*)、漆姑草属(*Sagina*)、露珠草属(*Circaea*)、椴树属(*Tilia*)、茶藨子属(*Ribes*)、山梅花属(*Philadelphus*)、龙牙草属(*Agrimonia*)、樱属(*Cerasus*)、栒子属(*Cotoneaster*)、山楂属(*Crataegus*)、草莓属(*Fragaria*)、苹果属(*Malus*)、委陵菜属(*Potentilla*)、李属(*Prunus*)、蔷薇属(*Rosa*)、地榆属(*Sanguisorba*)、花楸属(*Sorbus*)、绣线菊属(*Spiraea*)、紫荆属(*Cercis*)、车轴草属(*Trifolium*)、杨属(*Populus*)、柳属(*Salix*)、桦木属(*Betula*)、鹅耳枥属(*Carpinus*)、榛属(*Corylus*)、栗属(*Castanea*)、栎属(*Quercus*)、榆属(*Ulmus*)、桑属(*Morus*)、葎草属(*Humulus*)、胡颓子属(*Elaeagnus*)、葡萄属(*Vitis*)、七叶树属(*Aesculus*)、槭属(*Acer*)、省沽油属(*Staphylea*)、黄栌属(*Cotinus*)、盐肤木属(*Rhus*)、胡桃属(*Juglans*)、梾木属(*Cornus*)、山茱萸属(*Macrocarpium*)、鸭儿芹属(*Cryptotaenia*)、胡萝卜属(*Daucus*)、独活属(*Heracleum*)、藁本属(*Ligusticum*)、杜鹃花属(*Rhododendron*)、喜冬草属(*Chimaphila*)、鹿蹄草属(*Pyrola*)、水晶兰属(*Monotropa*)、白蜡树属(*Fraxinus*)、忍冬属(*Lonicera*)、荚蒾属(*Viburnum*)、香青属(*Anaphalis*)、蒿属(*Artemisia*)、紫菀属(*Aster*)、蓟属(*Cirsium*)、蜂斗菜属(*Petasites*)、风毛菊属(*Saussurea*)、一支黄花属(*Solidago*)、苦苣菜属(*Sonchus*)、蒲公英属(*Taraxacum*)、点地梅属(*Androsace*)、报春花属(*Primula*)、风铃草属(*Campanula*)、琉

璃草属（*Cynoglossum*）、紫草属（*Lithospermum*）、山萝花属（*Melampyrum*）、马先蒿属（*Pedicularis*）、玄参属（*Scrophularia*）、列当属（*Orobanche*）、风轮菜属（*Clinopodium*）、活血丹属（*Glechoma*）、地笋属（*Lycopus*）、薄荷属（*Mentha*）、夏枯草属（*Prunella*）、泽泻属（*Alisma*）、葱属（*Allium*）、百合属（*Lilium*）、黄精属（*Polygonatum*）、藜芦属（*Veratrum*）、天南星属（*Arisaema*）、鸢尾属（*Iris*）、头蕊兰属（*Cephalanthera*）、杓兰属（*Cypripedium*）、火烧兰属（*Epipactis*）、玉凤花属（*Habenaria*）、舌唇兰属（*Platanthera*）、绶草属（*Spiranthes*）、野古草属（*Arundinella*）、燕麦属（*Avena*）、茵草属（*Beckmannia*）、拂子茅属（*Calamagrostis*）、野青茅属（*Deyeuxia*）、稗属（*Echinochloa*）、画眉草属（*Eragrostis*）、舞鹤草属（*Maianthemum*）。此外，该类型有 3 个变型，一是北温带和南温带间断分布，有唐松草属（*Thalictrum*）、景天属（*Sedum*）、金腰属（*Chrysosplenium*）、蚤缀属（*Arenaria*）、卷耳（*Cerastium*）、女娄菜属（*Melandrium*）、蝇子草属（*Silene*）、亚麻属（*Linum*）、柳叶菜属（*Epilobium*）、路边青属（*Geum*）、稠李属（*Padus*）、香豌豆属（*Lathyrus*）、野豌豆属（*Vicia*）、荨麻属（*Urtica*）、当归属（*Angelica*）、柴胡属（*Bupleurum*）、越桔属（*Vaccinium*）、茜草属（*Rubia*）、接骨木属（*Sambucus*）、缬草属（*Valeriana*）、腺梗菜属（*Adenocaulon*）、花锚属（*Halenia*）、獐牙菜属（*Swertia*）、枸杞属（*Lycium*）、婆婆纳属（*Veronica*）、慈姑属（*Sagittaria*）、羊胡子草属（*Eriophorum*）、雀麦属（*Bromus*）、臭草属（*Melica*）、梯牧草属（*Phleum*）、地肤属（*Kochia*）31 属；二是欧亚和南美洲温带间断分布，有火绒草属（*Leontopodium*）、看麦娘属（*Alopecurus*）；三是地中海区、东亚、新西兰和墨西哥到智利间断分布，仅马桑属（*Coriaria*）1 属。在 150 属中，木本植物属均为落叶树木，其中的大部分是地带性森林植被的优势种或建群种，如械树属、栗属、鹅耳枥属、栎属、杨属、柳属、榆属、胡桃属、榛属、花楸属、梾木属、稠李属等，并构成了群落的乔木层。灌木层主要由胡颓子属、盐肤木属、山梅花属、山楂属、李属等几乎在各类群落中都有分布。荚蒾属、蔷薇属、黄栌属中的许多种类常构成森林群落的灌木层；木质藤本中葡萄属十分常见。草本植物极为丰富，菊科的蒿属在本分布类型中种类最多、分布最普遍，本区植物群落组成上具有较大意义的还有乌头属、紫菀属、柴胡属、龙牙草属、楼斗菜属、野青茅属、柳叶菜属、翠雀属、花锚属、独活、鸢尾属、藁本属等。它们分别在自然保护区各种植被类型中具有不同的作用。

（9）东亚和北美间断分布。东亚和北美间断分布指间断分布于东亚和北美洲温带及亚热带地区的属。该分布类型在本区共 56 属，占总属数的 8.37%。主要有榧树属（*Torreya*）、木兰属（*Magnolia*）、八角属（*Illicium*）、五味子属（*Schisandra*）、檫木属（*Sassafras*）、红毛七属（*Caulophyllum*）、十大功劳属（*Mahonia*）、蝙蝠葛属（*Menispermum*）、人血草属（*Stylophorum*）、落新妇属（*Astilbe*）、扯根菜属（*Penthorum*）、黄水枝属（*Tiarella*）、金线草属（*Antenoron*）、绣球属（*Hydrangea*）、唐棣属（*Amelanchier*）、石楠属（*Photinia*）、珍珠梅属（*Sorbaria*）、皂荚属（*Gleditsia*）、肥皂荚属（*Gymnocladus*）、两型豆属（*Amphicarpaea*）、山蚂蝗属（*Desmodium*）、胡枝子属（*Lespedeza*）、长柄山蚂蝗属（*Podocarpium*）、紫藤属（*Wisteria*）、金缕梅属（*Hamamelis*）、枫香属（*Liquidambar*）、板凳果属（*Pachysandra*）、栲属（*Castanopsis*）、石栎属（*Lithocarpus*）、柘树属（*Maclura*）、米面蓊属（*Buckleya*）、勾儿茶属（*Berchemia*）、蛇葡萄

属(*Ampelopsis*)、爬山虎属(*Parthenocissus*)、漆树属(*Toxicodendron*)、楤木属(*Aralia*)、人参属(*Panax*)、南烛属(*Lyonia*)、马醉木属(*Pieris*)、木犀属(*Osmanthus*)、络石属(*Trachelospermum*)、大丁草属(*Leibnitzia*)、腹水草属(*Veronicastrum*)、凌霄属(*Campsis*)、梓属(*Catalpa*)、透骨草属(*Phryma*)、龙头草属(*Meehania*)、蟹甲草属(*Cacalia*)、粉条儿菜属(*Aletris*)、万寿竹属(*Disporum*)、鹿药属(*Smilacina*)、菖蒲属(*Acorus*)、乱子草属(*Muhlenbergia*)、菰属(*Zizania*)、赤壁木属(*Decumaria*)。东亚和墨西哥间断分布为东亚和北美洲间断分布的变型,保护区仅包含六道木属(*Abelia*)1属。在这些属中许多是古老或原始科的代表,如枫香属、金缕梅属、八角属、五味子属等。这些洲际间断分布的属以及原始类型,远隔重洋,显示出了很有趣的地理分布现象,特别许多古老的属的存在,充分说明了东亚和北美洲在地质历史上的密切联系和现代植物区系起源的相似程度。该类型在保护区有56属,而中国有124属,占中国产这类属数的45.16%,这充分说明保护区植物区系和北美洲植物区系的关系密切程度。

(10) 旧世界温带分布。旧世界温带分布是指分布于欧洲、亚洲中纬度、高纬度的温带和寒温带,或最多有个别延伸到北非及亚洲-非洲热带山地,或澳大利亚的属。该分布类型在本区共52属,占总属数的7.77%。主要有獐耳细辛属(*Hepatica*)、淫羊藿属(*Epimedium*)、狗筋蔓属(*Cucubalus*)、石竹属(*Dianthus*)、剪秋罗属(*Lychnis*)、鹅肠菜属(*Myosoton*)、麦蓝菜属(*Vaccaria*)、荞麦属(*Fagopyrum*)、瑞香属(*Daphne*)、梨属(*Pyrus*)、草木樨属(*Melilotus*)、羊角芹属(*Aegopodium*)、水芹属(*Oenanthe*)、丁香属(*Syringa*)、川续断属(*Dipsacus*)、飞廉属(*Carduus*)、天名精属(*Carpesium*)、菊属(*Dendranthema*)、旋覆花属(*Inula*)、橐吾属(*Ligularia*)、毛莲菜属(*Picris*)、款冬属(*Tussilago*)、沙参属(*Adenophora*)、党参属(*Codonopsis*)、筋骨草属(*Ajuga*)、水棘针属(*Amethystea*)、香薷属(*Elsholtzia*)、夏至草属(*Lagopsis*)、野芝麻属(*Lamium*)、益母草属(*Leonurus*)、糙苏属(*Phlomis*)、萱草属(*Hemerocallis*)、郁金香属(*Tulipa*)、重楼属(*Paris*)、鹅观草属(*Roegneria*)、白屈菜属(*Chelidonium*)。此外,该类型有2个变型,一是地中海区、西亚和东亚间断分布,有假繁缕属(*Theligonum*)、巴旦杏属(*Amygdalus*)、火棘属(*Pyracantha*)、榉树属(*Zelkova*)、马甲子属(*Paliurus*)、窃衣属(*Torilis*)、连翘属(*Forsythia*)、女贞属(*Ligustrum*)、鸦葱属(*Scorzonera*)、牛至属(*Origanum*);另一类型是欧亚、南美洲间断分布变型包含百脉根属(*Lotus*)、苜蓿属(*Medicago*)、蛇床属(*Cnidium*)、前胡属(*Peucedanum*)、莴苣属(*Lactuca*)和绵枣儿属(*Scilla*)6属。木本的有火棘属(*Pyracantha*)、连翘属(*Forsythia*)、女贞属(*Ligustrum*)、马甲子属(*Paliurus*)等,其中火棘是河岸带灌丛的优势种之一,榉树在岸坡上常形成优势群落类型。

(11) 温带亚洲分布。温带亚洲分布指分布区主要局限于亚洲温带地区的属,该类型在本区共有14属,占2.09%。主要有瓦松属(*Orostachys*)、孩儿参属(*Pseudostellaria*)、大黄属(*Rheum*)、杏属(*Armeniaca*)、杭子梢属(*Campylotropis*)、锦鸡儿属(*Caragana*)、米口袋属(*Gueldenstaedtia*)、防风属(*Saposhnikovia*)、马兰属(*Kalimeris*)、山牛蒡属(*Synurus*)、女菀属(*Turczaninovia*)、翼萼蔓属(*Pterygocalyx*)、附地菜属(*Trigonotis*)、裂叶荆芥属(*Schizonepeta*)。该类型几乎全为草本植物,也是该区系重要的草本成分。

（12）地中海区、西亚至中亚分布。地中海区、西亚至中亚分布指分布于现代地中海周围，仅西亚或西南亚到俄罗斯中亚和我国新疆、青藏高原及内蒙古高原一带的属，在本地区较少，仅有糖芥属（*Erysimum*）、黄连木属（*Pistacia*）2属，占0.30％。

（13）中亚分布。中亚分布是指只分布于中亚而不见于西亚及地中海周围的属，即位于古地中海的东半部。在本地区分布最少，仅有大麻属（*Cannabis*）、诸葛菜属（*Orychophragmus*）2属，占0.30％。

（14）东亚分布及其变型。东亚分布类型是指从喜马拉雅一直分布到日本的一些属，其分布区一般向东北不超过俄罗斯阿穆尔州和日本北部至库页岛，向西南不超过越南北部和喜马拉雅，向南最远达菲律宾和加里曼丹北部，向西北一般以我国各类森林的边界为界。该分布类型在本区共98属，占总属数的14.65％。属于这一分布的有三尖杉属（*Cephalotaxus*）、领春木属（*Euptelea*）、蕺草属（*Houttuynia*）、结香属（*Edgeworthia*）、猕猴桃属（*Actinidia*）、油桐属（*Vernicia*）、溲疏属（*Deutzia*）、木瓜属（*Chaenomeles*）、枇杷属（*Eriobotrya*）、绣线梅属（*Neillia*）、旌节花属（*Stachyurus*）、蜡瓣花属（*Corylopsis*）、檵木属（*Loropetalum*）、花点草属（*Nanocnide*）、栾树属（*Koelreuteria*）、桃叶珊瑚属（*Aucuba*）、四照花属（*Dendrobenthamia*）、青荚叶属（*Helwingia*）、五加属（*Acanthopanax*）、蓬莱葛属（*Gardneria*）、双盾木属（*Dipelta*）、败酱属（*Patrinia*）、兔儿风属（*Ainsliaea*）、东风菜属（*Doellingeria*）、泥胡菜属（*Hemisteptia*）、狗娃花属（*Heteropappus*）、黄鹌菜属（*Youngia*）、斑种草属（*Bothriospermum*）、松蒿属（*Phtheirospermum*）、地黄属（*Rehmannia*）、莸属（*Caryopteris*）、石荠宁属（*Mosla*）、紫苏属（*Perilla*）、蜘蛛抱蛋属（*Aspidistra*）、大百合属（*Cardiocrinum*）、山麦冬属（*Liriope*）、沿阶草属（*Ophiopogon*）、吉祥草属（*Reineckia*）、油点草属（*Tricyrtis*）、石蒜属（*Lycoris*）、棕榈属（*Trachycarpus*）、杜鹃兰属（*Cremastra*）、白芨属（*Bletilla*）、毛竹属（*Phyllostachys*）等。此外，该类型有2个变型，一是中国-喜马拉雅（SH）分布，有油杉属（*Keteleeria*）、侧柏属（*Platycladus*）、人字果属（*Dichocarpum*）、猫儿屎属（*Decaisnea*）、鹰爪枫属（*Holboellia*）、石莲属（*Sinocrassula*）、雪胆属（*Hemsleya*）、梧桐属（*Firmiana*）、冠盖藤属（*Pileostegia*）、红果树属（*Stranvaesia*）、囊瓣芹属（*Pternopetalum*）、兔儿伞属（*Syneilesis*）、双蝴蝶属（*Tripterospermum*）、阴行草属（*Siphonostegia*）、珊瑚苣苔属（*Corallodiscus*）、吊石苣苔属（*Lysionotus*）、马铃苣苔属（*Oreocharis*）、竹叶子属（*Streptolirion*）、开口箭属（*Tupistra*）、射干属（*Belamcanda*）、舌喙兰属（*Hemipilia*）、八角莲属（*Dysosma*）22属；另一变型是中国-日本（SJ）分布为东亚分布，保护区有31属，即天葵属（*Semiaquilegia*）、南天竹属（*Nandina*）、木通属（*Akebia*）、防己属（*Sinomenium*）、荷青花属（*Hylomecon*）、博落回属（*Macleaya*）、鬼灯擎属（*Rodgersia*）、山桐子属（*Idesia*）、田麻属（*Corchoropsis*）、假奓包叶属（*Discocleidion*）、草绣球属（*Cardiandra*）、叉叶蓝属（*Deinanthe*）、钻地风属（*Schizophragma*）、棣棠花属（*Kerria*）、野珠兰属（*Stephanandra*）、鸡眼草属（*Kummerowia*）、枳椇属（*Hovenia*）、臭常山属（*Orixa*）、野鸦椿属（*Euscaphis*）、化香树属（*Platycarya*）、枫杨属（*Pterocarya*）、刺楸属（*Kalopanax*）、萝藦属（*Metaplexis*）、六月雪属（*Serissa*）、锦带花属（*Weigela*）、苍术属（*Atractylodes*）、泡桐属（*Paulownia*）、玉簪属（*Hosta*）、万年青属（*Rohdea*）、半夏属（*Pinellia*）、显子草属（*Phaenosperma*）。本分布区类

型中的许多木本种类,除裸子植物的几个属外,全部都为落叶植物,其中化香树属、枫杨属、领春木属、四照花属的种类为落叶阔叶林中的优势种。

(15) 中国特有分布。该分布类型在本区共26属,占总属数的3.89%。均为仅含1～4种的单型属或少型属,许多种类为我国的保护植物,见表3.8。这些属有银杏属(*Ginkgo*)、杉木属(*Cunninghamia*)、串果藤属(*Sinofranchetia*)、大血藤属(*Sargentodoxa*)、马蹄香属(*Saruma*)、血水草属(*Eomecon*)、山拐枣属(*Poliothyrsis*)、地构叶属(*Speranskia*)、蜡梅属(*Chimonanthus*)、牛鼻栓属(*Fortunearia*)、杜仲属(*Eucommia*)、青檀属(*Pteroceltis*)、枳属(*Poncirus*)、金钱槭属(*Dipteronia*)、瘿椒树属(*Tapiscia*)、青钱柳属(*Cyclocarya*)、喜树属(*Camptotheca*)、通脱木属(*Tetrapanax*)、香果树属(*Emmenopterys*)、车前紫草属(*Sinojohnstonia*)、盾果草属(*Thyrocarpus*)、秦岭藤属(*Biondia*)、崖白菜属(*Triaenophora*)、动蕊花属(*Kinostemon*)、翼蓼属(*Pteroxygonum*)。其中有不少属的起源古老、系统位置原始或孤立。从某种意义上来说,无论是古特有属还是新特有属,都是分布范围或物种的发展、迁徙受到限制的类群。古特有属可能是地质年代气候要素和地理环境的变化对它的分布和发展起到了压缩和抑制的作用,甚至对其灭绝也产生一定的影响;而新特有属则由于特殊的地理条件和局部特殊环境组成的小生境既促进了它们的形成和发展,同时也阻碍了它们的传播。银杏属、蜡梅属、崖白菜属都形成该区域植被的群落或群系类型。这些特有属的存在有力地论证了南河自然保护区植物区系的古老性,及其在华中植物区系中的重要地位。深入研究特有属在生态系统中的作用和功能,能了解物种的发生、维持、发展和灭绝机制。

表3.8 南河自然保护区种子植物中国特有属的统计

属　名	种　数	生活型
银杏属(*Ginkgo*)	1/1	T
杉木属(*Cuninghamia*)	1/2	T
串果藤属(*Sinofranchetia*)	1/1	L
大血藤属(*Sargentodoxa*)	1/1	L
马蹄香属(*Saruma*)	1/1	H
血水草属(*Eomecon*)	1/1	H
山拐枣属(*Poliothyrsis*)	1/1	T
地构叶属(*Speranskia*)	1/2	T
蜡梅属(*Chimonanthus*)	1/2	T
牛鼻栓属(*Fortunearia*)	1/1	T
杜仲属(*Eucommia*)	1/1	T
青檀属(*Pteroceltis*)	1/1	T
枳属(*Poncirus*)	1/1	T
金钱槭属(*Dipteronia*)	1/1	T
瘿椒树属(*Tapiscia*)	1/2	T
青钱柳属(*Cyclocarya*)	1/1	T
喜树属(*Camptotheca*)	1/1	T

属　　　名	种　　数	生活型
秦岭藤属(*Biondia*)	1/2	T
通脱木属(*Tetrapanax*)	1/1	T
羌活属(*Notopterygium*)	1/4	H
香果树属(*Emmenopterys*)	1/1	T
车前紫草属(*Sinojohnstonia*)	1/1	H
盾果草属(*ThyroScarpus*)	1/1	H
崖白菜属(*Triaenophora*)	1/2	H
动蕊花属(*Kinostemon*)	1/2	H
翼蓼属(*Pteroxygonum*)	1/1	H

注：T：木本　L：藤本　H：草本

综上所述,南河自然保护区种子植物区系中,各类热带成分共214属,占总属数的31.99%;各类温带分布类型(不包括中国特有分布)共374属,占总属数的55.90%;中国特有分布有26属,占总属数的3.89%,植物区系以温带性质为主。

3) 与其他自然保护区种子植物区系的比较

植物区系特征与自然地理环境有着紧密的联系。为了进一步认识南河自然保护区植物区系特征,选择位于鄂东南地区的九宫山,鄂西南地区的七姊妹山,鄂西北的神农架及太白山、金佛山5个国家级自然保护区与位于鄂西北地区的南河自然保护区植物区系进行比较,其分布类型见表3.9。为了更清晰地比较各地的植物区系,我们选择了种子植物属的区系成分中热带成分(R)、温带成分(T)及中国特有成分(C)、R/T值(热带成分/温带成分)进行比较分析,见表3.10。

表3.9　南河自然保护区与其他地区植物区系的比较　　　　　　　　(单位:%)

分布区类型	南河/%	神农架/%	九宫山/%	七姊妹山/%	太白山/%	金佛山/%
1	8.22	7.50	8.70	8.90	10.00	8.50
2	15.10	12.10	18.10	16.70	10.70	15.00
3	1.05	1.40	3.20	2.40	0.60	2.50
4	3.59	3.40	4.90	4.10	2.30	3.50
5	3.29	2.90	2.70	3.40	1.70	2.30
6	2.84	2.80	3.20	3.10	2.10	2.50
7	6.13	6.10	6.50	6.70	2.40	8.00
8	22.42	23.80	17.40	18.90	29.40	21.70
9	8.37	8.50	7.40	7.50	7.30	8.50
10	7.77	7.80	8.60	6.00	11.70	6.20
11	2.09	2.20	1.20	1.40	3.20	0.80
12	0.30	0.50	1.50	1.30	1.10	0.20
13	0.30	0.30	0.30	0.10	0.80	0.00
14	14.65	15.40	12.80	14.90	12.90	15.10
15	3.88	5.50	3.70	4.50	3.80	5.00

表 3.10　南河自然保护区与其他 5 个自然保护区植物区系比较

区系	南河/%	神农架/%	九宫山/%	七姊妹山/%	太白山/%	金佛山/%
R	31.99	28.70	38.60	36.40	19.80	33.80
T	55.90	58.50	49.20	50.10	66.40	52.50
R/T	0.57	0.49	0.78	0.73	0.30	0.64
C	3.89	5.50	3.70	4.50	3.80	5.00

从种子植物属的区系成分,特别是 R/T 值的比较来看,位于鄂东南地区的九宫山自然保护区、鄂西南七姊妹山自然保护区的热带成分相比南河自然保护区更丰富,这可能与两地纬度位置比南河自然保护区更偏南有关系;而太白山、金佛山则也由于山系或地理环境的差别而与南河自然保护区的植物区系有较大的差别。总体来看,南河自然保护区植物区系与神农架关系最为密切,两地在植物区系成分上具有很大的相似性,其原因是南河自然保护区与神农架自然保护区地理位置更接近,而且南河与神农架都是大巴山系向东的延伸部分,使得在种子植物区系上的相似性较强。

3.1.3　南河自然保护区植物区系特征

3.1.3.1　种类丰富

据实地调查和参考文献整理统计,南河自然保护区现已记录维管束植物 1 574 种,隶属 183 科 735 属,分别占湖北总科数的 75.94%、总属数的 50.62%、总种数的 26.15%。由此可见,南河自然保护区植物种类较丰富,植物区系成分复杂,是湖北省植物区系中成分比较丰富的地区之一,在湖北省植物区系中占有重要的地位。这主要是由于该地生境复杂多样,给各种植物的生存、繁衍提供了各种空间。

3.1.3.2　植物地理成分复杂多样

据《中国植物志》关于中国蕨类植物分布区类型分析,中国的蕨类植物分为 13 个分布类型,而南河自然保护区的蕨类植物可分为 8 个分布区类型,其生态类型也丰富多样。据吴征镒先生的《世界种子植物科的分布区类型系统》,南河自然保护区种子植物科的分布型有 12 类,仅缺温带亚洲,地中海区、西亚至中亚和中亚三个类型。同样,据吴征镒先生的《世界种子植物属的分布区类型系统》,种子植物有 15 个分布区类型,并且还有许多变型,同时各种地理成分相互渗透,充分显示了该地区植物区系成分的复杂性和过渡性的特点。

3.1.3.3　植物区系具有古老、原始和残遗的性质

本区系集中了许多古老和原始的科、属,也包含了大量的单型属和少型属。此区新近纪古老植物很多,同古近纪以前的孑遗成分以及后来繁衍的种系,交汇形成南河现代的植物区系景观,该区可能是我国新近纪植物区系重要保存地之一。在裸子植物中,有发生在

三叠纪的松属、红豆杉属、三尖杉属等；在被子植物中，有许多在白垩纪就已经形成的原始类型，如木兰科、八角科、毛茛科、防己科、杜仲科、桦木科、榆科、领春木科等。可见，该区植物区系有着显著的古老、原始和残遗的性质。

3.1.3.4 特有成分多

南河自然保护区有中国特有属有26属，占总属数的3.89%。在这26个中国特有属中，其中单种特有属有18属，少种特有属有7属，多种特有属1属。另外，中国特有分布的科有4科：珙桐科、杜仲科、银杏科、大血藤科。

3.1.3.5 温带性质为主，也有较丰富的热带成分

由于南河的特殊地理位置和气候特点，对种子植物而言，各类热带成分共214属，占总属数的31.99%；各类温带分布类型（不包括中国特有分布）共374属，占总属数的55.90%；中国特有分布有26属，占总属数的3.89%，植物区系以温带性质为主，亚热带向温带过渡的特征明显。

3.2 植 被

对南河自然保护区的植被进行专项考察的历史不长。2005年8月，由武汉植物园专家组成南河自然保护区野生植物考察队对南河自然保护区的植被资源进行了初步考察。2012年8月，又由湖北大学、华中师范大学的专家联合组成综合科学考察队，对该区域的植被资源进行了更深入的调查。根据《中国植被》中国植被区划原则，南河自然保护区内植被属亚热带常绿阔叶林区域，东部常绿阔叶林亚区域，北亚热带常绿、落叶阔叶混交林带，秦、巴山丘陵，栎类林、巴山松、华山松林区（湖北省范围内为鄂西北山地丘陵青冈、落叶栎类、华山松、巴山冷杉林区），武当山山地青冈栎、栓皮栎、马尾松林小区。

3.2.1 植被分类及其系统

植被的分类，是一个十分复杂而且争议较大的问题，主要的两大分类系统，即生态外貌的分类系统和植物区系的分类系统，这两个系统均各有所长。目前，国际植被学会大都采用法瑞学派或Braun-Blanquet系统，并用计算机对野外资料进行分类和排序，表示它的特点；但《中国植被》所采用的分类原则，即植物群落学-生态学原则，仍然有其独到之处，在分类的系统和准确性方面，也不失其优点。当然，两大系统都在发展，以力求更趋于自然。南河自然保护区的植被分类原则与系统仍然采用《中国植被》的分类原则和系统，即以生态-外貌为分类依据构建植被分类体系，特别是在群系以上水平上体现这一原则。同时为了更好地反映该区域植被的状况，群落调查采用了植物社会学的调查方法，主要是吸收利用法瑞学派植被调查标准化和系统化的长处，力求植被分类更趋于自然，同时更好地

体现植被类型与环境的相关性。

　　植被调查的植物社会学的方法,即分别在不同的地点依据不同的地形及海拔选取数个一定面积均质的样方(每个样方大于 200 m²),分层(乔木层 T1,乔木亚层 T2,灌木层 S,草本层 H)记录各层出现的植物种类及其盖度与多度,记录调查地点的位置(经度,纬度)、地形、方位、坡度、海拔高度、土壤与地质条件、风的强度、干扰状况等。根据现地调查所得植被调查资料制作初表,按照 Ellenberg 的方法进行一系列表的操作,完成群落组成表并确定群落类型及各群落的特征种、优势种等。

　　根据植被调查数据,结合《中国植被》的分类原则,参考相关文献资料,将南河自然保护区植被划分为 4 个植被型组,7 个植被型,34 个群系。

3.2.2　南河自然保护区植被分类系统

I. 针叶林

　1. 暖性针叶林

　　　(1) 马尾松林(Form. *Pinus massoniana*)

　　　(2) 杉木林(Form. *Cunninghamia lanceolata*)

　　　(3) 铁坚杉林(Form. *Keteleeria davidiana*)

　　　(4) 油松林(Form. *Pinus tabulaeformis*)

II. 阔叶林

　2. 常绿阔叶林

　　　(5) 青冈林(Form. *Cyclobalanopsis glauca*)

　　　(6) 岩栎林(Form. *Quercus acrodonta*)

　　　(7) 黑壳楠林(Form. *Lindera megaphylla*)

　3. 常绿、落叶阔叶混交林

　　　(8) 枫杨、黑壳楠林(Form. *Pterocarya stenoptera*, *Lindera megaphylla*)

　　　(9) 化香、青冈林(Form. *Platycarya strobilacea*, *Cyclobalanopsis glauca*)

　　　(10) 刺叶栎、槲栎林(Form. *Quercus spinosa*, *Q. aliena*)

　4. 落叶阔叶林

　　　(11) 银杏林(Form. *Ginkgo biloba*)

　　　(12) 茅栗林(Form. *Castanea sequinii*)

　　　(13) 槲栎林(Form. *Quercus aliena*)

　　　(14) 枹栎林(Form. *Quercus serrata*)

　　　(15) 短柄枹栎(Form. *Quercus serrata* var. *brevipetiolata*)

　　　(16) 栓皮栎林(Form. *Quercus variabilis*)

　　　(17) 麻栎林(Form. *Quercus acutissima*)

　　　(18) 楸树林(Form. *Catalpa bungeii*)

(19) 枫杨林(Form. *Pterocarya stenoptera*)

(20) 大叶榉林(Form. *Zelkova schneideriana*)

III. 竹林

5. 竹林

(21) 水竹林(Form. *Phyllostachys heteroclada*)

IV. 灌丛及草丛

6. 灌丛

(22) 绣线菊灌丛(Form. *Spiraea* sp.)

(23) 毛黄栌灌丛(Form. *Cotinus coggygria* var. *pubescebs*)

(24) 蜡梅灌丛(Form. *Chimonanthus praecox*)

(25) 小叶平枝栒子灌丛(Form. *Cotoneaster horizontalis* var. *perpusillus*)

7. 草丛

(26) 芒草丛(Form. *Miscanthus sinensis*)

(27) 一年蓬草丛(Form. *Erigeron annuus*)

(28) 虎耳草草丛(Form. *Saxifraga stolonifera*)

(29) 东方荚果蕨草丛(Form. *Matteuccia orientalis*)

(30) 中日金星蕨草丛(Form. *Parathelypteris nipponica*)

(31) 离舌橐吾草丛(Form. *Ligularia veitchiana*)

(32) 鹿蹄橐吾草丛(Form. *Ligularia hodgsonii*)

(33) 蝴蝶花草丛(Form. *Iris japonica*)

(34) 半蒴苣苔草丛(Form. *Hemiboea henryi*)

3.2.3　主要植被类型概述

3.2.3.1　针叶林：暖性针叶林

针叶林是以针叶树为建群种所组成的各种森林植被群落的总称,包括针叶纯林和以针叶树为主的针阔叶混交林。本区分布有温性针叶林和暖性针叶林。低海拔区域的针叶林占较大面积,是本区植被的重要组成部分。

1) 马尾松林(Form. *Pinus massoniana*)

马尾松适宜于温暖、湿润的气候生长,对土壤适应性强、耐干旱、瘠薄,是低山荒山造林的先锋树种。在本区分布在海拔1 000 m以下的山坡中、下部。多为阳坡上,能形成林相整齐的群落。

根据记名样方资料,马尾松林外貌为翠绿色,自然整枝良好。由于受人为活动的强烈影响,多为天然次生林,并且以纯林为主,在生境条件优越的地方则与多种阔叶树形成混交林,乔木层常见种类有栓皮栎(*Quercus variabilis*)、锥栗(*Castanea henryi*)、漆树(*Toxicodendron vernicifluum*)、化香(*Platycarya strobilacea*)等。灌木层植物中,马尾松幼苗在林下更新良好,灌木种类主要有马桑(*Coriaria sinica*)、绿叶胡枝子(*Lespedeza buergeri*)、火棘(*Pyracanfha fortaneana*)、山胡椒(*Lindera glauca*)等。草本植物有白茅(*Lmperata cylindvica*)、芒(*Miscanthus* sp.)、芒萁(*Dicraropteris dicrotoma*)等种类。

2) 杉木林(Form. *Cunninghamia lanceolata*)

杉木林广泛分布于我国东部亚热带地区,它和马尾松林、柏木林组成我国东部亚热带的三大常绿针叶林类型,保护区内的杉木林大多为人工林,在山坡中部和近上部,在缓坡或洼地,土层深厚且排水良好处,杉木林长势良好。

根据记名样方资料,杉木林结构整齐,乔木层仅一层,混生阔叶树种有枫香(*Liquidambar formosana*)、枹栎(*Quercus serrata*)、化香等。灌木层主要是耐阴喜湿的种类,主要有山矾(*Symplocos sumuntia*)、山胡椒、盐肤木(*Rhus chinensis*)、毛黄栌(*Cotinus coggygria*)、胡枝子(*Lespedeza* spp.)等。草本层主要有多种蕨类和禾草,常见有多种卷柏(*Selaginella* spp.)、鳞毛蕨(*Dryopteris* spp.)和白茅等。层间植物有菝葜、三叶木通等。

3) 铁坚杉林(Form. *Keteleeria davidiana*)

铁坚杉为中国特有树种,分布于甘肃东南部、陕西南部、四川北部、东部及东南部、湖北西部及西南部,南达贵州西北部。喜温暖湿润,常散生于海拔 600～1 500 m 的半阴坡地带。铁坚杉是中国南北交界的过渡性树种,宜生长在砂岩或石灰岩发育的山地黄壤或微钙质土上,本保护区主要分布在白水峪。铁坚杉为砍伐后萌生的次生林。

根据记名样方资料,乔木层除铁坚杉外,还混有马尾松、杉木、栓皮栎、化香等。灌木层主要种类有檵木(*Loropetalum chinense*)、映山红(*Rhododendron simsii*)、六道木(*Abelia macrotera*)、盐肤木、火棘、马桑等。草本层有蕨、白茅、茅叶荩草(*Arthraxon prionodes*)、野菊(*Dendranthema indicum*)等。

层间植物有葛藤(*Pueraria lobata*)、常春藤(*Hedera nepalensis*)、威灵仙(*Clematis chinensis*)、金银花(*Lonicera* sp.)等。

4) 油松林(Form. *Pinus tabulaeformis*)

油松林是我国暖温带落叶林区域的重要森林类型,在我国的分布范围很广,跨 14 省纬度范围为 31°～44°,经度范围为 101°30′～124°45′。从油松的水平分布来讲,油松分布的南界可越过大巴山而到达湖北的西北部,但其边界一直没有定论。从地理位置来看,南河自然保护区分布的油松应该是其南部边界。

南河自然保护区的油松林分布在青龙山顶,由于立地环境的限制,油松高度一般在 12～14 m。群落结构较简单,乔木层盖度 60%左右,除油松外,零星分布有四照花(*Dendrobenthamia japonica*)、槲栎(*Quercus aliena*)等。灌木层盖度 65%左右,平枝枸子(*Cotoneaster horizontalis*)占较大优势,盐肤木也占一定比例。草本层种类较简单,盖度 50%左右,以中日金星蕨(*Parathelypteris nipponica*)、薄雪火绒草(*Leontopodium japonicum*)占优势。其群落组成见表 3.11,立木结构如图 3.1 所示。

表 3.11　油松群落组成表

层次	物　种	优势度·多度
T	油松（*Pinus tabulaeformis*）	3·4
	四照花（*Dendrobenthamia japonica*）	+
	毛泡桐（*Paulownia tomentosa*）	+
	槲栎（*Quercus aliena*）	+
S	桦叶荚蒾（*Viburnum betulifolium*）	+
	四照花（*Dendrobenthamia japonica*）	+
	女贞（*Ligustrum lucidum*）	+
	小果蔷薇（*Rosa cymosa*）	+
	平枝栒子（*Cotoneaster horizontalis*）	3·4
	牛至（*Origanum vulgare*）	+
	盐肤木（*Rhus chinensis*）	1·2
H	白茅（*Imperata cylindrica*）	+·2
	灯心草（*Juncus effusus*）	+·2
	蛇含委陵菜（*Potentilla kleiniana*）	+·2
	车前草（*Plantago asiatica*）	+
	费菜（*Sedum aizoon*）	+
	龙牙草（*Agrimonia pilosa*）	+·2
	夏枯草（*Prunella vulgaris*）	+·2
	败酱（*Patrinia scabiosaefolia*）	+·2
	中日金星蕨（*Parathelypteris nipponica*）	2·3
	薄雪火绒草（*Leontopodium japonicum*）	1·2

　　注：1. 样方地点,谷城县赵湾乡青龙山顶；2. 地理位置 E111°27′49″, N 31°53′28″；3. 地形地貌,山顶；4. 海拔 1 541 m；5. 样方面积 20 m×20 m。

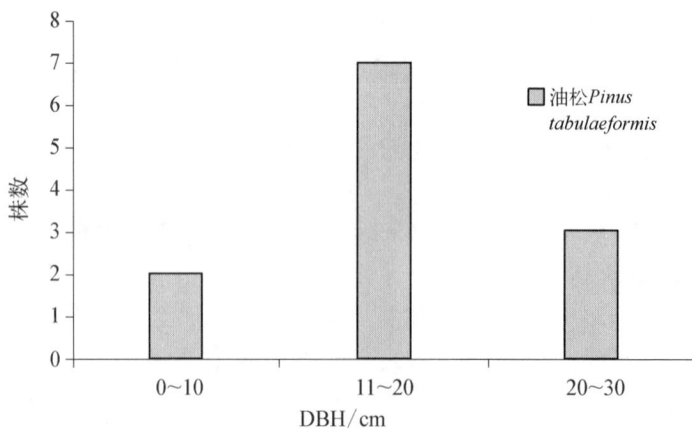

图 3.1　油松林的立木结构

3.2.3.2　阔叶林

阔叶林系指以阔叶树种为主要成分的森林群落。由于自然保护区位于北亚热带向暖温带的过渡地区,水热条件丰富,加之地形复杂,相对高差较大,因而植物种类丰富,区系成分复杂,形成了不同的阔叶林类型。保护区的阔叶林根据海拔梯度的变化,表现出一定的垂直分布规律,在低海拔地区为北亚热带的地带性常绿阔叶林;在河岸带出现了一些落叶阔叶林;在山地的一定海拔地段,出现的是常绿落叶阔叶混交林;在山体上部的地段生长发育着落叶阔叶林。

保护区内阔叶林的建群种较为复杂,构成常绿阔叶林的建群植物主要为壳斗科、樟科等科植物。构成落叶阔叶林的建群植物,主要为壳斗科栎属、栗属的种类以及桦木科、胡桃科、杨柳科等植物。

3.2.3.2.1　常绿阔叶林

常绿阔叶林又称照叶林,是我国亚热带的地带性植被类型,种类组成十分丰富。主要由常绿的壳斗科乔木树种(栲属(*Castanopsis*)、石栎属(*Lithocarpus*)、青冈属(*Cyclobalanopsis*)、栎属(*Quercus*)的一部分)、樟科的乔木树种(樟属(*Cinnamomum*)、楠木属(*Phoebe*)、桢楠属(*Machilus*))、山茶科的乔木(木荷属(*Schima*)、茶属(*Camellia*)、柃木属(*Eurya*)等)为建群种。由于我国亚热带常绿阔叶林所在地区水热条件优越,是发展农业生产的最好的地方。大部分常绿阔叶林分布的地方,目前已是主要的农业耕作区,常绿阔叶林只在山地交通不便的地区有少量残存。保护我国各种不同的常绿阔叶林类型,是当前保护工作的重要方面。在南河自然保护区的常绿阔叶林主要有以下类型。

1) 青冈林(Form. *Cyclobalanopsis glauca*)

本群系为北亚热带向暖温带过渡地带的地带性常绿阔叶林,在长江流域以南各省分布较广。由于其分布范围内居民点多,离耕作线近,所以受人类活动影响较大,同时,由于其木材坚韧,素为农具良材,所以遭到砍伐也多。保护区内赵湾乡渔坪村一带分布有残存的青冈林。

代表样地在赵湾乡渔坪村海拔 302 m,面积 625 m²。该样地在农户附近,人类活动干扰较大,乔木层种类为青冈,共有 12 株,平均树高达 18 m,最大胸径 66 cm,平均胸径 45 cm,总盖度达 65%。

灌木层种类较丰富,总盖度达 45%,除优势种青冈外,尚零星分布有棱果海桐(*Pittosporum trigonocarpum*)、大金刚藤黄檀(*Dalbergia dyeriana*)、白檀(*Symplocos paniculata*)、紫珠(*Callicarpa bodinieri*)、薄叶鼠李(*Rhamnus leptophylla*)、山胡椒(*Lindera glauca*)、具柄冬青(*Ilex pedunculosa*)、柿树(*Diospyros kaki*)等种类。

草本层盖度达 40% 左右,主要种类有长柄山蚂蝗(*Podocarpium podocarpum*)、球米草(*Oplismenus undulatifolius*)、腹水草(*Veronicastrum stenostachyum*)、青冈苗(*Cyclobalanopsis glauca*)、华西淫羊藿(*Epimedium davidii*)、鸭跖草(*Commelina communis*)、吉祥草(*Reineckea carnea*)、苔草(*Carex* sp.)、龙牙草(*Agrimonia pilosa*)、蛇含委陵菜(*Potentilla kleiniana*)、络石(*Trachelospermum jasminoides*)、黑心蕨

（*Doryopteris Concolor*）等。其群落组成见表 3.12，立木结构如图 3.2 所示。该群落为地带性植被类型，应加强保护。

表 3.12　青冈群落组成表

层次	物　种	优势度·多度
T1	青冈（*Cyclobalanopsis glauca*）	4·5
	黄连木（*Pistacia chinensis*）	+
T2	青冈（*Cyclobalanopsis glauca*）	1·2
S	棱果海桐（*Pittosporum trigonocarpum*）	+
	大金刚藤黄檀（*Dalbergia dyeriana*）	+
	高粱泡（*Rubus lambertianus*）	+
	印度草木樨（*Melilotus indicus*）	+
	白檀（*Symplocos paniculata*）	+
	紫珠（*Callicarpa bodinieri*）	+
	薄叶鼠李（*Rhamnus leptophylla*）	+
	山胡椒（*Lindera glauca*）	+
	具柄冬青（*Ilex pedunculosa*）	+
	白马骨（*Serissa serissoides*）	+
	柿树（*Diospyros kaki*）	+
	黄荆（*Vitex negundo*）	+
	青冈（*Cyclobalanopsis glauca*）	2·3
	梧桐（*Firmiana platanifolia*）	+
H	长柄山蚂蝗（*Podocarpium podocarpum*）	+·2
	球米草（*Oplismenus undulatifolius*）	+·2
	腹水草（*Veronicastrum stenostachyum*）	+·2
	青冈苗（*Cyclobalanopsis glauca*）	+·2
	漆树（*Toxicodendron verniciflum*）	+
	蛇莓（*Duchesnea indica*）	+
	沿阶草（*Ophiopogon bodinieri*）	+
	饭包草（*Commelina benghalensis*）	+
	华西淫羊藿（*Epimedium davidii*）	+·2
	井栏边草（*Pteris multifida*）	+
	革叶耳蕨（*Polystichum neolobatum*）	+
	鸭跖草（*Commelina communis*）	+·2
	贯众（*Cyrtomium fortunei*）	+·2
	吉祥草（*Reineckea carnea*）	+·2
	平车前（*Plantago depressa*）	+
	水蓼（*Polygonum hydropiper*）	+
	何首乌（*Polygonum multiflorum*）	+
	牛膝（*Achyranthes bidentata*）	+

续表

层次	物　种	优势度·多度
H	苔草(*Carex* sp.)	1·2
	乌敛莓(*Cayratia japonica*)	+
	龙牙草(*Agrimonia pilosa*)	+·2
	蛇含委陵菜(*Potentilla kleiniana*)	+·2
	风轮菜(*Clinopodium chinense*)	+
	插田泡(*Rubus coreanus*)	+
	薯蓣(*Dioscorea opposita*)	+
	秦岭藤(*Biondia hemsleyana*)	+
	鞘柄菝葜(*Smilax stans*)	+
	马棘(*Indigofera pseudotinctoria*)	+
	石生繁缕(*Stellaria vestita*)	+
	野菊(*Dendranthema indicum*)	+
	络石(*Trachelospermum jasminoides*)	+·2
	过路黄(*Lysimachia christinae*)	+
	鸡矢藤(*Paederia scandens*)	+
	黑心蕨(*Doryopteris concolor*)	+·2

　　注：1. 样方地点，谷城县赵湾乡鱼坪村石家河；2. 地理位置 E111°21′5.82″，N 31°59′31.94″；3. 地形地貌，沟边，坡度 60°；4. 海拔 302 m；5. 样方面积 25 m×25 m。

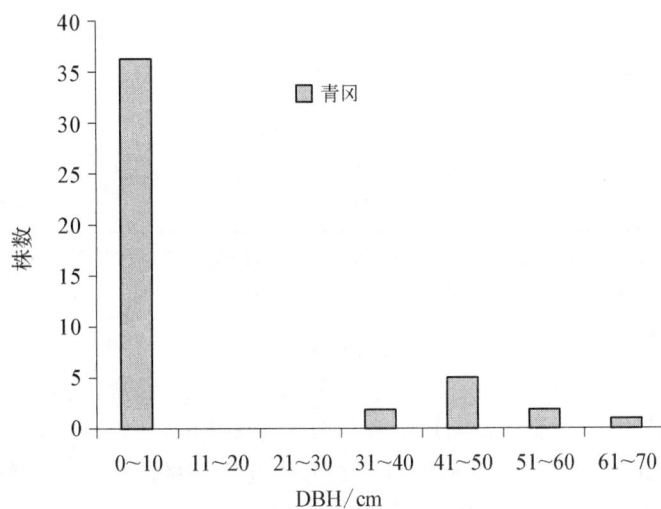

图 3.2　青冈林的立木结构

2) 岩栎林(Form. *Quercus acrodonta*)

　　岩栎为常绿小乔木，岩栎林是南河自然保护区较为常见的常绿栎林，主要分布于沟谷两岸中上部。岩栎生长在坡度较大的地段，甚至于陡峭的山脊上。分布地土壤为山地褐色土或石灰岩地，常有岩石露头。

群落通常为纯林或以岩栎为主组成的常绿阔叶林。群落高度为 6 m 左右,群落总盖度为 75% 以上。乔木层主要种类除岩栎外,常有茅栗(*Castanea seguinii*)、黄檀(*Dalbergia hupehana*)、平枝栒子(*Cotoneaster horizontalis*)等。灌木层稀疏,散见有算盘子(*Glochidion puberum*)、小果卫矛(*Euonymus microcarpus*)、含羞草叶黄檀(*Dalbergia mimosoides*)、托柄菝葜(*Smilax discotis*)、棱果海桐(*Pittosporum trigonocarpum*)、烟管荚蒾(*Viburnum utile*)等。草本层不发达,偶见白茅(*Imperata cylindrica* var. *major*)、荩草(*Arthraxon hispidus*)、薯蓣(*Dioscorea opposita*)等。其群落组成见表 3.13。该群落生长条件较为恶劣,具有重要的水土保持功能,应加强保护。

表 3.13　岩栎群落组成表

层次	物　种	优势度·多度
T	岩栎(*Quercus acrodonta*)	3·4
	茅栗(*Castanea seguinii*)	1·2
	黄檀(*Dalbergia hupehana*)	2·3
	平枝栒子(*Cotoneaster horizontalis*)	2·3
	小叶女贞(*Ligustrum quihoui*)	+
S	烟管荚蒾(*Viburnum utile*)	+
	算盘子(*Glochidion puberum*)	+
	小果卫矛(*Euonymus microcarpus*)	+
	含羞草叶黄檀(*Dalbergia mimosoides*)	+
	托柄菝葜(*Smilax discotis*)	+
	棱果海桐(*Pittosporum trigonocarpum*)	+
H	白茅(*Imperata cylindrica* var. *major*)	+
	荩草(*Arthraxon hispidus*)	+
	薯蓣(*Dioscorea opposita*)	+

注:1. 样方地点,谷城县南河镇白水峪村阎王鼻子;2. 地理位置 E111°21′54.06″,N 32°02′30.75″;3. 地形地貌,坡度 65°,坡向 ES;4. 海拔 383 m;5. 样方面积 5 m×10 m。

3)黑壳楠林(Form. *Lindera megaphylla*)

黑壳楠为高大常绿乔木,广泛分布于甘肃、安徽、福建、台湾、湖北、湖南、广东、广西、四川、贵州、云南等地。在亚热带山地常常分布于海拔 1 600～2 000 m 的阴湿常绿阔叶林山坡和谷地中,其抗寒能力强,较耐旱,生长较快。是极好的园林观赏树种和用材林树种。在南河自然保护区,黑壳楠常于沟谷地带形成优势群落。

代表样于南河镇白水峪村黄家冲。群落调查表明,乔木层只有黑壳楠,盖度达 50%,最大胸径 64 cm。灌木层种类较多,盖度 8% 左右,没有优势种,散见蜡梅(*Chimonanthus praecox*)、白背叶(*Mallotus apelta*)、飞蛾槭(*Acer oblongum*)等种。草本层较发达,种类较多,螫麻(*Laportea dielsii*)、蕺菜(*Houttuynia cordata*)占优势。其群落组成见表 3.14,立木结构如图 3.3 所示。

表 3.14 黑壳楠群落组成表

层次	物　种	优势度·多度
T1	黑壳楠（*Lindera megaphylla*）	3·4
T2	黑壳楠（*Lindera megaphylla*）	1·2
S	蜡梅（*Chimonanthus praecox*）	+
	梧桐（*Firmiana platanifolia*）	+
	枇杷（*Eriobotrya japonica*）	+
	黑壳楠（*Lindera megaphylla*）	+·2
	白背叶（*Mallotus apelta*）	+
	飞蛾槭（*Acer oblongum*）	+
	香花崖豆藤（*Millettia dielsiana*）	+
H	乌敛莓（*Cayratia japonica*）	+
	过路黄（*Lysimachia christinae*）	+
	三叶木通（*Akebia trifoliata*）	+
	何首乌（*Polygonum multiflorum*）	+
	青葙（*Celosia argentea*）	+
	天名精（*Carpesium abrotanoides*）	+
	石南藤（*Piper wallichii*）	+
	土牛膝（*Achyranthes aspera*）	+
	野菊（*Dendranthema indicum*）	+
	贯众（*Cyrtomium fortunei*）	+
	九头狮子草（*Peristrophe japonica*）	+
	井栏边草（*Pteris multifida*）	+
	序叶苎麻（*Boehmeria clideniodes* var. *diffusa*）	+
	打破碗花花（*Anemone hupehensis*）	+
	羽叶鬼针草（*Bidens maximovicziana*）	+
	沿阶草（*Ophiopogon bodinieri*）	+
	鸭跖草（*Commelina communis*）	+
	蕺菜（*Houttuynia cordata*）	1·2
	柔毛堇菜（*Viola verecunda*）	+
	鬼针草（*Bidens pilosa*）	+
	风轮菜（*Clinopodium chinense*）	+
	婆婆纳（*Veronica didyma*）	+
	螫麻（*Laportea dielsii*）	3·4

注：1. 样方地点谷城县南河镇白水峪村黄家冲；2. 地理位置 E111°21′55.98″，N 32°02′27.23″；3. 地形地貌，台地；4. 海拔 263 m；5. 样方面积 20 m×15 m。

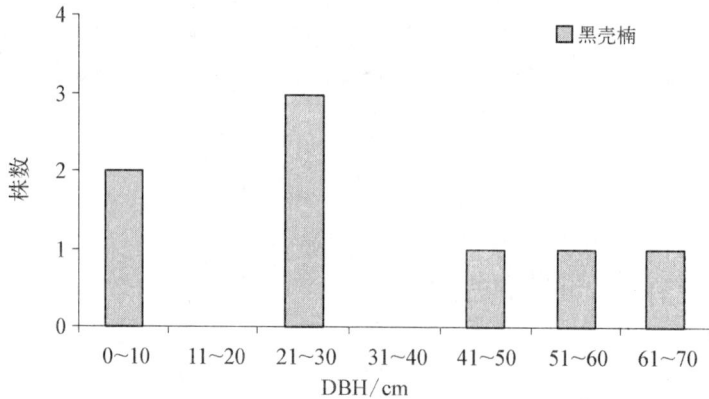

图 3.3 黑壳楠林的立木结构

3.2.3.2.2 常绿落叶阔叶混交林

常绿落叶阔叶混交林是介于常绿阔叶林和落叶阔叶林之间的过渡类型,广布于亚热带的中山地带,是南河自然保护区常见的一种植被类型,随着海拔的升高,气温降低,喜温的常绿树种受到限制,耐寒的常绿阔叶树种和落叶阔叶树种增加而形成混交林。因此,它通常位于常绿阔叶林带之上,虽属演替中的过渡性植被类型,但它具有相对的稳定性。组成此类型的主要树种有青冈、千筋榆、化香等。在本区主要为常绿阔叶林遭破坏后形成的一种过渡类型,或为沟谷河岸林。

1) 枫杨、黑壳楠林(Form. *Pterocarya stenoptera*, *Lindera megaphylla*)

该群落类型在本区较为典型,主要分布在河谷地带。由于受河流季节性洪水的影响,乔木层种类较简单。

记名样方在南河镇大洼沟海拔 400 m 处,面积 400 m²,地理位置 32°00.628′N,111°24.805′E。乔木层稀疏,乔木层种类为枫杨(*Pterocarya stenoptera*)和黑壳楠,明显分为两个亚层,第一亚层为枫杨,高 18 m 左右,第二亚层为黑壳楠,高 10 m 左右。整个乔木层盖度较小,为 20%。

灌木层盖度约 60% 以上,主要种类有小叶鹅耳枥(*Carpinus* sp.)、棣棠(*Kerria japonica*)、五加(*Acanthopanax gracilistylus*)、棕榈(*Trachycarpus fortunei*)、水竹(*Phyllostachys heteroclada*)等。

草本层种类较丰富,优势种为鸢尾(*Iris dichotoma*),其他尚有虎耳草(*Saxifraga stolonifera*)、降龙草(*Hemiboea subcapitata*)、楼梯草(*Elatostema involucratum*)、车前草(*Plantago asiatica*)、冷水花(*Pilea notata*)、圆菱叶山蚂蝗(*Desmodium* sp.)、过路黄(*Lysimachia christinae*)等,总盖度达 60%。

2) 化香、青冈林(Form. *Platycarya strobilacea*, *Cyclobalanopsis glauca*)

该群落主要分布在较为干旱的山地,由于人类活动的干扰,该类型处于严重的演替阶段,为破坏后的次生林。

记名样方在南河镇大洼沟海拔 450 m,面积 400 m²。整个群落乔木层高 10 m 左右,主要种类有化香（*Platycarya strobilacea*）、小叶鹅耳枥（*Carpinus* sp.）、毛黄栌、青冈（*Cyclobalanopsis glauca*）、山胡椒（*Lindera glauca*）、香叶树（*Lindera communis*）等，总盖度约为45%。灌木层种类有多种荚蒾（*Viburnum* sp.）、双盾木（*Dipelta floribunda*）、朴树（*Celtis tetrandra*）、海桐、腊莲绣球（*Hydrangea strigosa*）、马桑（*Coriaria nepalensis*）、白蜡（*Franxius* sp.）、异叶榕（*Ficus heteromorpha*）等，总盖度达60%。草本层种类有苔草（*Carex* sp.）、黑鳞耳蕨（*Polystichum makinoi*）等，总盖度为52%。层间植物主要有铁线莲（*Clematis florida*）等。

该类型目前郁闭度较大，处于一种不稳定时期，对水土保持具有重要作用，应加强保护。

3）刺叶栎、槲栎林（Form. *Quercus spinosa*，*Q. aliena*）

刺叶栎又名铁橡树、铁橿子，为常绿小乔木，生长缓慢，材质坚硬，耐寒耐寒，常生长于石灰岩山地或峭壁上。在南河自然保护区青龙山顶，刺叶栎高达 10 m，最大胸径 25 cm，常与落叶的槲栎形成混交林。

样方调查表明，乔木层只有刺叶栎、槲栎两种，盖度达75%以上，高度10～12 m。灌木层也较简单，主要是刺叶栎幼树。草本层较稀疏，中日金星蕨、绿叶胡枝子（*Lespedeza buergeri*）占优势，尚有一些乔木树苗。其群落组成见表3.15，立木结构如图3.4所示。

表3.15 刺叶栎-槲栎群落组成表

层次	物　种	优势度·多度
T	刺叶栎（*Quercus spinosa*）	3·4
	槲栎（*Quercus aliena*）	2·3
S	刺叶栎（*Quercus spinosa*）	2·3
	羊尿泡（*Rubus malifolius*）	+
H	苦糖果（*Lonicera fragrantissma*）	+
	枹栎（*Quercus serrata*）	+·2
	苔草（*Carex* sp.）	+
	中日金星蕨（*Parathelypteris nipponica*）	1·2
	绿叶胡枝子（*Lespedeza buergeri*）	+·2
	堇菜（*Viola verecunda*）	+
	盐肤木（*Rhus chinensis*）	+
	败酱（*Patrinia scabiosaefolia*）	+
	山胡椒（*Lindera glauca*）	+

注：1. 样方地点，谷城县赵湾乡青龙山；2. 地理位置 E111°27'48.02″，N 31°53'26.3″；3. 地形地貌，山顶台地；4. 海拔 1 584 m；5. 样方面积 20 m×10 m。

3.2.3.2.3 落叶阔叶林

落叶阔叶林是指以落叶树种组成的纯林和它们相互构成的混交林的通称，在亚热带

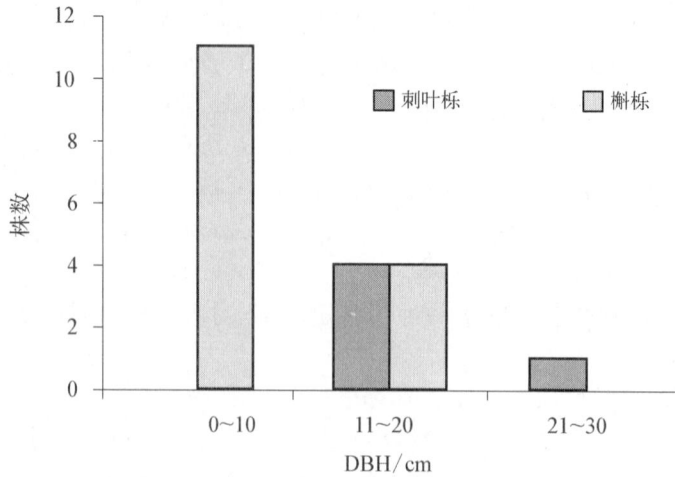

图 3.4 刺叶栎、槲栎混交林立木结构

地区它是一种地带性森林植被类型。主要分布在常绿阔叶林的上部地区。南河自然保护区的落叶阔叶林分布范围广,垂直分布幅度也较大,在本区森林植被中占有重要地位。

1) 银杏林(Form. *Ginkgo biloba*)

该群落位于沈家垭天主教堂附近,立地条件较好,为人工类型纯林,但由于栽培历史较长,已能自然更新。生长土壤为黄棕壤,土层厚度达 90~150 cm。群落有银杏树 41 株,其中银杏古树 23 株。平均树高 21 m,平均胸径 55.07 cm,平均冠幅 8.06 m。该群落总体生长良好,但结果简单,乔木层只有银杏 1 种;灌木层种类较少,盖度 25% 左右,以水竹占优势;草本层发达,盖度 90%,优势种有葎草(*Humulus scandens*)、透骨草(*Phryma leptostachya*)、酸模(*Rumex acetosa*)、冷水花(*Pilea notata*)等。其群落组成见表 3.16,立木结构如图 3.5 所示。该群落对研究该区域植被与气候关系和群落变迁具有重要意义,应加强保护。

表 3.16 银杏群落组成表

层次	物 种	优势度·盖度
T	银杏(*Cinkgo biloba*)	4·5
S	香椿(*Tonna sinensis*)	+·2
	构树(*Broussonetia papyrifera*)	+
	白背叶(*Mallotus apelta*)	+·2
	银杏(*Cinkgo biloba*)	+
	苦糖果(*Lonicera fragrantissma*)	+
	喜阴悬钩子(*Rubus mesogaeus*)	+
	樟树(*Cinnamomum camphora*)	+
	水竹(*Cyperus alternifolius*)	2·3
H	葎草(*Humulus scandens*)	4·5
	构树(*Broussonetia papyrifera*)	+

层次	物　　种	优势度·盖度
H	忽地笑(*Lycoris aurea*)	+
	扬子毛茛(*Ranunculus sieboldii*)	+
	鸡矢藤(*Paederia scandens*)	+
	透骨草(*Phryma leptostachya*)	1·2
	酸模(*Rumex acetosa*)	1·2
	火焰草(*Sedum stellariifolium*)	+
	银杏苗(*Cinkgo biloba*)	+
	艾蒿(*Artemisia argyi*)	+
	地肤(*Kochia scoparia*)	+·2
	石蒜(*Lycoris radiata*)	+
	冷水花(*Pilea notata*)	+·2
	白英(*Solanum lyratum*)	+
	土牛膝(*Achyranthes aspera*)	+
	商陆(*Phytolacca acinosa*)	+
	白叶紫苏(*Perilla frutescens var. acuta*)	+
	金线草(*Antenoron neofiliforme*)	+
	有柄石韦(*Pyrrosia petiolosa*)	+·2

注:1. 样方地点,沈垭村;2. 地理位置 E110°15′32.00″, N 32°10′09.48″;3. 地形地貌,坡度 5°～15°,坡向 E;4. 海拔 621 m;5. 样方面积 30 m×30 m。

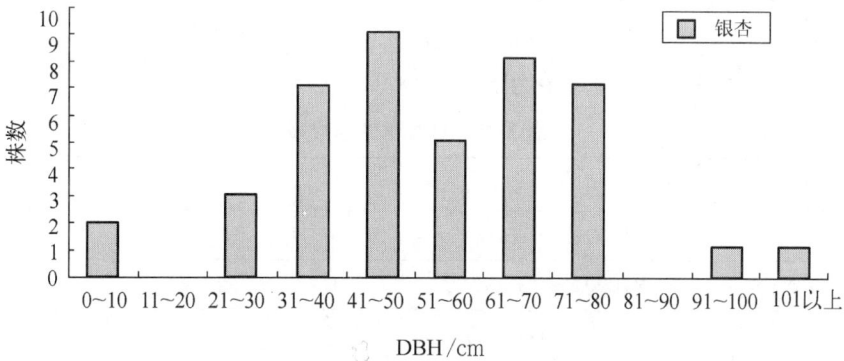

图 3.5　银杏林立木结构

2) 茅栗林(Form. *Castanea sequinii*)

茅栗林是该区域较为稳定的植物群落类型之一,分布高度多在海拔 1 200 m 左右。

多个记名样方调查显示,该群落外貌黄绿色林冠较为整齐,结构较为简单,可分为乔灌草三层。乔木层一般高 12 m 左右,茅栗对环境的适应能力较强,群落中除茅栗外,其他乔木种类还有千筋榆(*Carpinus fargesiana*)、漆树(*Rhus verniciflua*)、大叶杨(*Populus lasiocarpa*)、樱桃(*prunus* sp.)、多脉青冈(*Cyclobalanopsis multinervis*)、石灰花楸(*Sorbus folgneri*)、青榨槭(*Acer davidiana*)等。

灌木层优势种类主要是荚迷(*Viburnum* sp.)、糯米条(*Abelia chinensis*)等,其他尚有白檀(*Symplocos paniculata*)、桦叶荚迷(*Viburnum betulifolium*)、木姜子(*Litsea pungens*)、皱叶栒子(*Cotoneaster rugosus*)、悬钩子(*Rubus* sp.)等。

草本层多以苔草（*Carex* sp.）为主,其他种类有单蕊败酱（*Potrinia monandra*）、香青（*Anaphalis sp.*）、落新妇（*Astilbe rubra*）、山蚂蝗（*Desmodium racemosum*）、蒙古冷水花（*Pilea mongolica*）、黄花油点草（*Tricyrtis bakeri*）等。

层间植物常见的有华中五味子（*Schisandra sphenanthera*）、忍冬（*Lonicera japonica*）、鹰爪枫（*Holboellia coriacea*）等。

3）槲栎林（Form. *Quercus aliena*）

槲栎林是我国暖温带地带性植被主要森林类型之一,其垂直分布从北到南逐渐递增,在湖北西部多分布在海拔 1 000～2 000 m 以上的山坡或山顶上。槲栎林分布区域的气候条件温暖湿润,较耐旱,喜酸性至中性的土壤。但槲栎对气温的适应性较强,在土层瘠薄的向阳的陡坡亦生长良好。槲栎林在南河自然保护区海拔 1 000 m 以上的山地广泛分布。

在赵湾乡窑岭太山庙的样方调查表明,群落外貌较为整齐,树高约 18 m 左右,最大胸径 49 cm,群落结构较简单,乔木层只有槲栎 1 种,盖度达 75% 以上,近纯林。灌木层种类较多,盖度 40% 左右,主要种类有绿叶胡枝子（*Lespedeza buergeri*）、山胡椒（*Lindera glauca*）、中华绣线梅（*Neillia sinensis*）等。草本层发达,种类丰富,中日金星蕨为优势种,其他还有黄花油点草（*Tricyrtis maculata*）、球米草（*Oplismenus undulatifolius*）、穿龙薯蓣（*Dioscorea nipponica*）、长柄山蚂蝗（*Podocarpium podocarpum*）、平车前（*Plantago depressa*）、过路黄（*Lysimachia christinae*）、野大豆（*Glycine soja*）、鹿蹄草（*Pyrola calliantha*）、武当风毛菊（*Saussurea silvestrii*）、鸭跖草（*Commelina communis*）、鸡眼草（*Kummerowia striata*）、小升麻（*Cimicifuga acerina*）、三脉紫菀（*Aster ageratoides*）等,还有槲栎等乔灌木的幼苗。其群落组成见表 3.17,立木结构如图 3.6 所示。

表 3.17   槲栎群落组成表

层次	物　种	优势度·多度
T1	槲栎（*Quercus aliena*）	4·5
T2	槲栎（*Quercus aliena*）	1·2
S	胡颓子（*Elaeagnus pungens*）	+
	海洲常山（*Clerodendrum trichotomum*）	+
	山胡椒（*Lindera glauca*）	1·2
	猫儿刺（*Ilex pernyi*）	+
	三桠乌药（*Lindera obtusiloba*）	+
	绿叶胡枝子（*Lespedeza buergeri*）	1·2
	大穗鹅耳枥（*Carpinus fargesii*）	+
	卫矛（*Euonymus alatus*）	+
	中华绣线梅（*Neillia sinensis*）	2·3
	薄叶鼠李（*Rhamnus leptophylla*）	+
	樱桃（*Cerasus pseudocerasus*）	+
	木姜子（*Litsea pungens*）	+
	毛葡萄（*Vitis quinquangularis*）	+
	小构（*Broussonetia kazinoki*）	+
	武当木兰（*Magnolia sprengeri*）	+

续表

层 次	物 种	优势度·多度
H	黄花油点草(*Tricyrtis maculata*)	+·2
	球米草(*Oplismenus undulatifolius*)	+·2
	穿龙薯蓣(*Dioscorea nipponica*)	+·2
	长柄山蚂蝗(*Podocarpium podocarpum*)	+·2
	平车前(*Plantago depressa*)	+·2
	过路黄(*Lysimachia christinae*)	+·2
	垂盆草(*Sedum sarmentosum*)	+
	中日金星蕨(*Parathelypteris nipponica*)	4·5
	野大豆(*Glycine soja*)	+·2
	鹿蹄草(*Pyrola calliantha*)	+·2
	槲栎(*Quercus aliena*)	+·2
	武当风毛菊(*Saussurea silvestrii*)	+·2
	鸭跖草(*Commelina communis*)	+·2
	鸡眼草(*Kummerowia striata*)	+·2
	小斑叶兰(*Goodyera repens*)	+
	离舌橐吾(*Ligularia veitchiana*)	+
	苔草(*Carex* sp.)	+·2
	长圆叶大戟(*Euphorbia henryi*)	+·2
	水蓼(*Polygonum hydropiper*)	+
	费菜(*Sedum aizoon*)	+
	轮叶黄精(*Polygonatum verticillatum*)	+
	冷水花(*Pilea notata*)	+
	蕊帽忍冬(*Lonicera pileata*)	+
	小升麻(*Cimicifuga acerina*)	+·2
	三脉紫菀(*Aster ageratoides*)	+·2
	鞘柄菝葜(*Smilax stans*)	+
	野菊(*Dendranthema indicum*)	+·2
	异叶蛇葡萄(*Ampelopsis humulifolia*)	+
	腺药珍珠菜(*Lysimachia stenosepala*)	+
	薯蓣(*Dioscorea opposita*)	+

注：1. 样方地点,谷城县赵湾乡窑岭太山庙;2. 地理位置 E111°27′32.63″,N 31°57′43.08″;3. 地形地貌,坡向ES,坡度 55°;4. 海拔 1 205 m;5. 样方面积 20 m×20 m。

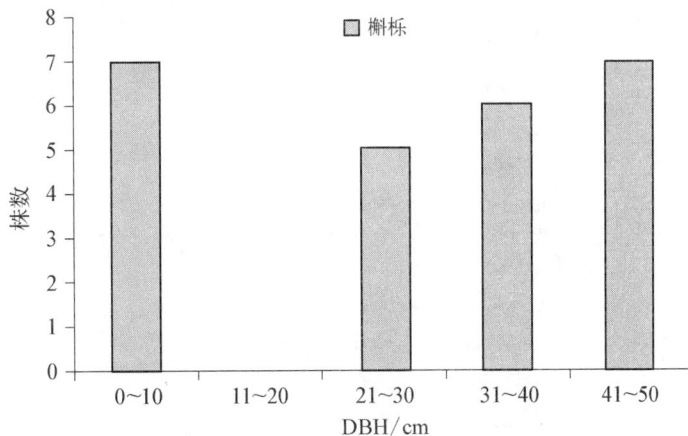

图 3.6　槲栎林立木结构

4) 枹栎林(Form. *Quercus serrata*)

该群落类型在南河自然保护区的中山地带较为常见。记名样方在青龙山海拔1 400 m处,面积400 m²,地理位置31°53.277′N,111°28.149′E。乔木层高12 m左右,主要种类除枹栎外,混生有槲栎、山杨(*Populus davidiana*)、栓皮栎、千金榆(*Carpinus cordata*)等,总盖度达80%。灌木层盖度较低,为15%左右,主要种类有四照花(*Dendrobenthamia japonica* var. *Chinensis*)、化香、绿叶胡枝子、皱叶荚迷、猫耳刺、胡颓子、汤饭子等。草本层主要种类有圆菱叶山蚂蝗、毛华菊(*Dendranthema vestitum*)、珍珠菜、沙参、禾叶苔草、一年蓬、金挖耳(*Carpesium divaricatum*)、梅笠草、夏枯草、金星蕨(*Parathelypteris glanduligera*)、鼠曲草(*Gnaphalium affine*)等。

5) 短柄枹栎林(Form. *Quercus serrata* var. *brevipetiolata*)

短柄枹栎林是中国亚热带及暖温带山地常见的阔叶落叶林类型,由于短柄枹栎适应性强,无论是水平分布还是垂直分布其幅度均较大。在南河自然保护区主要分布在海拔1 200~1 500 m中山地带的山梁与山脊两侧的坡面及平缓山岭的顶部。以阳坡、半阳坡为主,林地土壤为山地黄棕壤。

短柄抱栎在山脊分布多为纯林,山脊两侧继续延伸,则与枹栎、槲栎、栓皮栎、鹅耳枥等树种混生。调查样方于青龙山海拔1 308 m处,群落的外貌为深绿色,结构简单。乔木层除了短柄抱栎外,槲栎、青冈为伴生种,盖度60%左右。灌木层盖度40%左右,以绿叶胡枝子和枹栎为主。草本植物较发达,盖度80%以上,短柄枹栎幼苗较多,其他如半枝莲(*Scutellaria barbata*)、丛毛羊胡子草(*Eriophorum comofum*)、蛇莓(*Duchesnea indica*)、薄雪火绒草(*Leontopodium japonicum*)等为常见种。

从群落结构来看,短柄枹栎林应是天然次生林。其群落组成见表3.18,立木结构如图3.7所示。

表3.18 短柄枹栎群落组成表

层次	物　种	优势度·多度
T	短柄枹栎(*Quercus serrata*)	3·4
	槲栎(*Quercus aliena*)	1·2
	青冈(*Cyclobalanopsis glauca*)	+
S	枹栎(*Quercus serrata*)	1·2
	短柄枹栎(*Quercus serrata*)	2·3
	绿叶胡枝子(*Lespedeza buergeri*)	1·2
H	短柄枹栎(*Quercus serrata*)	3·4
	半枝莲(*Scutellaria barbata*)	1·2
	中日金星蕨(*Parathelypteris nipponica*)	3·4
	丛毛羊胡子草(*Eriophorum comofum*)	1·2
	蛇莓(*Duchesnea indica*)	1·2
	夏枯草(*Prunella vulgaris*)	+

续表

层次	物　种	优势度·多度
H	薄雪火绒草(*Leontopodium japonicum*)	1·2
	珍珠菜(*Lysimachia clethroides*)	+
	野葛(*Pueraria lobata*)	+
	羊尿泡(*Rubus malifolius*)	+
	截叶铁扫帚(*Lespedeza cuneata*)	+
	鞘柄菝葜(*Smilax stans*)	+

注：1. 样方地点，谷城县赵湾乡青龙山村月儿垭牛角；2. 地理位置 E111°27′46.9″，N 31°54′13.4″；3. 地形地貌，坡向 WS，坡度 25°；4. 海拔 1 308 m；5. 样方面积 20 m×15 m。

6）栓皮栎林（Form. *Quercus variabilis*）

栓皮栎是中国暖温带及亚热带中山和低山丘陵区落叶阔叶林最有代表性的森林类型之一。在南河自然保护区主要分布在海拔 1 000 m 以下的地区，为次生林。多个记名样方表明，栓皮栎林木分布较均匀、整齐，盖度约 60%，树高 10 m 左右，群落结构比较简单。乔木层栓皮栎占绝对优势，伴生种类有槲栎、山合欢(*Albizia kalkora*)等。林下灌木层种类较稀疏，主要种类有美丽胡枝子、猫儿刺、映山红(*Rhododendron simsii*)、荚迷等。草本层盖度较小，种类较少，常见有野棉花、苔草、香青(*Anaphalis sinica*)等。

图 3.7　短柄枹栎林立木结构

栓皮栎林是一种比较稳定的群落，在自然状况下可长成茂密的森林，如遭到严重的破坏而导致水土流失，生境条件趋向干旱，将被灌草丛代替。由于栓皮栎是重要的材用林，其树皮可作木栓用，因此，应加强保护和持续利用。

7）麻栎林（Form. *Quercus acutissima*）

麻栎是我国暖温带、温带和亚热带广泛分布的森林树种。是暖温带落叶阔叶林区域低山和丘陵区最主要的落叶阔叶林之一。在南河自然保护区海拔 1 000 m 以下分布广泛，并形成主要群落类型。在紫金镇沈垭村海拔 600 m 处，有较大面积的麻栎林，面积约 60 亩，麻栎的胸径多为 40～55 cm，这是一处保存完好的残存的原生性植被，是沈家垭一处天主教堂的"风水林"，多为古树，其群落的组成、结构是鄂西北丘陵地带性植被恢复的"真实的样本"，具有重要的保护意义。

样方调查表明，该群落高 20 m 左右，乔木层种类除麻栎外，混生有栓皮栎、野茉莉(*Styrax japonicus*)、枹栎等，总盖度达 75%。灌木层种类丰富，盖度达 70%，主要种类有山橿(*Lindera reflexa*)、黄檀(*Dalbergia hupehana*)、白檀(*Symplocos paniculata*)、枹栎等种类。草本层盖度达 60%。主要种类包括球米草(*Oplismenus undulatifolius*)、长柄山蚂蝗(*Podocarpium podocarpum*)、鸭跖草(*Commelina communis*)、紫金牛(*Ardisia japonia*)等。其群落组成见表 3.19，立木结构如图 3.8 所示。

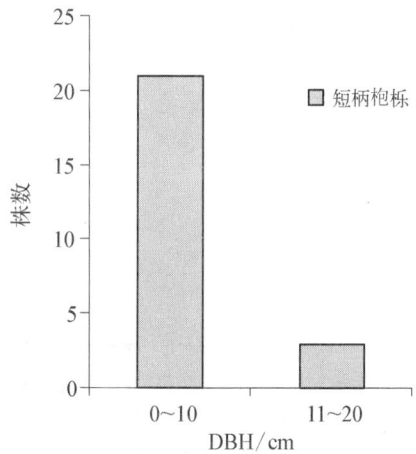

表 3.19　麻栎群落组成表

层次	物　种	优势度·多度
T1	枹栎(*Quercus serrata*)	2·3
	麻栎(*Quercus acutissima*)	4·5
T2	野茉莉(*Styrax japonicus*)	+·2
	枹栎(*Quercus serrata*)	+·2
S	山橿(*Lindera reflexa*)	3·4
	黄檀(*Dalbergia hupehana*)	1·2
	枹栎(*Quercus serrata*)	1·2
	蝴蝶戏珠花(*Viburnum plicatum*)	+·2
	羊尿泡(*Rubus malifolius*)	+
	枫香(*Liquidambar formosana*)	+
	异叶榕(*Ficus heteromorpha*)	+
	绿叶胡枝子(*Lespedeza buergeri*)	+
	尾叶樱桃(*Cerasus dielsiana*)	+
	胡颓子(*Elaeagnus pungens*)	+
	野茉莉(*Styrax japonicus*)	+
	白檀(*Symplocos paniculata*)	+·2
	柞木(*Xylosoma japonica*)	+
	香花崖豆藤(*Millettia dielsiana*)	+
	卫矛(*Euonymus alatus*)	+
H	紫金牛(*Ardisia japonia*)	3·4
	鸭跖草(*Commelina communis*)	1·2
	鸡矢藤(*Paederia scandens*)	+
	多花黄精(*Polygonatum cyrtonema*)	+
	球米草(*Oplismenus undulatifolius*)	+·2
	沿阶草(*Ophiopogon bodinieri*)	+
	碎米莎草(*Cyperus iria*)	+
	长柄山蚂蝗(*Podocarpium podocarpum*)	1·2
	春兰(*Cymbidium goeringii*)	+
	地耳草(*Hypericum japonicum*)	+
	苔草(*Carex* sp.)	+·2

注：1. 样方地点，谷城县紫金镇沈垭；2. 地理位置 E110°15′35.79″，N 32°10′09.16″；3. 地形地貌，缓坡；4. 海拔 603 m；5. 样方面积 30 m×30 m。

8) 楸树林(Form. *Catalpa bungeii*)

楸树林是中国暖温带低山丘陵的落叶阔叶林。楸树材质优良，自古即有"木王"美称，在谷城县即有"千楸万椴八百年杉"，意指从耐腐蚀性来说，楸树要好于杉木，但比椴榆要差。也因其良好的材质，民间砍伐较多，虽在南河自然保护区山地广泛分布，但一般呈小

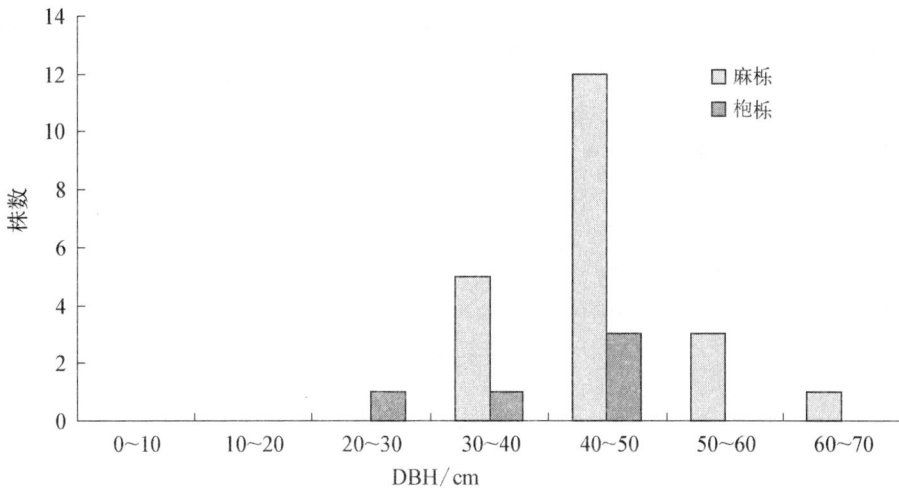

图 3.8　麻栎林立木结构

块状,散生较多,加上其不耐水涝,根系浅,易风倒,成大群落较少,应注意保护。

在青龙山的样方调查表明,楸树群落乔木层较简单,盖度 50% 左右,伴生有野山楂(*Crataegus cuneata*)。灌木层种类较多,盖度只有 30% 左右,优势种类有悬铃木叶苎麻(*Boehmeria platanifolia*)、高粱泡(*Rubus lambertianus*)等。草本层较稀疏,盖度 25% 左右,主要种类有中日金星蕨(*Parathelypteris nipponica*)、鸭跖草(*Commelina communis*)、败酱(*Patrinia scabiosaefolia*)、球米草(*Oplismenus undulatifolius*)等。其群落组成见表 3.20,立木结构如图 3.9 所示。

表 3.20　楸树群落组成表

层次	物　　　种	优势度·多度
T	楸树(*Catalpa bungeii*)	3 · 4
	野山楂(*Crataegus cuneata*)	+
S	皱叶荚蒾(*Viburnum rhytidophyllum*)	+
	金灯藤(*Cuscuta japonica*)	+
	五味子(*Schisandra chinensis*)	+
	茅栗(*Castanea seguinii*)	+
	悬铃木叶苎麻(*Boehmeria platanifolia*)	1 · 2
	山胡椒(*Lindera glauca*)	+
	野核桃(*Juglans cathayensis*)	+
	高粱泡(*Rubus lambertianus*)	2 · 3
	臭椿(*Ailanthus altissima*)	+
H	扬子毛茛(*Ranunculus sieboldii*)	+ · 2
	打破碗花花(*Anemone hupehensis*)	+

层次	物　　种	优势度·多度
H	薄雪火绒草(*Leontopodium japonicum*)	+
	苦糖果(*Lonicera fragrantissma*)	+
	忍冬(*Lonicera japonica*)	+
	中日金星蕨(*Parathelypteris nipponica*)	1·2
	鸭跖草(*Commelina communis*)	+·2
	败酱(*Patrinia scabiosaefolia*)	+·2
	球米草(*Oplismenus undulatifolius*)	+·2
	小斑叶兰(*Goodyera repens*)	+

注：1. 样方地点,谷城县赵湾乡青龙山;2. 地理位置 E111°27′43.3″,N 31°54′37.4″;3. 地形地貌,坡向 ES,坡度 50°;4. 海拔 917 m;5. 样方面积 20 m×20 m。

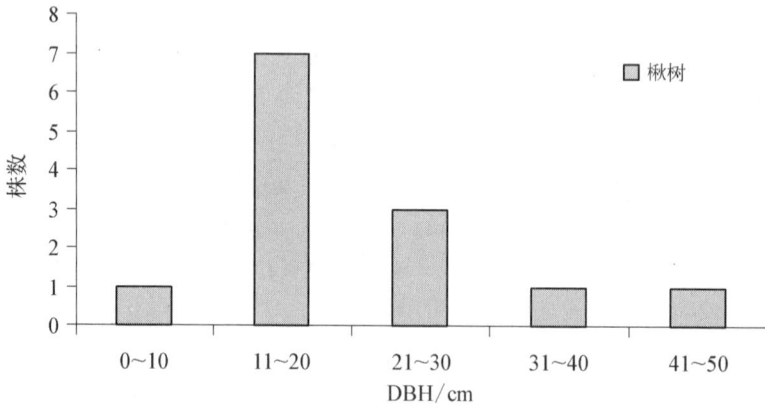

图 3.9　楸树林立木结构

9) 枫杨林(Form. *Pterocarya stenoptera*)

枫杨林广泛分布于华北、华中、华南及西南各地,在长江流域和淮河流域最为常见。枫杨属喜光性树种,不耐庇荫,但耐水湿、耐寒、耐旱。深根性,主、侧根均发达,在土壤深厚肥沃的河床两岸生长良好。因其速生性,萌蘖能力强,容易成林。在南河自然保护区主要分布在海拔 400~800 m 河岸两旁,坡向以阳坡及半阳坡为主,多见于缓坡或台地。

在白水峪村东茶园河滩设置样方调查,乔木层只有枫杨 1 种,盖度 75%,乔木亚层除了枫杨,尚伴生有瓜木(*Alangium platanifolium*)、棕榈(*Trachycarpus fortunei*)。灌木层种类较多,盖度 30%左右,优势种为香粉叶(*Lindera pulcherrima* var. *attenuata*)、大金刚藤黄檀等。草本层密集,盖度 85%左右,优势种为棕榈、螫麻(*Laportea dielsii*)、白马骨(*Serissa serissoides*)、序叶苎麻(*Boehmeria clideniodes*)、金灯藤(*Cuscuta japonica*)、葎草(*Humulus scandens*)、白接骨(*Rostellularia procumbens*)等。其群落组成见表 3.21,立木结构如图 3.10 所示。

表 3.21　枫杨群落组成表

层次	物　　种	优势度·多度
T1	枫杨(*Pterocarya stenoptera*)	4·5
T2	瓜木(*Alangium platanifolium*)	+
	棕榈(*Trachycarpus fortunei*)	+
	枫杨(*Pterocarya stenoptera*)	+
S	香粉叶(*Lindera pulcherrima* var. *attenuata*)	2·3
	瓜木(*Alangium platanifolium*)	+
	枫杨(*Pterocarya stenoptera*)	+
	毛黄栌(*Cotinus coggygria* var. *pubescens*)	+
	羊尿泡(*Rubus malifolius*)	+
	梧桐(*Firmiana platanifolia*)	+
	山麻杆(*Alchornea davidii*)	+
	棕榈(*Trachycarpus fortunei*)	1·2
	大金刚藤黄檀(*Dalbergia dyeriana*)	+
	白背叶(*Mallotus apelta*)	+
	小叶女贞(*Ligustrum quihoui*)	+
	广椭圆绣线菊(*Spiraea ovalis*)	+
H	魔芋(*Amorphophallus rivieri*)	1·2
	金荞麦(*Fagopyrum dibotrys*)	+
	棕榈(*Trachycarpus fortunei*)	1·2
	螫麻(*Laportea dielsii*)	2·3
	白马骨(*Serissa serissoides*)	2·3
	序叶苎麻(*Boehmeria clideniodes*)	2·3
	金灯藤(*Cuscuta japonica*)	1·2
	裂叶苎麻(*Uritica fissa*)	+·2
	香粉叶(*Lindera\Pulcherrima* var. *attenuata*)	+·2
	轮环藤(*Cyclea racemos*)	+
	葎草(*Humulus scandens*)	1·2
	苔草(*Carex* sp.)	+
	半夏(*Pinellia ternata*)	+
	土牛膝(*Achyranthes aspera*)	+
	蛇葡萄(*Ampelopsis brevipedunculata*)	+
	过路黄(*Lysimachia christinae*)	+
	穿龙薯蓣(*Dioscorea nipponica*)	+
	白接骨(*Rostellularia procumbens*)	1·2

注：1. 样方地点,谷城县南河镇白水峪村东茶园;2. 地理位置 E111°23′35.23″,N 32°02′04.29″;3. 地形地貌,河岸台地;4. 海拔 234 m;5. 样方面积 25 m×20 m。

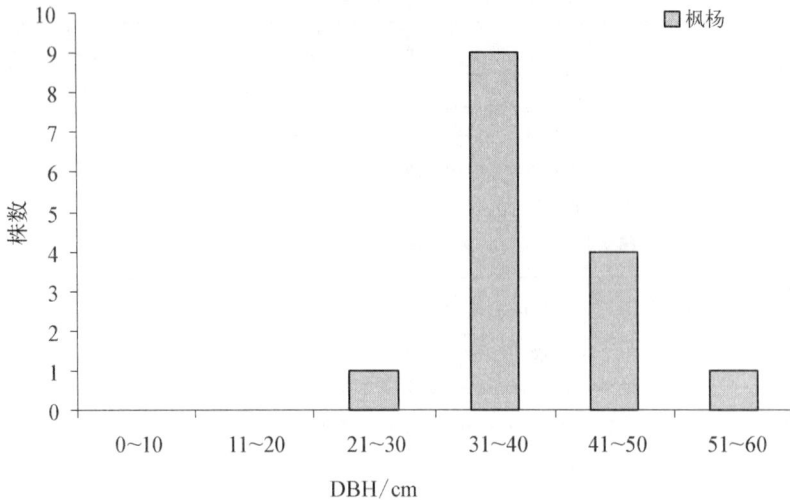

图 3.10　枫杨林立木结构

10) 大叶榉林(Form. *Zelkova schneideriana*)

大叶榉又名"榉树",为国家Ⅱ级重点保护野生植物,其树冠广阔,树形优美,叶色季相变化丰富,是重要的园林风景树种和特种珍贵用材树种,以其材质坚硬,材色鲜艳,弧面上花纹美丽,耐水湿,用途广等优点成为市场上长期紧俏的材料。主要分布在淮河及秦岭以南,长江中下游至华南、西南各省区。垂直分布多在海拔 500 m 以下之山地、丘陵地带。榉树喜光略耐荫,深根性,抗风强,喜温暖气候和肥沃湿润的土壤,耐轻度盐碱,不耐干旱瘠薄,因而在沟谷河畔分布较多。在南河自然保护区,榉树群落在赵湾乡韩家山村红山口的河畔两岸陡坡上多有分布,具有重要保护价值。

样方调查表明,榉树群落的结构较简单。乔木层只有榉树 1 种,盖度 75%。灌木层稀疏,没有明显的优势种,星散分布有瓜木、苎麻(*Boehmeria nivea*)、山胡椒、黄檀、青榨槭(*Acer davidii*)、高粱泡(*Rubus lambertianus*)、腊莲绣球(*Hydrangea strigosa*)等种。草本层盖度 30%,主要种类有苔草(*Carex* sp.)、抱石莲(*Lepidogrammitis drymoglossoides*)、冷水花(*Pilea notata*)、楼梯草(*Elatostema involucratum*)、球米草(*Oplismenus undulatifolius*)、忍冬(*Lonicera japonica*)等。其群落组成见表 3.22,立木结构如图 3.11 所示。

表 3.22　榉树群落组成表

层次	物　种	优势度·多度
T	大叶榉(*Zelkova schneideriana*)	4·5
S	瓜木(*Alangium platanifolium*)	+
	苎麻(*Boehmeria nivea*)	+
	山胡椒(*Lindera glauca*)	+
	樟树(*Cinnamomum camphora*)	+
	黄檀(*Dalbergia hupehana*)	+

层次	物　　种	优势度·多度
S	青榨槭(*Acer davidii*)	+
	野核桃(*Juglans cathayensis*)	+
	高粱泡(*Rubus lambertianus*)	+
	腊莲绣球(*Hydrangea strigosa*)	+
H	野菊(*Dendranthema indicum*)	+
	苔草(*Carex* sp.)	2·3
	贯众(*Cyrtomium fortunei*)	+
	野大豆(*Glycine soja*)	+
	抱石莲(*Lepidogrammitis drymoglossoides*)	+·2
	冷水花(*Pilea notata*)	+·2
	楼梯草(*Elatostema involucratum*)	+·2
	球米草(*Oplismenus undulatifolius*)	+·2
	忍冬(*Lonicera japonica*)	+·2
	凤丫蕨(*Coniogramme japonica*)	+

注：1. 样方地点,谷城县赵湾乡韩家山村红山口；2. 地理位置 E111°28′45.08″,N 31°54′53.2″；3. 地形地貌,陡坡,坡向 ES,坡度 55°；4. 海拔 896 m；5. 样方面积 20 m×10 m。

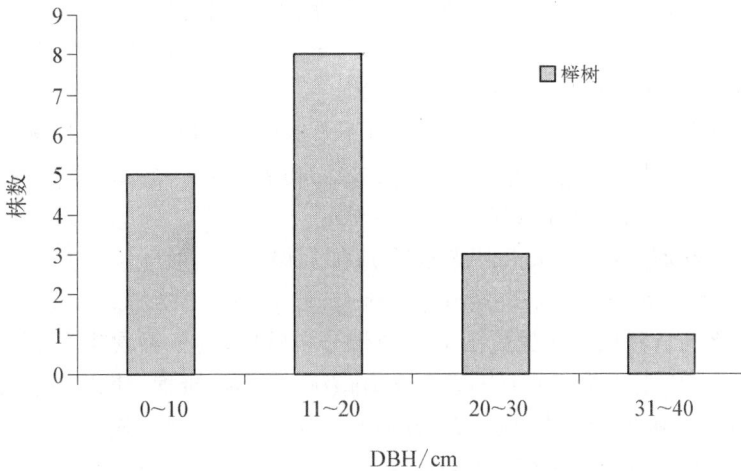

图 3.11　大叶榉林立木结构

3.2.3.3　竹林：水竹林(Form. *Phyllostachys heteroclada*)

全世界的竹林主要分布在亚洲的东南季风区域,而中国处于世界竹类分布中心的北半部,其种类繁多,面积广阔,中国成为世界上最主要的产竹国之一。中国的竹林总的来说,南半部以丛生竹林为主,北半部以散生竹林为主,亚高山竹林区以混生型竹林为主。显示出明显的规律性地理变化特征。在南河自然保护区,丛生型的水竹林沿河岸广泛分布,成为一典型的植被类型。

水竹为优良的篾用竹种,其分布区域广泛,东起江苏,西至云南,北自陕西南部,南至广东、广西。湖南、江西为水竹分布中心。在南河自然保护区,沿南河两岸,连绵数里分布着水竹林。

在南河白水峪村阎王鼻子(E111°21′56.82″,N 32°02′30.18″,海拔 306 m)的记名样方调查,水竹林中水竹占绝对优势,群落中散生有油桐(*Vernicia fordii*)、漆树(*Toxicodendron verniciflum*)、毛黄栌(*Cotinus coggygria* var. *pubescens*)、蜡梅(*Chimonanthus praecox*)、野菊、苔草(*Carex sp.*)、薯蓣、刺叶冬青(*Ilex bioritsensis*)、小叶朴(*Celtis bungeana*)、山合欢(*Albizia kalkora*)等种类。

水竹林对河岸带的水土保持发挥着重要作用,应注意保护。

3.2.3.4   灌丛和草丛

灌丛包括一切以灌木占优势所组成的植被类型。其生态适应幅度较森林广,在森林难以生长的地方,则有灌丛分布。灌丛分布广泛,类型复杂。在南河自然保护区分布的灌丛类型主要为一些次生类型,多是在一些特殊生境或人类强度干扰下形成的。

3.2.3.4.1   灌丛

亚热带地区的灌丛,一般都是次生的,它不是一种地带性的植被类型。其形成,一种为森林严重破坏后的恢复阶段;一种是岩壁,由于环境条件恶劣,植物生长受到制约,只有一些能忍受严酷条件的灌木可在此生长;第三种是山顶,由于风大和土壤贫瘠,常生长一些灌丛。

1) 绣线菊灌丛(Form. *Spiraea sp.*)

该类型主要分布在河谷地带石灰岩上,由于土壤瘠薄,其他森林树种难以生长。主要种类除绣线菊外,其他种类有小叶朴、荚迷、山麻杆和毛黄栌。草本层主要种类有狗哇花、毛叶苔草、野菊花、卷柏和鬼针草等。

该类型生长在河岸边,为水土保持类型,应加强保护。

2) 毛黄栌灌丛(Form. *Cotinus coggygria* var. *pubescebs*)

该灌丛在南河自然保护区的低山河谷地带分布较广,为一种次生类型。种类除毛黄栌外,其他种类主要是山麻杆(*Alchornea davidii*)、野菊、蜡梅、棱果海桐(*Pittosporum trigonocarpum*)、腺叶石岩枫(*Mallotus contubemalis*)、蛇葡萄(*Ampelopsis brevipedunculata*)、苔草、铁仔(*Myrsine africana*)、漆树、柱果铁线莲(*Clematis uncinata*)等。

3) 蜡梅灌丛(Form. *Chimonanthus praecox*)

该灌丛在南河自然保护区主要分布在低山河谷地带。群落组成除蜡梅外,伴生种常有盐肤木、小果蔷薇(*Rosa cymosa*)、黑壳楠、山麻杆、一年蓬、野菊、槲寄生(*Visoum coloratum*)、柱果铁线莲、苔草(*Carex sp.*)、马兰(*Kalimeris indica*)等。

4) 小叶平枝栒子灌丛(Form. *Cotoneaster horizontalis* var. *perpusillus*)

该灌丛在南河自然保护区主要分布在青龙山顶。由于风的干扰和土壤贫瘠而形成的单优势群落。小叶平枝栒子匍匐生长,在群落中占绝对优势,零星的散生种有毛黄栌、绿叶胡枝子、盐肤木、桦叶荚蒾(*Viburnum betulifolium*)、羊尿泡(*Rubus malifolius*)、小果蔷薇;草本种类有一年蓬、龙牙草、牛至(*Origanum vulgare*)、截叶铁扫帚(*Lespedeza cuneata*)等。

3.2.3.4.2 草丛

我国亚热带地区的草丛草坡,除一些干热河谷外,多大是原始植被遭受强烈的破坏后形成的,如火烧、耕作后的弃耕地都会导致草丛的形成,尤其是前者,往往使草坡形成较大的面积,但这种草坡的演替也较快。

1) 芒草丛(Form. *Miscanthus sinensis*)

该类型主要是生长在河滩的一种植被类型,以芒为优势种,其他有牛尾蒿、过路黄等,同时混生有少量的枫杨幼苗。

2) 一年蓬草丛(Form. *Erigeron annuus*)

一年蓬草丛为一种次生类型,作为先锋植物群落类型,主要生长在弃耕地上,由于退耕还林等政策的执行,该类型大量出现,但不久将为其他类型所取代。为一不稳定的群落类型。

3) 虎耳草草丛(Form. *Saxifraga stolonifera*)

该类型主要是生长在一些比较湿润的山坡林下,特别是一些砾石较多的陡坡地,立地条件较差,林木生长稀疏的地段。在赵湾乡青龙山羊圈岩(E111°27′49.8″,N31°54′37.4″;坡向 WN,坡度 70°;海拔 916 m)记名样方调查,虎耳草群落的伴生种有三脉紫菀、败酱、绿叶胡枝子、石韦(*Pyrrosia* sp.)、球米草、鞭叶耳蕨(*Polystichum craspedosorum*)、凹叶景天(*Sedum emarginatum*)、假友水龙骨(*Polypodium pseudoamoenum*)、忍冬、鸭跖草、野菊等种类。

4) 东方荚果蕨草丛(Form. *Matteuccia orientalis*)

该草丛类型主要分布在山地林缘路旁,常小片成群分布。在赵湾乡青龙山(E111°27′53.17″,N31°58′08.63″;海拔 1 200 m)记名样方调查,群落内除了东方荚果蕨,伴生种有离舌橐吾(*Ligularia veitchiana*)、艾蒿(*Artemisia argyi*)、鸭跖草、野大豆虎杖(*Polygonum cuspidatum*)、冷水花、大蓟、山胡椒、戟叶蓼(*Polygonum thunbergii*)、过路黄、一年蓬、狭萼白透骨消(*Glechoma biodiana* var. *angustituba*)、扬子毛茛(*Ranunculus sieboldii*)、风轮菜(*Clinopodium chinense*)、老鹳草(*Geranium wilfordii*)、武当风毛菊(*Saussurea silvestrii*)、火棘(*Pyracantha fortuneana*)、牛膝(*Achyranthes bidentata*)、草黄堇(*Corydalis straminea*)等种类。

5) 中日金星蕨草丛(Form. *Parathelypteris nipponica*)

该类型在南河自然保护区分布较为普遍。主要分布在一些次生林下或一些森林砍伐后的裸地,立地条件多光照充足,在赵湾乡青龙山(E111°27′41.76″,N31°58′09.23″;海拔 1 207 m)记名样方调查,群落内种类较多除了优势种中日金星蕨,尚有伴生种薄雪火绒草、一年蓬、灯心草、珍珠菜、费菜(*Sedum aizoon*)、蛇莓、双蝴蝶(*Tripterospermum chinense*)、鹿蹄橐吾、广椭圆叶绣线菊(*Spiraea ovalis*)、野山楂(*Crataegus cuneata*)、鸡矢藤(*Paederia scandens*)、紫萁(*Osmunda japonica*)、苔草(*Carex* sp.)、铁线莲(*Clematis florida*)、平车前、宽叶苔草(*Carex siderosticta*)、西南大戟(*Euphorbia hylonoma*)、野大豆、忍冬、五叶木通(*Akebia quinata*)、烟管头草(*Carpesium cernuum*)、花木通(*Clematis montana*)等种类。

6) 离舌橐吾草丛(Form. *Ligularia veitchiana*)

该类型是南河自然保护区常见的群落类型。主要分布在一些比较潮湿的洼地和光照充足的林缘,常形成片状分布的纯群落。在赵湾乡青龙山牛虎桠子(E111°27′40.5″,N 31°53′49.8″;地形地貌,凹地;海拔 1 420 m)发现近 10 亩(1 亩≈666.6 m²)的一个很壮观的离舌橐吾纯草丛,群落内只是零星分布有川续断(*Dipsacus asperoides*)、扬子毛茛、龙牙草(*Agrimonia pilosa*)、艾蒿、风轮菜等种类。

7) 鹿蹄橐吾草丛(Form. *Ligularia hodgsonii*)

鹿蹄橐吾草丛常生长在较干旱的坡地,在南河自然保护区也较常见。在赵湾乡青龙山(E111°27′40.5″,N 31°53′49.8″;地形地貌,斜坡;海拔 1 421 m)记名样方调查显示,群落内除了鹿蹄橐吾外,尚有伴生种龙牙草、艾蒿、川续断、白车轴草、中日金星蕨、风轮菜、蛇莓、天名精(*Carpesium abrotanoides*)、牛至(*Origanum vulgare*)、野大豆、杏叶沙参(*Adenophora hunanensis*)、腺药珍珠菜(*Lysimachia stenosepala*)、攀倒甑(*Patrinia villosa*)、败酱等种类。

8) 蝴蝶花草丛(Form. *Iris japonica*)

该草丛主要分布在一些流水的坡地,立地条件非常潮湿,在溪流旁常形成优势群落。在南河镇白水峪村(E111°24′48.61″,N 32°01′05.62″;海拔 374 m)记名样方调查,群落中除了优势种蝴蝶花,尚有伴生种木贼(*Equisetum hiemale*)、问荆(*Equisetum arvense*)、山麻杆、贯众(*Cyrtomium fortunei*)、冷水花、茜草(*Rubia cordifolia*)、伏地卷柏(*Selaginella nipponica*)、荩草(*Arthraxon hispidus*)、冠盖藤(*Pileostegia viburnoides*)等。

9) 半蒴苣苔草丛(Form. *Hemiboea henryi*)

该草丛主要分布在一些潮湿的平缓坡地或台地,在溪流两旁多有分布。在保护区内南河镇白水峪村(E111°24′48.54″,N32°01′02.89″;海拔 387 m)记名样方调查,群落内半蒴苣苔占较多优势,伴生种有蝴蝶花、木贼、螫麻(*Laportea dielsii*)、红毛虎耳草(*Saxifraga rufescens*)、贯众、野大豆等。

3.2.4　植被分布规律

由于南河自然保护区境内自然条件复杂,地形起伏悬殊,山地森林生态系统与河流生态系统相交织,使其在植被特征上表现出复杂性。但总体上南河自然保护区位于北亚热带,在水平地带上,属于北亚热带常绿、落叶阔叶混交林带。在垂直带谱上,南河自然保护区山地自然植被依据山地生态条件与植被历史发生特点,随着海拔的增高,演替成不同的植被带,植被的垂直分布规律明显。其垂直带谱由三个主要的植被带组成:1 000 m 以下为常绿、落叶阔叶混交林带,1 000～1 400 m 为落叶阔叶林带;1 400 m 以上为针阔混交林带。由于河流纵横,在自然植被中还有较多的河岸带自然植被类群。各植被类型在垂直带谱上的位置如图 3.12 所示。

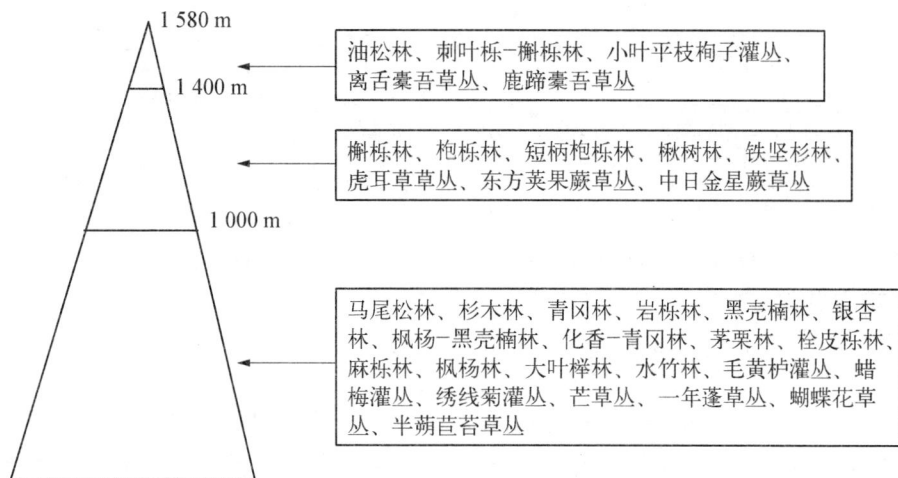

图 3.12　南河自然保护区植被类型垂直带分布图

3.2.4.1　常绿阔叶、落叶阔叶林带

本带在海拔 1 000 m 以下,分布范围广阔,一般多出现于山间小盆地和沟谷两侧的山坡上。北亚热带的常绿、落叶阔叶混交林带的形成有两方面的缘由。一方面是北亚热带水热条件的限制,这是自然形成的自然植被;另一方面是人为活动干扰,自然植被遭受不同程度的破坏,形成的次生植被。这两方面在南河自然保护区植被中均有体现。本区的地带性植被是含有常绿阔叶层片的落叶阔叶林,随着海拔升高,气温下降,湿度增大,落叶阔叶成分也逐渐增多,常绿树不能形成层片,仅散生林中或林下,成为植物群落的组成成分。在本带中出现的常绿阔叶林类型仅呈斑块状,以青冈林、黑壳楠林和岩栎林为主。青冈林主要生长在低海拔坡地,黑壳楠林主要生长在一些谷地,岩栎林主要生长在一些干燥的沟谷两侧山坡的中上部或其支梁岭脊。

在南河自然保护区的常绿、落叶阔叶混交林带主要有枫杨-黑壳楠林、化香-青冈林、刺叶栎-槲栎林。三种林型的立地条件有较大区别,枫杨-黑壳楠林主要分布在沟谷地带,化香-青冈林主要分布在中低海拔的山坡,而刺叶栎-槲栎林主要分布在上坡或山脊。其群落中主要的常绿树种有青冈、黑壳楠、岩栎、水丝梨、包石栎(*Lithocarpus cleistocarpus*)、阔叶樟(*Cinnamomum platyphyllum*)、枇杷、川桂(*Cinnamomum wilsonii*)等。伴生的落叶阔叶树种有化香(*Platycarya strobilacea*)、野核桃(*Juglans cathayensis*)、槲栎(*Quercus aliena*)、茅栗(*Castanea seguinii*)、黄檀(*Dalbergia hupeana*)、黄连木(*Pistacia chinensis*)、紫荆(*Cercis chinensis*)、檫木(*sassafras tzumu*)、多种鹅耳枥、多种荚蒾、梾木(*Cornus macrophylla*)、灯台树(*Cornus controversa*)、青榨槭(*Acer davidii*)、房县槭(*Acer franchetii*)、金钱槭(*Dipteronia sinensis*)、蜡子树(*ligustrum molliculum*)等。

灌木层因生境的不同,植物种类变化也较大,常见的有多种胡枝子、木姜子(*Litsea pungens*)、山胡椒(*Lindera glauca*)、盐肤木(*Rhus chinensis*)、中国旌节花(*Stachyurus* chinensis)、红柄木犀(*Osmanthus armatus*)、多种蔷薇、猫儿刺(*Ilex pernyi*)、披针叶胡颓子(*Elaeagnus lanceolata*)、棣棠(*Kerria japonica*)等。草本层植物有多种苔草、华泽兰(*Eupatorium chinensis*)、黄花油点草(*Tricyrtis maculata*)、多种橐吾、多种山蚂蝗、茜草(*Rubia cordifolia*)、吉祥草(*Reineckia carnea*)、蕨类等。

在本垂直带谱内，也有一些落叶阔叶林分布海拔较低，如枫杨林、大叶榉林，主要分布于河岸带；还有麻栎林、栓皮栎林，主要分布于低山丘陵地带，但由于人类活动而呈不连续的片状分布。这些尚保存有较原始状态的植被也是丘陵地带的典型植被类群，保存下来弥足珍贵。

3.2.4.2 落叶阔叶混交林带

本带主要位于海拔1 000～1 400 m，其下限与常绿、落叶阔叶混交林带相连，主要分布于山坡的中上部。代表性植被类群有茅栗林、槲栎林、枹栎林、短柄枹栎林、楸树林等。其中茅栗林、楸树林分布海拔稍低，以中低坡多见。槲栎林、枹栎林、短柄枹栎林分布在上坡或山脊。

本带各落叶阔叶林内除了建群种槲栎、枹栎、短柄枹栎、楸树外，还有桦木(*Betula luminifera*)、漆树(*Toxicodendron vernicifluum*)、鹅耳枥(*Carpinus* sp.)、灯台树等。下木层主要有华中山楂(*Crataegus wilsonii*)、多种小檗、楤木(*Aralia chinensis*)、三桠乌药(*Lindera obtusiloba*)、卫矛(*Euonymus alatus*)、平枝栒子(*Cotoneaster horizontalis*)、中华绣线梅(*Neillia sinensis*)、高丛珍珠梅(*Sorbaria arborea*)、瓜木(*Alangium platanifolium*)、猫儿刺、盐肤木等。林下阴湿地生长的草本植物种类繁多，常见的有玉竹(*Polygonatum odoratum*)、多种唐松草、类叶升麻(*Actaea asiatica*)、黄水枝(*Tiarella polyphylla*)、鬼灯檠(*Rodgersia aesculifolia*)、淫羊藿、顶蕊三角咪(*Pachysandra terminalis*)、金龟草(*Cimicifuga acerina*)、多种石松、其他蕨类植物和藓类植物等。

3.2.4.3 针阔叶混交林带

本带主要位于海拔1 400 m以上，分布地主要在青龙山上坡及坡脊。主要植被类群为油松林、槲栎林。受水热条件限制及风的干扰，分布范围较狭窄，群落较低矮，结构较简单，部分地域形成山顶灌丛。除了主要建群种油松、槲栎、小叶平枝栒子外，还有四照花(*Dendrobenthamia japonica*)、刺叶栎(*Quercus spinosa*)、苦糖果(*Lonicera fragrantissma*)、枹栎(*Quercus serrata*)、苔草(*Carex* sp.)、中日金星蕨(*Parathelypteris nipponica*)、绿叶胡枝子(*Lespedeza buergeri*)、堇菜(*Viola verecunda*)、盐肤木(*Rhus chinensis*)、败酱(*Patrinia scabiosaefolia*)、山胡椒(*Lindera glauca*)等种类。

3.2.5 南河自然保护区植被的保护与合理利用

生物多样性是人类赖以生存和发展的基础。作为生物多样性重要组成部分的植物多样性为人类提供了极其重要的物质、文化和环境基础。植物同其他生物一样，有其发生、发展和灭绝的过程。据估计，在过去的4亿年中，每27年约有一种植物灭绝。由于人口的膨胀、人类对自然资源的不合理的利用和环境的迅速变化,20～30 年后地球上生物多样性的 1/4(其中植物 60 000 种)将处于严重的灭绝危险之中,其灭绝速度要比自然过程快 1 000 倍。相关研究资料表明,现在温带地区有 10%的植物种类处于濒危和受威胁状态,热带和亚热带的比例则更高;中国的比例估计为 15%～20%,即现有 4 000～5 000 种高等植物已处于濒危和受威胁状态。如果不采取有效措施,改善生态环境、减少破坏,我国处于灭绝危险的植物将要超过总数的 1/4。因此,保护生物多样性,合理有效地利用自然资源,保证国家生态环境安全,已成为我国所面临的紧迫而又艰巨的任务。

　　自然保护区,应是国家保护自然历史遗产的重要场所。一个好的自然保护区,不仅要有丰富的自然资源,而且要有不断的研究、监测与科学的管理。南河自然保护区水热条件丰富,生境复杂,生态景观多样,具有较多珍稀濒危植物类群,而且植被的原生性明显。如何加强对南河自然保护区的保护,维护其丰富的生物多样性,协调好保护与合理利用的关系,是应当不断研究的课题。根据南河自然保护区的具体情况,应注意以下几方面的问题。

3.2.5.1　科学规划与布局

　　保护区要根据区内森林生态系统的结构和功能,生物多样性丰富度,珍稀濒危野生动植物的保护价值,结合保护区现有的发展状况,对保护区进行合理规划与布局,科学划定核心区、缓冲区和实验区。核心区应是绝对保护的地段,不宜有村庄、农田,不允许有人为砍伐、采樵等活动,而仅供研究使用,使保护区真正起到保护区域内生态系统,珍稀濒危野生动植物及其栖息地的目的。同时,保护区内主要河流南河,是汉水主要支流之一,直接关系到国家南水北调中线工程水源地的保护。因此,在规划中应充分考虑保护区的建设对国家南水北调中线工程的顺利实施的深远影响。

3.2.5.2　对重点保护对象要加强整体保护

　　南河自然保护区处于北亚热带的边缘,其植被的过渡带特征明显,由于一些特殊的原因,有一些原生性较强的常绿落叶阔叶混交林残存,如在紫金镇沈垭残存的大面积麻栎林以及赵湾乡渔坪村一带分布的残存的青冈林,这些林分虽然不属于珍稀濒危植物群落,但由于属于北亚热带区域丘陵地带的原生植被,具有重要保护意义,它为今后丘陵地带植被恢复留下了“真实的样本”。还有在南河两岸石灰岩山地生长的岩栎林等一些小乔木林乃至灌丛、竹林,对于南河两岸的水土保护具有重要的生态意义。至于一些珍稀植物群落,如崖白菜群落、榉树群落等,更应予以重点保护。在保护区管理中,不仅要注意保护群落本身,而且要保护其生存的小环境。对保护区内的珍稀树种、古大乔木、重要群落类群要明确保护规定,完善保护措施。

3.2.5.3　加强科学考察与定位监测

　　南河自然保护区特有的地质地貌、小气候及水文条件形成了其特有的植被类型,但此前对该区域考察和研究极少,因此存在一些“空白点”,对此应予以深入的研究。保护区应设立气象站、固定样地、观测塔,并组织力量,进行生物多样性的研究、生态系统的结构与功能的研究、生物生产力的研究及群落或种群的动态研究,特别是要进行一些定点的动态观测,以获得有价值的连续数据,这样有利于加强对保护区生物资源的保护与评估。

3.2.5.4 探索社区共管的新思路

南河自然保护区周边开发利用时间较长,在实验区与缓冲区还有少量人口,保护区在管理过程中应探索一些社区共管的经验,比如森林防火、巡护用工尽量利用在保护区内的村民,一方面培养村民的保护意识,另一方面增加村民收入。加强保护与管理必须依赖社区共管,调动地方政府特别是当地居民的保护积极性,妥善处理好保护与发展的关系、保护与脱贫的关系,在这方面,保护区仍然需要拓宽思路。

3.3 国家珍稀濒危保护植物

3.3.1 国家珍稀濒危保护野生植物组成

本书所称的国家珍稀濒危保护植物种类包括国家重点保护野生植物、国家珍贵树种和国家珍稀濒危植物三类,这三类植物分别根据国务院 1999 年 8 月 4 日批准公布的由国家林业局、农业部申报的《国家重点保护野生植物名录(第一批)》和 1984 年国家环保局、中国科学院植物所公布的《中国珍稀濒危保护植物名录(第一册)》以及林业部 1992 年颁发的《国家珍贵树种名录(第一批)》确定。由于依据的标准不同,它们之间相互交叉重叠,如有的物种可能依据不同的标准而划分在不同的类别中。

南河自然保护区山峰林立,山地陡峭,沟谷纵横,自然地理环境复杂,因而生物多样性极其丰富。同时也孕育了丰富的国家珍稀濒危保护野生植物资源。经调查统计,共有国家珍稀濒危保护野生植物 27 种,其中,国家重点保护野生植物 15 种(I 级 2 种,II 级 13种),国家珍贵树种 8 种(一级 2 种,二级 6 种),国家珍稀濒危植物 15 种(2 级 4 种,3 级 11种),见表 3.24。

表 3.24 南河自然保护区国家珍稀濒危重点保护植物名录

序号	种 名	拉 丁 名	濒危等级	国家重点野生植物保护级别	国家珍贵树种保护级别	国家珍稀濒危植物保护级别
1	银杏	*Ginkgo biloba*	稀有	I	一级	2
2	红豆杉	*Taxus chinensis*	稀有	I		
3	巴山榧树	*Torrya fargesii*		II		
4	榧树	*Torreya grandis*		II		
5	厚朴	*Magnolia officinalis*	稀有	II	二级	3
6	鹅掌楸	*Liriodendron chinense*	稀有	II	二级	2
7	领春木	*Euptelea pleiosperma*	稀有			3
8	樟树	*Cinnamomum camphora*		II		

续表

序号	种 名	拉 丁 名	濒危等级	国家重点野生植物保护级别	国家珍贵树种保护级别	国家珍稀濒危植物保护级别
9	楠木	*Phoebe zhennan*	渐危	II	二级	3
10	黄连	*Coptis chinensis*				3
11	紫斑牡丹	*Paeonia suffruticosa* var. *papaveracea*	渐危			3
12	金荞麦	*Fagopyrum dibotrys*	濒危	II		
13	椴树	*Tilia tuan*			二级	
14	野大豆	*Glycine soja*		II		
15	杜仲	*Eucommia ulmoidaes*	稀有		二级	2
16	华榛	*Corylus chinensis*				3
17	青檀	*Pteroceltis tatarinowii*	稀有			3
18	榉树	*Zelkova schneideriana*		II		
19	黄皮树	*Phellodendron chinensis*		II		
20	金钱械	*Dipteronia sinensis*	渐危			3
21	银鹊树	*Tapiscia sinensis*				3
22	喜树	*Camptotheca acuminate*		II		
23	刺楸	*Kalopanax septemlobus*			二级	
24	香果树	*Emmenopterys henry*	稀有	II	一级	2
25	崖白菜	*Triaenophora rupestris*		II		
26	天麻	*Gastrodia elata*	渐危			3
27	八角莲	*Dysosma versipellis*	渐危			3

3.3.1.1 国家重点保护野生植物

根据《国家重点保护野生植物名录(第一批)》的标准,湖北南河自然保护区有国家重点保护野生植物 15 种,占湖北省总数 51 种的 29.41%。其中Ⅰ级有银杏(*Ginkgo biloba*)、红豆杉(*Taxus chinensis*)2 种;Ⅱ级有巴山榧树(*Torreya fargesii*)、榧树(*Torreya grandis*)、鹅掌楸(*Liriodendron chinense*)、厚朴(*Magnolia officinalis*)、樟树(*Cinnamomum camphora*)、楠木(*Phoebe zhennan*)、野大豆(*Glycine sqja*)、榉树(*Zelkova schneideriana*)、喜树(*Camptottheca acuminata*)、香果树(*Emmenopterys henryi*)、崖白菜(*Triaenophora rupestris*)、金荞麦(*Fagopyrum dibotrys*)、黄皮树(*Phellodendron chinense*)13 种。

3.3.1.2 国家珍贵树种

根据《国家珍贵树种名录(第一批)》的标准,湖北南河自然保护区有国家珍贵树种 8 种,占湖北省总数 28 种的 28.57%。其中一级珍贵树种有银杏、香果树 2 种;二级珍贵树种有厚朴、楠木、鹅掌楸、杜仲(*Eucommia ulmoides*)、刺楸(*Kalopanax septemlobus*)、椴树(*Tilia tuan*)6 种。

3.3.1.3   国家珍稀濒危植物

根据《中国珍稀濒危保护植物名录》(第一册)的标准,湖北南河自然保护区共有珍稀濒危保护植物 15 种,占湖北省总数 62 种的 24.19%;其中 2 级有银杏、鹅掌楸、杜仲、香果树 4 种;3 级有楠木、厚朴、领春木(*Euptelea pleiosperma*)、黄连(*Coptis chinensis*)、华榛(*Corylus chinensis*)、青檀(*Pteroceltis tatarinowii*)、金钱槭(*Dipteronia sinensis*)、银鹊树(*Tapiscia sinensis*)、天麻 *Gastrodia elata*、紫斑牡丹(*Paeonia suffruticosa* var. *papaveracea*)、八角莲(*Dysosma versipellis*)11 种。

另外保护区内栽植有水杉(*Metasequoia glyptostroboides*)、珙桐(*Davidia involucrata*)、胡桃(*Juglans regia*)3 种国家珍稀濒危重点保护植物。

3.3.2   资源简述

(1) 银杏(*Ginkgo biloba*),又名公孙树、白果树。银杏科单属种植物,中国特有,中生代孑遗植物,著名的"活化石",是研究生物进化的活标本。在研究裸子植物系统发育、古植物区系、古地理和第四纪冰川气候等方面有重要价值。其材质优良,不翘裂、富弹性,可做建筑、器具、雕刻等用材。种子供药用,有润肺功能;叶形奇特,秋色金黄,为珍贵的庭荫树或行道树。产于浙江、云南、江西,湖北随州、安陆一带山区集中分布面积较大。保护区沈垭(E111°15′32.00″,N32°10′09.48″)有成群落分布,群落中有 23 株银杏古树,平均树高 21 m,平均胸径 55.07 cm,最大胸径 108 cm,平均冠幅 8.06 m。

(2) 红豆杉(*Taxus chinensis*),又名喜杉、雪柏。红豆杉科红豆杉属植物,中国特有。树皮和树叶可以提取紫杉醇,是珍贵的药用植物资源。心材桔红色,边材淡黄褐色,纹理直,结构细,坚实耐用,干后少开裂;供建筑、车辆、家具、农具及文具等优良用材。我国主要分布云南、贵州、四川、陕西、甘肃、安徽、广西等省区。湖北省见于鄂南及鄂西南、鄂西北海拔 750~1 850 m 山地,零星生长或针阔叶树种混生。保护区渔坪有零星分布,在紫金镇沈垭(N32°10′10.64″,E111°21′53.17″,海拔 267 m)有零星分布。

(3) 巴山榧树(*Torreya fargeii*)。红豆杉科榧属植物,中国特有。常绿乔木,材质坚硬,木材纹理直、结构细,有弹性和香气,是建筑、造船、家具优良用材。假种皮可提芳香油,种子可食。分布在我国四川、湖南及陕西等省;湖北产于巴东、五峰、兴山、神农架、房县、十堰、郧西、竹溪、竹山、保康、通山等地海拔 800~1 800 m 山地中。保护区有零星分布,均散生在混交林中、山坡及灌丛中。

(4) 榧树(*Torreya grandis*),又名香榧。红豆杉科榧属植物,中国特有。常绿乔木。我国著名的干果和木本油料树种,又是优良用材树种,种子含油率达 40%,可药用,能驱肠寄生虫;榨油供工业及食用;假种皮及叶含芳香油,可作优质香精原料;材质优良,不开裂,不反翘,经久耐用,供桥梁、建筑、造船、家具等用。树姿优美,为良好的庭园观赏树种。适温暖湿润、凉爽多雾的气候与肥沃深厚、排水良好的酸性或微酸性土壤。我国产于贵州、云南、江苏、福建、浙江、安徽、江西、湖南。湖北省主产幕阜山、武陵山、巴山山区。喜凉爽湿润多雾环境,保护区青龙山等地有零星分布。

(5) 厚朴(*Magnolia dkinds*)。木兰科木兰属植物,中国中亚热带动部特有种,是木兰属中较原始的种类,在研究东亚植物区系和木兰科分类方面有科学价值。落叶乔木,我国特有的重要经济植物,树皮、芽、叶、花、果、种子均药用,主治高血压、痢疾、伤寒等症;叶大荫浓,花大美丽,可作庭园绿化观赏和行道树;木材轻软,淡黄褐色,纹理细蜜,供建筑、家具等用。

喜光,喜凉爽、潮湿的气候与肥沃、疏松、湿润的微酸性至中性土壤,在溪谷、河岸、山麓处生长良好。我国主要分布在四川、甘肃、湖北、湖南、江西、河南、陕西、贵州等省(区)海拔 1 500 m 以下山地。湖北省主产于恩施、利川、宣恩、咸丰、巴东、建始、鹤峰、宜昌、兴山、五峰、长阳、神农家、神农架、谷城、武当山、十堰、罗田。保护区内白水峪、韩家山有分布。

(6) 鹅掌楸(*Liriodendron chinensis*)。木兰科鹅掌楸属植物,中国特有,是古老残存的子遗种,对研究东亚和北美植物关系及起源、探讨地史的变迁等具有重要价值。落叶大乔木。树姿古雅,叶形奇特,为珍贵的园林观赏树种;木材淡红褐色,材质轻软,纹理直,结构细,不变形,可供建筑和家具用;根、皮和叶可入药。喜光,宜生长于温暖湿润之地,不耐干旱和水湿,在深厚肥沃、湿润的土壤上生长迅速。我国产于长江流域及西南地区(湖南、安徽、陕西、广西、贵州、浙江、福建、云南等)。湖北省鹤峰、宣恩、咸丰、利川、建始、恩施、兴山、长阳、宜昌、五峰、神农架、房县、竹溪、保康、通山、南漳、谷城、竹山等地海拔 500～1 700 m山坡或沟谷阔叶林或林缘中有零星分布。保护区青龙山有零星分布。

(7) 领春木(*Euptelea pleiosperm*)。领春木科领春木属植物,稀有,是典型的东亚植物区系成分的特征种,又是古老的子遗植物,在研究植物系统发育,植物区系等方面具有科学价值。落叶小乔木或灌木,树皮灰褐色。木材淡黄色,供家具、农具用;树皮可提取单宁;树姿优美,供观赏。我国主要分布在湖南、陕西、安徽、江西、四川、重庆、甘肃、云南、西藏、贵州、浙江、湖北等省海拔 700～3 200 m 的沟谷中,伴生种有水丝栗、野核桃等。湖北省主要分布在恩施、建始、巴东、宜昌、五峰、兴山、长阳、神农架、房县、十堰、保康、谷城等。保护区内白水峪村东茶园(N32°01′00.25″,E111°24′49.08″,海拔 401 m)有零星分布。

(8) 樟树(*Cinnamomum camphora*),又名香樟。樟科樟属植物。常绿乔木,我国亚热带常绿阔叶林中的重要成分。为优良用材及特用经济兼备的名贵树种,木材致密,纹理美观,富有香气,耐腐抗虫,是造船、箱柜、家具及工艺美术品优良用材;根、干、枝、叶皆可提取樟脑及樟脑油,为医药、香料、防腐及农药的重要原料;种子含油约 40%,供工业用油;根、果、枝、叶入药,有散寒、强心镇痉、杀虫等效;叶含单宁,可提栲胶,还可放樟蚕;树冠青翠浓绿、庞大,是优良城镇绿化及庭院树种。樟树性喜温暖湿润气候和肥沃深厚酸性黄壤、红壤和中性沙壤土,幼年期怕冻,长大后抗寒性增强,不耐干旱瘠薄,主产长江流域以南各地海拔 800 m 以下的低山平原和丘陵,台湾、福建最多,湖北省亦为主产区之一。喜光,分枝低,树冠发达,生长快,寿命长。保护区内有零星分布。

(9) 楠木(*Phoebe zhennan*),又名桢楠。樟科楠属植物,渐危种。常绿大乔木。材质优良,木材细致,纹理直,坚硬,有香气,美丽而有光泽,不易变形和开裂,为建筑和家具等著名的珍贵优良用材,是楠木属中经济价值最高的一种,有"木材中贵族"之称;树姿优美,树干通直,可供庭园绿化和观赏。楠木对气候、土壤条件要求较高,宜温暖湿润气候及深厚肥沃土壤,怕旱,怕涝,怕冻,主产于湖南、重庆、四川、贵州、河南、湖北等省(市)。湖北省零星生长在宣恩、来凤、鹤峰、恩施、利川、宜昌、五峰、兴山、赤壁、保康、通山、竹溪、丹江口、广水、崇阳、罗田等地海拔 1 500 m 以下的阴湿山谷阔叶林中。保护区关帝庙等地有分布。

(10) 黄连(*Coptis chinensis*),又名川黄连。毛茛科黄连属植物,渐危。多年生草本。根状茎黄色,多须根。我国特有的重要经济植物,驰名中外的传统中药,根状茎药用,味苦,有健胃、清热、泻火、解毒和消肿之功效。我国主产于四川东部、湖南北部、陕西南部。湖北省也是黄连的重要产区,恩施、利川、鹤峰、宣恩、巴东、兴山、秭归、神农架、保康、竹溪、通山、谷城等地多有栽培或零星野生在海拔 1 000～2 000 m 的山坡林下或山谷阴湿处。保护区有分布,野生资源极为稀少,人工栽培较多,应加强野生资源保护。

(11) 紫斑牡丹(*Paeonia suffruticosa* var. *papaveracea*)。毛茛科芍药属植物,渐危种,在研究芍药属的系统发育和杂交育种方面有重要科学价值。落叶灌木,为我国特有珍贵的野生花卉种质资源,花大而美丽,可供观赏。根、皮可入药。分布于我国四川、陕西、甘肃、河南等省,湖北省主产于保康、神农架、房县、谷城等地海拔 900～1 800 m 的山坡林下、灌丛中。保护区青龙山有零星分布。

(12) 金荞麦(*Fagopyrum dibotrys*)。蓼科荞麦属植物。多年生草本植物,重要的种质资源。块根供药用,有调气、补血、通经等功效,外敷可止血;全草有清热解毒、祛风散湿功效,治关节肿痛、乳病等症,全草泡水当茶喝,可预防和治疗肝炎。产于西藏、云南、贵州、四川、广东、广西、湖南、江西、安徽、江苏、浙江、福建、陕西;越南、泰国、尼泊尔、印度。湖北省利川、通山、神农架、五峰、竹溪、竹山、谷城等地海拔 1 000 m 以下低山丘陵、路旁、沟边广布。保护区白水峪一组 (N32°02′11.47″,E111°23′32.99″,海拔 232 m)、(N32°02′00.40″,E111°23′37.90″,海拔 247 m)有成片分布。

(13) 椴树(*Tilia tuan*)。椴树科椴树属植物。落叶乔木,树皮灰色,纵裂。材质优良,材质不翘裂,容易胶粘,易旋切,适于制作单板及胶合板;胶合板适用多种平板及普通家具;原木最适火柴杆、盒等用。喜温暖湿润和土层深厚肥沃地区。我国产于云南、贵州、四川、广西、湖南、江西、浙江、福建,以及湖北省宣恩、咸丰、鹤峰、恩施、利川、建始、巴东、宜昌、五峰、长阳、兴山、神农架、房县、保康、谷城等地 500～2 100 m 山坡杂木林中。保护区内有零星分布。

(14) 野大豆(*Glycine soja*)。蝶形花科大豆属植物,一年生缠绕草本植物,渐危。与大豆(*Glycin max*)是近缘种,有耐盐碱、抗寒、抗病等优良性状,为珍稀的种质资源,是研究本属植物选种育种的好材料;种子含大量油脂、蛋白质,除供食用外,还可榨油及药用,有强壮、利尿、平肝敛汗之功效;茎叶、油粕为优良饲料。主产我国四川、广东、湖南、安徽、江苏、福建、陕西、河北、山东、辽宁、吉林、黑龙江和朝鲜、日本、俄罗斯。湖北省零生长在武汉、兴山、房县、十堰、黄梅、咸丰、丹江口、荆门、咸宁、谷城、竹溪、保康等地 1 500 m 以下的山坡灌丛中、田地边、路旁沟边。保护区内的低山灌丛中有较多分布。

(15) 杜仲(*Eucommia ulmoides*)。杜仲科杜仲属植物,中国特有的单种科植物,稀有,新近纪孑遗植物,在研究被子植物系统演化上有重要的科学价值。落叶乔木。重要经济树种,树皮入药,为贵重药材,除对高血压疗效显著外,并有强筋骨、补肝肾之功效;叶亦可入药;杜仲树皮、叶和果内所含丰富的杜仲胶为硬性橡胶,具耐酸、耐碱、高度绝缘性及黏着性、耐摩擦,是制造海底电缆必需的材料,并适用于航空工业及制作电工绝缘器材;木材坚韧洁白,纹理细致匀称,为制造家具、农具、舟车的良材;种子富脂肪,主要成分为亚油酸。树形美观,枝叶繁茂,可作为庭园及"四旁"绿化树种。喜光,喜温暖湿润气候,酸性、中性、钙质或轻盐土均能生长,以深厚疏松、肥沃湿润、排水良好的土壤最为适宜。我国产于山东、河南及陕西、甘肃南部,南至广西,西南至云南、四川及贵州,以湖北西部、四川北部、陕西南部、湖南西部、云南东北部及贵州为主要产区;垂直分布在300~2 500 m的山林中。保护区县厂有分布,在月儿桠(N31°54′19.5″,E111°27′44.5″,海拔1 229 m)、东平白水峪村(N32°02′29.76″,E111°22′00.79″,海拔228 m)均有零星分布。

(16) 华榛(*Corylus chinensis*)。榛科榛属植物,中国特有,渐危。落叶乔木。材质优良,木材坚硬致密,可供建筑及制器具用,坚果可食,也可榨油,含油达50%;种仁并可入药。为我国重要的木本油料树种之一,也可产区造林和产干果的树种。喜光,耐寒,在严寒条件下仍能正常生长发育。喜排水良好,湿润肥沃的酸性土壤,但石灰质土、轻度盐碱土也可生长,适应力强,在干燥瘠薄的山坡和干燥沙土和半沼泽地上也能生长。我国零星生长在湖南、河南、陕西、四川、重庆、云南、湖北等地海拔900~3 500 m的山坡和沟谷林中。湖北省恩施、利川、宣恩、巴东、宜昌、兴山、五峰、神农架、十堰、保康、谷城、竹溪、竹山等地有分布。保护区内赵湾乡韩家山村红山口有零星分布。

(17) 青檀(*Ptemceltis tatarinowii*),又名翼朴、掉皮榆。榆科青檀属单种属植物,中国特有,稀有,在研究榆科系统发育上有重要的学术价值,落叶乔木。材质坚硬,纹理直,结构细,供家具、建筑、车轴及图板等细木工用材;茎皮纤维为安徽宣城所产著名的"宣纸"原料,具绵韧、洁白、纹理美观、润墨性强、久不变色等优点,为绘画、书法用珍品。低山引种生长快,长势好,已被列入园林植物栽培。中等喜光,耐干瘠,萌蘖性强。常见于石灰岩的低山区及河流溪谷两岸。我国产于江西、湖北、四川、重庆、河南、湖南、安徽、陕西、贵州、广东、广西、江苏、浙江、辽宁、河北、山东、山西、甘肃、青海等省(市、区)。湖北省巴东、宜昌、兴山、秭归、神农架、郧阳、咸宁、崇阳、通山、广水、麻城、英山、保康、谷城、房县、竹溪等地海拔400~900 m的石灰岩沟谷林中零星生长。在保护区粟谷一带有分布,在赵湾乡韩家山(N31°54′41.1″,E111°28′39.81″,海拔836 m)有分布。

(18) 榉树(*Zelkova schneideriana*),又叫大叶榉。榆科榉树属植物,中国特有,在植物区系研究上有一定价值。落叶乔木。心材带紫红色,坚韧,刨削后光泽美丽,纹理细,材质坚实耐水湿,适用于上等家具、器具、建筑及造船等材;茎皮富纤维,可供制绳索及人造棉的原料。树姿优美,抗烟尘,为城乡绿化及营造用材林、防护林的优良树种。性喜光,喜温暖气候和肥沃湿润土壤,尤喜石灰性土壤,也能生于酸性、中性及钙质土上。在我国分布广泛,主要产于淮河流域和长江中下游及其以南地区,分布自秦岭、淮河流域,至广东、广西、贵州和云南。多生于海拔800 m以下山坡。湖北省神农架、咸丰、十堰、通山、英山、罗田、红安、房县等地均有分布。保护区内在赵湾乡(N31°58′26.73″,E111°22′16.31″,海拔676 m)有1株古榉树,胸径120 cm,单株型零星分布。在赵湾乡韩家山村红山口(N31°54′55.1″,E111°28′47.4″,海拔843 m)有榉树群落分布。

(19) 黄皮树(*Phellodendron chinensis*),又名川黄柏。芸香科黄柏植物,中国特有。

落叶乔木。珍贵用材树种,木材黄色至黄褐色,纹理美观,材质坚韧,有弹性,耐水湿及耐腐性强,易加工;可供上等家具、造船、胶合板及航空工业等用材;树干可剥取栓皮,供制绝缘配件、瓶塞、救生圈及其他工业原料;内皮药用。喜光,适温凉气候。常生于沟边杂木林或疏林中。我国产于陕西、甘肃、湖南、湖北、四川及云南北部,湖北省鄂西南、鄂西北、鄂东北、鄂中海拔 500~2 100 m 山坡林中及灌丛中均有分布。保护区白水峪等地有零星分布。

(20)金钱槭(*Dipteronia sinensis*)。隶属于槭树科金钱槭属,中国特有的寡种属植物,稀有,对研究槭树科植物区系分布有一定的科学价值。落叶乔木。树姿优美,枝叶繁茂,花序大型,密生白花,翅果状似古铜钱,为珍贵的庭园观赏树种。分布于陕西、甘肃、河南、四川、湖北、贵州等地海拔约 800~2 000 m 的山地疏林或河沟边。湖北省产于鹤峰、宣恩、巴东、建始、宜昌、五峰、长阳、兴山、秭归、神农架、房县、保康、竹溪、谷城、竹山等。保护区内青龙山有零星分布。

(21)银鹊树(*Tapiscia sinensiss*),又名瘿椒树。隶属于省沽油科瘿椒树属,中国特有的子遗寡属种植物,稀有,在研究我国亚热带植物区系与省沽油科的系统方面有科学价值。落叶大乔木。生长迅速、材质轻软、纹理直、易加工;树形优美、花黄色具微香,叶脉及柄红色,秋叶变黄,为优良的速生用材和园林绿化树种。零星生长在安徽、江西、湖南、陕西、四川、重庆、浙江、福建、广西、湖北等地海拔 400~1 800 m 的山坡或沟谷林中。湖北省多产于恩施、利川、来凤、宣恩、建始、鹤峰、巴东、宜昌、兴山、五峰、竹溪、保康、谷城、竹山等地。保护区赵湾鲁家油坊有零星分布,在赵湾乡韩家山村红山口(N31°54′35.2″,E111°28′37.1″,海拔 823 m)有 1 株银鹊树,高近 20 m,胸径 35 cm。

(22)喜树(*Camptotheca acuminata*),又名旱莲木。珙桐科喜树属单种属植物,中国特有。落叶乔木。材质轻软,可供板材、造纸、乐器使用;全株含抗肿瘤生物碱,为喜树碱,以根皮及果含量为多,有抗癌作用,对白血病、胃癌有疗效,外用可治疗牛皮癣。也可为庭园绿化树种。产于长江流域及南方各省区(云南、贵州、四川、广东、广西、湖南、江西、江苏南部、浙江、福建)。湖北省主产鹤峰、巴东、崇阳、阳新等地海拔 1 000 m 以下的林缘、溪边。野生种稀少,也有栽培。

(23)刺楸(*Kalopanax septemlobus*)。五加科刺楸属植物。落叶乔木。木材致密,纹理美观,易施工;可作家具、乐器、雕刻、车辆、建筑等用;根皮和枝可入药,有清热祛痰,收敛镇痛之效;种子含油率达 38%,供工业用;树皮和叶可提取栲胶。从江南的平原、丘陵至西南可达海拔 2 800 m 的山地,常与其他阔叶树种混生,喜湿润肥沃、多腐殖质土壤,适应性强,在阳坡或石质山地亦能生长,但多呈灌木状。我国分布甚广,东北南部、东北、华东、华中、华南、西北(宁夏、新疆除外)及西南等,以及湖北省各县市海拔 1 200 m 以下山坡或丘陵杂木林中均有分布。保护区赵湾乡(N31°58′24.73″,E111°22′21.03″,海拔 632 m)有分布。

(24)香果树(*Emmenopterys henryi*),又名丁木。隶属于茜草科香果树属,中国特有的单种属古老子遗植物,稀有,对研究茜草科分类系统及植物地理学具有一定学术价值。落叶大乔木。树姿优美,材质优良,花形奇特,为珍贵用材和园林观赏树种。幼树耐荫,10 年后渐喜光,喜湿,多生长在山谷、沟槽、溪边及村寨较湿润肥沃的土壤上。我国零星分布在湖北、湖南、安徽、江西、四川、重庆、陕西、河南、浙江、福建、贵州、广西、云南和甘肃等地海拔 400～1 600 m 山谷和林中。湖北省分布在恩施、利川、宣恩、巴东、鹤峰、宜昌、五峰、神农架、兴山、罗田、麻城、通山、保康、谷城、竹溪、竹山等。保护区关帝庙等地有零星分布。

（25）崖白菜（*Trienophora rupestris*）。玄参科崖白菜属植物，华中特有种。多年生草本，全体密被白色绵毛，高 20～50 cm。茎单一或基部分枝。基生叶较厚，卵状长圆形，先端钝，基部宽楔形，上面近于无毛，下面密被白色绵毛，边缘具粗锯齿或浅裂。花紫红色，具短梗。蒴果长圆形。全草入药，明目补肾，可治妇科大出血，是著名的药用植物。主要分布在四川东部。湖北产于咸丰、鹤峰、利川、建始、巴东、秭归、宜昌、五峰、兴山、神农架、房县、竹溪、谷城等地。保护区主要分布在东坪的悬崖上，种群数量较大，达 120 株，为湖北省最大的崖白菜种群。

（26）天麻（*Gastrodia elata*）。兰科天麻属植物，渐危，在研究兰科植物的系统发育上有一定的价值。多年生腐生草本。块茎药用，能熄风止疼，主治眩晕头痛、神经衰弱、小儿高烧抽搐、中风等症，是我国名贵的中药材，应加强野生资源保护，以利自然生长繁殖。常生在腐烂树兜附近，与蜜环菌共生，零星生长在 400～3 300 m 的山坡林下或草丛中。分布广泛，我国湖北、河南、四川、重庆、湖南、江西、广西、贵州、云南、西藏、黑龙江、吉林、辽宁、河北、山东、山西、甘肃、台湾等南北山地均有分布。保护区粟谷一带有零星分布。

（27）八角莲（*Dysosma versipellis*）。八角莲是我国特有植物，主要分布在湖南、河南、四川、广西、福建、浙江、江西、贵州等山地，一般生长在 500～2 000 m 的林中，湖北省鄂西、鄂西北、鄂西南等地广为分布。南河自然保护区内各地林下阴湿生境中均有零星分布。八角莲叶形奇特，可供观赏。根茎为民间常用草药。在保护区青龙山、白水峪、韩家山均有零星分布。

3.3.3 保护措施

南河自然保护区内珍稀濒危植物数量多，分布相对集中，在保护上应注重以下几点：

（1）加强核心区的保护，对核心区实行绝对的保护；

（2）加强珍稀植物种群的保护生物学研究，设置固定样地进行长期的定位观测研究；

（3）采取合理的管理措施，对保护区处于衰退型种群进行保护，同时积极开展珍稀植物的繁殖研究；

（4）加强管理人员的专业素质培养，在保护区周围积极开展科普宣传教育；

（5）严格执法，严厉打击采伐珍稀树木和破坏珍稀植物生态环境的违法行为。

4 湖北南河自然保护区的动物资源

4.1 脊椎动物

2005 年 8 月,华中师范大学生命科学学院的部分研究人员第一次对南河自然保护区的脊椎动物资源进行了较详细的调查。2012 年 8 月,湖北大学与华中师范大学生命科学学院的部分研究人员又对南河自然保护区的脊椎动物资源进行了更深入的考察,考虑到动植物的相关性,考察点和考察线路与植物资源考察点和线路基本相同。考察方法有市场反复调查(特别是鱼类,还有两栖类、爬行类,甚至是鸟类)并进行统计、拍照;采集鱼类(组织多河段、网捕鱼)、两栖类、爬行类(发动群众进行捕捉,鉴定、统计和拍照后放生);鸟类则进行样线调查和统计;兽类主要进行访问调查并结合野外调查和拍照;查看并转录已收集到的各类脊椎动物的照片及录像资料。对上述多种调查方法所收集到的数据进行综合分析,形成动物资源的总体研究报告。

4.1.1 鱼类

4.1.1.1 物种多样性

4.1.1.1.1 数据来源

市场调查到 35 种(看到实体、拍到照片);网捕到 14 种,其中 10 种与市场调查到的种相同,另外 4 种为新记录种,共 38 种。

4.1.1.1.2 多样性现状

南河自然保护区鱼类的主要栖息环境是汉水最大的支流南河的各河段,由于不同河段海拔高度的差异,形成不同水流和多种环境因素的不同,造就了鱼类丰富的多样性。初步调查的结果,南河自然保护区有鱼类 4 目、9 科、33 属、38 种(见附录 2)。与 2005 年鱼类科考报告相对照,2012 年鱼类科考所获得的种类共增加 20 个新记录种,分别是宽鳍鱲(*Zacco platypus*)、马口鱼(*Opsariichthys bidens*)、洛氏鲅(*Phoxinus lagowskii*)、华鳊(*Sinibrama uwitypus*)、青梢红鲌(*Erythroculter dabryi*)、银鲴(*Xenocypris argentea*)、湖北圆吻鲴(*Distoechodon hubeinensis*)、白甲鱼(*Varicorhinus simus*)、小口白甲鱼(*Varicorhinus lini*)、黑鳍鳈(*Sarcocheilichthys nigripinnis*)、吻鮈(*Rhinogobio typus*)、拟鮈(*Pseudogobio vaillanti*)、花斑副沙鳅(*Parabotia fasciata*)、紫薄鳅(*Leptobotia laeniops*)、大斑花鳅(*Cobitis macrostigma*)、泥鳅(*Misgurnus anguilicaudatus*)、瓦氏黄颡鱼(*Pelteobagrus vachelli*)、大鳍鳠(*Mystus macropterus*)、白缘䰾(*Liobagrus marginatus*)、光盖刺鳅(*Pararhynchobdella sinensis*)。

被记录到的鱼种中,以鲤形目鱼类最多,共 2 科、25 属、27 种,分别占总数的 22.22%、75.76% 和 71.05%。

从科的物种多样性分析,以鲤科鱼类的种数最多,共 23 种,占 60.53%;其次是鳅科 4 种,占 10.53%;鳠科 3 种,占 7.90%;鲇科和鮨科各 2 种,各占 5.26%;其余 4 科(钝头鮠科、合鳃鱼科、鳢科、刺鳅科)各仅 1 种,分别占 2.63%,见表 4.1。

表 4.1 南河自然保护区鱼类目、科、种数比较

目科	鲤形目		鲇形目		合鳃鱼目		鲈形目		
	鲤科	鳅科	鲇科	鳠科	钝头鮠科	合鳃鱼科	鮨科	鳢科	刺鳅科
种数	23	4	2	3	1	1	2	1	1
多度	60.53	10.53	5.26	7.90	2.63	2.63	5.26	2.63	2.63
序位	1	2	4	3	5	5	4	5	5

从表 4.2 可以看出,南河自然保护区的 33 属鱼类中,其多样性组成的特点是单种属占绝对优势,多达 28 个属。其中无 3 种属以上的属;2 种属仅 5 属,即红鲌属(*Erythroculter*)、突吻鱼属、*Varicorhinus*)、鲇属(*Silurus*)、黄颡鱼属(*Pelteobagrus*)、鳜属(*Siniperca*);单种属这一现象从分类学角度反映出南河水环境的复杂性和鱼类多样性的不稳定性,太多的单种属,在水环境变化时容易消失。

表 4.2 南河自然保护区鱼类属的种数比较

	2 种 属	单种属
属名	红鲌属、突吻鱼属、鲇属、黄颡鱼属、鳜属	28 属
多度	15.15(5/33)	84.85(28/33)

4.1.1.2 类群特点

由于南河不同河段环境的差异性,造就了鱼类类群的复杂性。除具有定居性鱼类如鳅科、合鳃鱼科鱼类外,多数为半洄游性鱼类及少数洄游性鱼类;缓流水栖息鱼类、流溪性鱼类及广栖性鱼类呈现混杂格局。环境的多样性既为鱼类的多样性提供了条件,但又体现出脆弱性,人类的经济活动过度,如在河上太多的拦河筑坝,将原来的水环境改变,从而影响到鱼类的多样性。

4.1.1.3 种群数量分析

4.1.1.3.1 南河水系渔获物分析

2012 年 8 月 14 日在南河东坪河段捕鱼、2012 年 8 月 15 日在南河小石滩河段捕鱼、

2012 年 8 月 17 日在鱼坪村河段捕鱼,渔获物统计见表 4.3。

表 4.3　南河中、上游渔获物统计

种名	团头鲂	鲢	草鱼	银鲴	中华鳑鲏	蛇鮈	吻鮈	鲤	黄颡鱼	华鳊	黑鳍鳈	大斑花鳅	泥鳅	白条鱼
尾数	2	2	2	1 000	100	60	20	1	5	1	30	50	10	1 000
多度	0.08	0.08	0.08	43.80	4.38	2.63	0.88	0.04	0.22	0.04	1.31	2.19	0.44	43.80
序位	9	9	9	1	2	3	6	10	8	10	5	4	7	1

南河中,上游河段渔获物共网捕到 14 种鱼,以银鲴(*Xenocypris argentea*)、白条鱼(*Hemiculter leucisculus*)的种群数量最多,其次是中华鳑鲏(*Rhodeus sinensis*)、拟鮈(*Pseudogobio vaillanti*)、大斑花鳅(*Cobitis macrostigma*),其他 9 种鱼的种群数量少或很少。

在 14 种渔获物中,华鳊(*Sinibrama uwitypus*)、团头鲂(*Megalobrama amblycephala*)、银鲴(*Xenocypris argentea*)、大斑花鳅(*Cobitis macrostigma*)4 种为在鱼市场调查中未发现的种类。

在捕到的鱼中,除鲤(*Cyprinus carpio haematopterus*)(约 1 市斤重)、团头鲂(*Megalobrama amblycephala*)(约 2 市斤重)、鲢(*Hypophthalmichthys molitrix*)(约 6 市斤重)、草鱼(*Ctenopharyngodon idellus*)(约 3 市斤重)属于较大型鱼类外,其他各种鱼的个体都比较小。上述 4 种体型较大的鱼类数量很少,而其他小型鱼类多数种类数量多或很多。所以,南河中、上游的鱼类以小型鱼类占主体。

4.1.1.3.2　鱼市场调查

2012 年 8 月 14 日、8 月 17 日、8 月 19 日、8 月 20 日共 4 次对谷城县的 2 个鱼市场进行了调查,鱼市场的鱼源来自南河。

鱼市场的调查给笔者留下了深刻的印象。特别是 8 月 14 日的鱼市场,场景特别壮观,几十个打鱼的人,将他们从南河中捕获的几十种野生鱼类,满满地摆在市场的地面上出售,数量多达几万尾。这是笔者近 30 年来从未见过的场面。特别是那些难见到的个体比较大的野生鱼类,如鳡(*Elopichthys bambusa*)、尖头红鲌(*Erythroculter oxycephalus*)、乌鳢(*Channa argus*)、鳜(*Siniperca chuatsi*)、斑鳜(*Siniperca scherzeri*)、草鱼(*Ctenopharyngodon idellus*)、鲤(*Cyprinus carpio haematopterus*)、鳙(*Aristichthys nobilis*)、鲢(*Hypophthalmichthys molitrix*)等一摊又一摊的摆在地上。那些在其他地方难以见到的鱼种,在这里却历历在目,而且数量很多。据当地打鱼的人说,这是由于近来天下大雨,在雨水的搅拌下,南河中的鱼类被冲刷出来,被渔民捕获。

鱼市场的繁荣景象说明南河自然保护区的鱼类这种典型的湿地动物物种多样性丰富,种群数量大;鱼类资源丰富取决于南河的水系发达,水的质量好,污染少。所以,加强南河自然保护区的工作,加强对南河水系及湿地动物的保护具有深远的意义。

对鱼市场所见各种鱼类的数量进行估计、统计,将种群类型划分为优势种群、常见种群、少见种群、稀有种群,见表 4.4。优势种群共 6 种,分别为马口鱼(拉丁文名见表 4.4,

下同）、白条鱼、鲫、泥鳅、黄颡鱼、黄鳝；常见种群共 11 种,分别为洛氏鲅、尖头红鲌、银鲴、湖北圆吻鲴、黑鳍鳈、鲤、鲇、大口鲇、鳜、斑鳜、乌鳢；少见种群共 17 种,分别为宽鳍鱲、草鱼、鳡、青梢红鲌、中华鳑鲏、白甲鱼、小口白甲鱼、吻鮈、蛇鮈、鳙、鲢、花斑副沙鳅、紫薄鳅、瓦氏黄颡鱼、大鳍鳠、白缘鉠、光盖刺鳅；稀有种群仅赤眼鳟 1 种。

表 4.4 谷城县鱼市场野生鱼类调查统计

名　　　称	种群数量	优势种群	常见种群	少见种群	稀有种群
1. 宽鳍鱲（*Zacco platypus*）	100			●	
2. 马口鱼（*Opsariichthys bidens*）	5 000	●			
3. 草鱼（*Ctenopharyngodon idellus*）	100			●	
4. 洛氏鲅（*Phoxinus lagowskii*）	1 000		●		
5. 赤眼鳟（*Squaliobarbus curriculus*）	10				●
6. 鳡（*Elopichthys bambusa*）	100			●	
7. 白条鱼（*Hemiculter leucisculus*）	5 000	●			
8. 尖头红鲌（*Erythroculter oxycephalus*）	1 000		●		
9. 青梢红鲌（*E. dabryi*）	200			●	
10. 湖北圆吻鲴（*Distoechodon hubeinensis*）	400		●		
11. 中华鳑鲏（*Rhodeus sinensis*）	100			●	
12. 黄尾鲴（*Xenocypris davidi*）	200			●	
13. 小口白甲鱼（*Varicorhinus lini*）	100			●	
14. 黑鳍鳈（*Sarcocheilichthys nigripinnis*）	500		●		
15. 吻鮈（*Rhinogobio typus*）	100			●	
16. 拟鮈（*Pseudogobio vaillanti*）	100			●	
17. 鲤（*Cyprinus carpio haematopterus*）	2 000	●			
18. 鲫（*Carassius auratus*）	5 000	●			
19. 鳙（*Aristichthys nobilis*）	50			●	
20. 鲢（*Hypophthalmichthys molitrix*）	50			●	
21. 花斑副沙鳅（*Parabotia fasciata*）	100			●	
22. 紫薄鳅（*Leptobotia laeniops*）	100			●	
23. 泥鳅（*Misgurnus anguilicaudatus*）	4 000	●			
24. 鲇（*Silurus asotus*）	1 000		●		
25. 大口鲇（*S. soldatovi meridionalis*）	400		●		
26. 黄颡鱼（*Pelteobagrus fulvidraco*）	5 000	●			
27. 瓦氏黄颡鱼（*P. vachelli*）	200			●	
28. 大鳍鳠（*Mystus macropterus*）	100			●	
29. 白缘鉠（*Liobagrus marginatus*）	50			●	
30. 黄鳝（*Monopterus albus*）	5 000	●			
31. 鳜（*Siniperca chuatsi*）	1 000		●		
32. 斑鳜（*S. scherzeri*）	1 000		●		
33. 乌鳢（*Channa argus*）	500		●		
34. 光盖刺鳅（*Pararhynchobdella sinensis*）	200			●	

4.1.1.4　经济价值分析

野生鱼类生活在天然的水域环境中,觅食各种天然饵料,在多变的自然环境中生长发育,其食用价值高于人类养殖的鱼类,受到消费者的喜爱。

从种群等级这一角度来分析,优势种群鱼类,虽然数量多,但个体偏小,使其经济价值受到一定影响,但其中的黄颡鱼、黄鳝具有很高的营养价值和良好的适口性,深受消费者欢迎;在常见种群中,尖头红鲌、鲶、大口鲶、鲤、鳜、斑鳜、乌鳢均为名贵鱼类,个体比较大,数量也较多,经济价值高;在17种少见鱼类中,多数种类个体偏小,但食用价值却不低。鳡是个体大、食用价值很高的鱼类,野生的草鱼、鳙、鲢不但个体大,而且食用价值比人工养殖的同类鱼高得多;稀有种赤眼鳟也是上等食用鱼,它在夏季南河中数量很少的原因值得研究。

4.1.2　两栖类

4.1.2.1　物种多样性

4.1.2.1.1　数据来源

拍到照片5种、目击到5种、访问到7种、文献记载11种,共21种。

4.1.2.1.2　多样性现状

南河自然保护区有两栖动物2目8科21种(见附录2),以无尾目种数最多,共6科、19种,分别占总数的75%、90.48%,而无尾目中的蛙科(Ranidae)种类最多,共11种,占无尾目总数的57.98%。其他7科按种的多少排序:锄足蟾科(Pelobatidae)、蟾蜍科(Bufonidae)、姬蛙科(Microhylidae)排第2,多度值分别为9.52;隐鳃鲵科(Cryptobranchidae)、蝾螈科(Salamandridae)、雨蛙科(Hylidae)、树蛙科(Rhacophoridae)排第3,多度值分别为4.76,见表4.5。

表4.5　南河自然保护区两栖类目、科、种比较

目科	有尾目		无尾目					
	隐鳃鲵科	蝾螈科	锄足蟾科	蟾蜍科	雨蛙科	蛙科	树蛙科	姬蛙科
种数	1	1	2	2	1	11	1	2
多度	4.76	4.76	9.52	9.52	4.76	52.38	4.76	9.52
序位	3	3	2	2	3	1	3	2

4.1.2.2　区系特征

南河自然保护区的21种两栖动物中,区系成分为东洋种15种,占71.43%;古北种2种,占9.52%;跨界种4种,占19.05%,以东洋种占优势,古北种最少,见表4.6。

表 4.6　南河自然保护区两栖类区系成分及分布型

区系	区　系　成　分			华中区分布型	
	东洋种	古北种	跨界种	仅华中区分布型	兼其他区分布型
种数	15	2	4	4	17
多度	71.43	9.52	19.05	19.05	80.05

21 种两栖动物全部为华中区分布型,其中仅为华中区分布型有 4 种,它们是东方蝾螈(*Cynops orientalis*)、巫山角蟾(*Megophrys wushanensis*)、湖北侧褶蛙(*Pelophylax hubeiensis*)、隆肛蛙(*Paa quadrana*);其他 17 种除为华中区分布型外,还兼为其他区分布型(张荣祖,1999)。

从区系成分和分布型看,与南河自然保护区处于华中区的地理位置相一致。

4.1.2.3　类群特征

两栖动物由于进化的原因,胚胎未能成羊膜,因而受精卵幼体必须在大自然的水环境中发育,而变态后产生了适应陆生的器官,但并不完善,如皮肤的角质化程度和肺呼吸及相应的双循环。根据不同类群两栖动物在适应陆地生活的程度不同,可以将它们大致划分为流溪型、静水型、陆栖型和树栖型 4 种类型。

大鲵(*Andrias davidianus*)、东方蝾螈(*Cynops orientalis*)、隆肛蛙(*Paa quadrana*)、棘胸蛙(*Paa spinosa*)、棘腹蛙(*Paa boulengeri*)、绿臭蛙(*Odorrana margaretae*)、花臭蛙(*Odorrana schmackeri*)属于流溪型两栖动物,它们喜欢流水、冷水、清澈的水环境,在南河中、上游的支流恰恰具备这种水域条件,那里主要分布着上述几种两栖动物。

角蟾类、侧褶蛙类、水蛙类及狭口蛙类多喜欢净水环境,这些蛙类主要生活在南河中、下游两岸沿河静水或缓流水的环境中,如浅水湿地、塘堰、稻田及天然的静水小土坑中。

蟾蜍类由于皮肤的角质化程度较深,成体能够在较远离水环境的潮湿环境中生活,因而可以将它们划分为陆栖型两栖动物。林蛙类及姬蛙类往往能在山坡林下、灌丛的地面发现它们,所以也可以将它们视为陆栖型两栖动物。

树蛙类是一类能爬岩、能上树的两栖动物,它们的四肢有发达的吸盘,而且体色能随着环境的改变而很快改变。

4 种生态类型的两栖动物在南河自然保护区都存在,说明南河自然保护区具备适应各种典型的湿地动物生存的良好环境,两栖动物生存所需的湿地环境的多样性很好。除了鱼类外,另一种类型的湿地动物——两栖类,再一次从侧面证明了南河水系,这一临近丹江口水库河流湿地水环境的质量。

4.1.2.4　种群数量分析

2012 年 8 月 21 日,在南河自然保护的考察范围内,随机取样对所见到的两栖动物进行捕捉、拍照,共记录到 5 种 67 只,见表 4.7。

表 4.7　南河自然保护区两栖类数量统计

种　名	中华蟾蜍	黑斑侧褶蛙	湖北侧褶蛙	花臭蛙	隆肛蛙
数量	3	35	20	4	5
多度	4.48	52.24	29.85	5.97	7.46
序位	5	1	2	4	3

数量统计的结果是,黑斑侧褶蛙的种群数量最大,其次为湖北侧褶蛙,其他种类由多到少为隆肛蛙、花臭蛙、中华蟾蜍。黑斑侧褶蛙和湖北侧褶蛙为南河自然保护区的主要优势种。当地群众所说的石蛙指隆肛蛙、棘胸蛙、棘腹蛙,前者因为数量较多而被发现,而后两者因为数量少而未在本次调查中捕捉发现。

从生态类群角度分析,流溪型两栖动物被发现 2 种,静水型两栖动物也被发现 2种,说明南河自然保护区的流溪环境和静水环境都丰富。流溪型两栖动物被发现的数量较少可能有两种原因:一是本来数量就少;二是流溪两栖动物的环境更具隐蔽性,不易被发现。

4.1.2.5　关键物种

4.1.2.5.1　中国特有种(张荣祖,1999)

南河自然保护区的中国特有两栖动物共 10 种,占 47.62%,见表 4.8。这一关键物种所占比例之高,充分说明其种类资源的价值之高。它们是:大鲵、东方蝾螈、峨山掌突蟾、巫山角蟾、华西蟾蜍、湖北侧褶蛙、沼水蛙、绿臭蛙、花臭蛙、隆肛蛙。

表 4.8　南河自然保护区两栖类关键物种

类　型	中国特有种	中国濒危动物	国家重点保护野生动物	湖北省重点保护野生动物	三有保护动物
种数	10	4	2	11	17
比例/%	47.62	19.05	9.52	52.38	80.95

4.1.2.5.2　中国濒危动物(赵尔宓,1998)

南河自然保护区的中国濒危两栖动物共 4 种,占 19.05%。它们是大鲵(极危)、中国林蛙(易危)、棘胸蛙(易危)、棘腹蛙(易危)。

棘胸蛙、棘腹蛙由于个体大而被捕捉作为人类的美食,在南河自然保护区的考察中没有遇见,充分说明数量已经很少了,要加强保护。

4.1.2.5.3　保护类型

1) 国家重点保护野生动物(中国野生动物保护协会秘书处等,1990)

南河自然保护区共有两种国家重点保护野生动物,即大鲵(Ⅱ级)、虎纹蛙(Ⅱ级)。

据南河自然保护区的群众反映,在南河自然保护区的水系内,现在还有大鲵,但数量很少。为了证实大鲵的存在,对典型事例都进行了采访。

2012 年 8 月 15 日,我们在白水峪村书记陈圣明的带领下,对居住在白水峪娃娃鱼潭附近的谭立翠(女,52 岁)进行了采访,并查看了娃娃鱼潭的环境。

谭立翠说,在 2002 年,路过娃娃鱼潭的人经常在晚上听到娃娃鱼的叫声,像小孩的哭声,谭立翠自己也听到了这种叫声。如果用手电筒照,娃娃鱼就进到岩洞的深潭里去。

娃娃鱼潭长约 10 m、宽约 5 m、深 4~7 m。向外的一面敞开,向内的一面是岩洞,下面是深潭,两股清泉注入潭内,清澈见底,潭中有小鱼和螃蟹。环境完全适合娃娃鱼生存。

此外,谷城县林业局林调队长陈松和赵湾林业站司机熊某,于 2009 年 6 月在鲁泵油坊村的南河支流中,看见渔民从河中网捕到一条娃娃鱼。

2)湖北省重点保护野生动物(湖北省林业厅等,1996)

南河自然保护区共有湖北省重点保护野生动物 11 种,占 52.38%。它们是:峨山掌突蟾、中华蟾蜍、中国林蛙、湖北侧褶蛙、黑斑侧褶蛙、沼水蛙、泽陆蛙、棘胸蛙、棘腹蛙、斑腿树蛙、饰纹姬蛙。

3)三有保护动物(国家林业局,2000)

南河自然保护区共有 17 种三有保护动物(国家保护的、有益的或者有重要经济、科学研究价值的陆生野生动物),占 80.95%。它们是东方蝾螈、峨山掌突蟾、华西蟾蜍、中华蟾蜍、中国林蛙、湖北侧褶蛙、黑斑侧褶蛙、沼水蛙、绿臭蛙、花臭蛙、泽陆蛙、棘胸蛙、棘腹蛙、隆肛蛙、斑腿树蛙、北方狭口蛙。

4.1.2.6 资源动物类型

4.1.2.6.1 天敌动物

两栖动物是典型的食虫动物,它们是昆虫的天敌,能捕食大量的农、林害虫,是名副其实的"农林卫士",对保护绿色植被的健康起着重要的生物防治作用。

此外,两栖动物又是爬行动物及部分鸟类的捕食对象,是大自然食物链中的重要环节。

4.1.2.6.2 药用动物

南河自然保护区的 21 种两栖动物中,文献记载的药用动物有 16 种(薛慕光,1991,湖北省常用动物药),占 76.19%(16/21)。如中华蟾蜍、华西蟾蜍的耳后腺分泌物蟾酥,有强心、提升血压、镇咳、平喘、抗炎、抗放射等作用,是几十种中成药的重要原料之一;黑斑侧褶蛙、湖北侧褶蛙的肉有利水、消肿、清热、解毒、补虚的作用,用于水肿、喘息、疳积、痔疮等,可以人工养殖这些动物并加以利用。

4.1.2.6.3 养殖源动物

在湖北省的西部山区(如竹溪县)养殖大鲵,已经取得了丰富的经验和养殖效果,养殖者也随之收到巨大的经济效益。而对体型大的棘蛙类（如棘胸蛙、棘腹蛙）人工养殖研究和实践尚未见到，而在鄂南、鄂北、鄂西的山区不但具有丰富的养殖动物源，而且还具有广泛的养殖环境，其养殖的技术难度不会超过大鲵养殖。如果开展棘蛙类的人工养殖实践，将开辟新的肉食源和药用动物源。如果今后真的这么做，棘蛙人工养殖将成为南河自然保护区的又一个新的亮点。

4.1.3　爬行类

4.1.3.1　物种多样性

4.1.3.1.1　数据来源

拍到照片5种、目击到6种、访问到9种、文献记载17种，共31种。

4.1.3.1.2　多样性现状

南河自然保护区有爬行动物3目、9科、31种，见表4.9及附录2，以蜥蜴目的科数最多，共4科，占总科数的44.44%；以蛇目的种数最多，共20种，占总种数的64.52%；其中，又以游蛇科的种类最多，共16种，占蛇目种数的80%；其他8科按种的多少排序为石龙子科、蜥蜴科、蝮科为3种科，鬣蜥科为2种科，鳖科、龟科、壁虎科、眼镜蛇科4科为单种科，从科的角度可以看出南河自然保护区的爬行动物物种多样性的不稳定性，单种科在环境条件恶化时容易消失。

表4.9　南河自然保护区爬行类目、科、种数比较

目	科	种数	多度	序位
龟鳖目（TESTODOFORMES）	鳖科（Trionychidae）	1	3.23	4
	龟科（Emydidae）	1	3.23	4
蜥蜴目（LACERTIFORMES）	鬣蜥科（Agamidae）	2	6.45	3
	壁虎科（Gekkonidae）	1	3.23	4
	石龙子科（Scincidae）	3	9.68	2
	蜥蜴科（Lacertidae）	3	9.68	2
蛇目（SERPENTIFORMES）	游蛇科（Colubridae）	16	51.61	1
	眼镜蛇科（Elapidae）	1	3.23	4
	蝮科（Crotalidae）	3	9.68	2

4.1.3.2　区系特征

南河自然保护区的31种爬行动物中，区系成分为东洋种有22种，占70.97%；古北种1种，占2.32%；跨界种8种，占25.81%，见表4.10。30种为华中区分布型（兼其他区分

布型),占 96.77％,而非华中区分布型仅 1 种,占 3.23％。从区系成分和分布型看,以东洋种和华中区分布型占绝对优势,这与南河自然保护区的地理位置相一致,区系特征与两栖类相同。

表 4.10　南河自然保护物爬行类区系成分及分布型

区系	区 系 成 分			分 布 型	
	东洋种	古北种	跨界种	华中区分布型	非华中区分布型
种数	22	1	8	30	1
所占比例/％	70.97	2.32	25.81	96.77	3.23

4.1.3.3　分布特征

爬行类在进化中胚胎能形成羊膜而构成胚胎发育的水环境,所以它们的受精卵和幼体发育摆脱了大自然水环境的束缚;成体由于肺呼吸的加强和皮肤角质化程度的加深,其生活也摆脱了水环境的束缚,成为真正的陆生脊椎动物。它们在陆地上的分布范围虽然没有明显的生境限制,但由于长期适应陆地的各种环境,不同的种类逐渐形成了对某种生境类型的倾向性。

多疣壁虎(*Gekko japonicus*)主要生活在农村老式砖瓦房和木质结构的房屋内,白天潜伏,晚上出来觅食昆虫,将卵产于墙壁的缝隙内自然孵化,也生活在野外石隙和树上,但比较少见。随着农村钢筋水泥结构房屋的增多,多疣壁虎的数量越来越少;赤链蛇(*Dinodon rufozonatum*)是一种常见与人类伴生的动物,经常在住宅附近活动,也常出现在野外的乱石堆下;黑眉锦蛇(*Elaphe taeniura*)因为喜食老鼠,经常出现在老式结构的住宅内,被人们称为"家蛇",它们在野外的分布也很广泛,哪里有老鼠,哪里就可能有它们的踪迹。

草绿龙蜥(*Japalura flaviceps*)、丽纹龙蜥(*Japalura splendida*)、石龙子(*Eumeces chinensis*)、蓝尾石龙子(*Eumeces elegans*)、蝘蜓(*Lygosoma indicum*)、丽斑麻蜥(*Eremias argus*)、北草蜥(*Takydromus septentrionalis*)、南草蜥(*Takydromus sexlineatus*)、尖吻蝮(*Deinagkistrodon acutus*)、短尾蝮(*Agkistrodon brevicaudus*)经常出没于路边灌丛下的石堆中,因为在这种环境下昆虫较多,既便于觅食,一旦出现险情,又能很快钻进石隙中躲避。

中华鳖(*Pelodiscus sinensis*)、乌龟(*Chinemys reevesii*)、锈链腹链蛇(*Amphiesma craspedogaster*)、红点锦蛇(*Elaphe rufodorsata*)等经常在水中活动觅食。

王锦蛇(*Elaphe carinata*)、乌梢蛇(*Zaocys dhumnades*)、玉斑锦蛇(*Elaphe mandarina*)、紫灰锦蛇(*Elaphe porphyracea*)、虎斑颈槽蛇(*Rhabdophis tigrina*)、滑鼠蛇(*Ptyas mucosus*)、眼镜蛇(*Naja naja*)等,经常活动在森林边缘有水源的地方,如山坡溪流旁的灌丛、草丛中,因为这种环境下容易找到食物,它们主要以小型啮齿类、蜥蜴、青蛙等为食。

翠青蛇(*Entechinus major*)、竹叶青(*Trimeresurus stejnegeri*)等喜欢在树上活动;黑

脊蛇(*Achalinus spinalis*)生活在山区、丘陵地带,穴居,以蚯蚓为食。

4.1.3.4 种群数量分析

2012年8月,在南河自然保护区的考察范围内,随机取样对所见到的爬行动物进行捕捉,共捕到6种31只,见表4.11。

表4.11 南河自然保护区爬行类数量统计

种 名	中华鳖	乌龟	王锦蛇	乌梢蛇	黑眉锦蛇	竹叶青
数 量	14	5	5	3	3	1
多 度	45.16	16.13	16.13	9.68	9.68	3.23
序 位	1	2	2	3	3	4

数量统计的结果是,中华鳖的数量最多,其多度为45.16;其次是乌龟和王锦蛇,其多度分别为16.13;排第三位的是乌梢蛇和黑眉锦蛇,其多度分别为9.68;竹叶青数量最少,多度为3.23。从捕捉的结果看,中华鳖、乌龟、王锦蛇为当地优势种群;乌梢蛇、黑眉锦蛇为当地常见种群,竹叶青为少见种群,而其他没有看见和没有捕捉到的种类,因为种群数量不大而遇见率低,属于少见或稀有种群。

特别值得一提的是,野生中华鳖的数量在南河中之多,是笔者多年未见过的现象。2012年8月15日在南河小石滩河段,渔民黎磐学在河中用笼网捕鱼(鱼笼是提前一天放在河中的),在不到一个小时的时间内,连续取出6个鱼笼,共网捕到5只马蹄大小的中华鳖,在一个不是很长的河段内,6网捕起5只中华鳖,实在是罕见。

中华鳖的数量多,说明南河具备中华鳖的良好生存和繁殖条件,少污染,这是在湖北省的其他保护区内难以见到的。在小石滩捕到的5只中华鳖个体都不大,属于幼鳖,从种群的年龄结构来分析,南河中华鳖的种群属于发展的种群,这是南河自然保护区湿地动物多样性中的又一个亮点。

4.1.3.5 关键物种

保护区内爬行类关键物种数目和比例,见表4.12。

表4.12 南河自然保护区爬行类关键物种

类 型	中国特有种	中国濒危动物	湖北省重点保护野生动物	三有保护动物
种 数	5	11	9	31
比例/%	16.13	35.48	29.03	100.00

4.1.3.5.1 中国特有种

南河自然保护区的中国特有爬行动物共5种,占16.13%,其种类虽然不如特有两栖动物多,但从种质资源的角度看,仍具有相当高的价值。这5种中国特有爬行动物是草绿龙蜥(*Japalura flaviceps*)、丽纹龙蜥(*Japalura splendida*)、石龙子(*Eumeces chinensis*)、蓝尾石龙子(*Eumeces elegans*)、双斑锦蛇(*Elaphe bimaculata*)。

4.1.3.5.2 中国濒危动物

南河自然保护区的中国濒危爬行动物共 11 种,占 35.48%。它们是中华鳖(易危)、乌龟(依赖保护)、王锦蛇(易危)、玉斑锦蛇(易危)、紫灰锦蛇(易危)、黑眉锦蛇(易危)、滑鼠蛇(濒危)、乌梢蛇(需予关注)、眼镜蛇(易危)、短尾蝮(易危)、尖吻蝮(濒危)。

王锦蛇、乌梢蛇、黑眉锦蛇是湖北省及南河自然保护区分布最广、最常见的无毒蛇,由于个体大,又无毒,所以普遍被捕捉来作为食品。虽然分布广,种群数量也不小,但由于以往高强度的捕捉,现在均被列为中国濒危动物,要加大保护力度。

眼镜蛇、尖吻蝮因为有毒,人们为了自身的安全,一般要是遇见了都会将它们打死;尖吻蝮又是珍贵的中药材,知道它的价值的人,只要见到它,也会将其捕捉,因为上述及其他原因,这两种蛇也被列为中国濒危动物,也应加大保护力度。

4.1.3.5.3 保护类型

1) 湖北省重点保护野生动物

南河自然保护区共有湖北省重点保护野生动物 9 种,占 29.03%。它们是草绿龙蜥、丽纹龙蜥、王锦蛇、玉斑锦蛇、黑眉锦蛇、滑鼠蛇、乌梢蛇、眼镜蛇、尖吻蝮。

2) 三有保护动物

南河自然保护区的 31 种爬行动物全部为三有保护动物,它们都是南河自然保护区的宝贵动物资源,都应加强保护,禁止滥捕乱猎。

4.1.3.6 资源动物类型

4.1.3.6.1 天敌动物

蜥蜴目的爬行动物也是典型的食虫动物,能消灭大量的农林害虫,和两栖动物一样,是名副其实的"农林卫士";蛇目的爬行动物是鼠类的天敌,能帮助人类控制鼠类的数量,不但对农林有益,而且在控制鼠类的自然疫源性疾病方面具有重要的作用。所以,保护野生蛇类不仅是重要的农林鼠害生物防治措施,而且还具有重要的社会医疗卫生意义。

4.1.3.6.2 养殖源动物

龟、中华鳖的人工养殖,由于多年的科研和养殖实践,已具备成熟的养殖技术,而蛇类的人工养殖,虽然在湖北省也有一些人进行过尝试,但都停留在野外捕捉、人工暂养的水平,未能对人工繁殖及较长时间饲养进行研究。南河自然保护区丰富的蛇类资源为今后开展蛇类养殖提供了最重要的条件。由于人类对蛇类的经济需求很大,如食用、药用、制革及观赏等,开展人工养殖将是解决这些需求的最佳途径。

4.1.3.6.3 药用动物

南河自然保护区的 31 种爬行动物中,文献记载为药用动物的共 26 种(薛慕光,1991),它们都是重要的传统中药材的原动物。如传统中药材"龟板"、"鳖甲"分别为乌龟的腹甲和中华鳖的背甲;"守宫"为多疣壁虎的干燥全体;"蕲蛇"为尖吻蝮的干燥全体;"花蛇干"为王锦蛇、红点锦蛇、黑眉锦蛇、眼镜蛇的干燥全体;蛇胆、蛇蜕(蛇类脱下的角质层表皮)都是贵重的传统中药材。

此外,几种毒蛇都是重要的药用蛇毒动物,如果进行人工养殖取蛇毒,将会取得很好的经济效益和社会效益。

4.1.4 鸟类

4.1.4.1 物种多样性

4.1.4.1.1 数据来源

拍到照片 25 种、目击到 48 种、访问到 15 种、文献记载 75 种,共 133 种。

4.1.4.1.2 多样性现状

南河自然保护区的鸟类共有 13 目、40 科、93 属、133 种,雀形目的科数、种数最多,有 19 科、58 种,分别占总数的 47.5% 和 43.61%,见表 4.13;其次是隼形目的种类共 20 种,占 15.04%,隼形目鸟类全部为国家重点保护野生动物,其所占比例高,说明南河自然保护区的珍稀物种多样性好;鸮形目鸟类排第 3 位,共 10 种,也同样全部是国家重点保护野生动物,再一次说明其珍稀物种的多样性高。

表 4.13 南河自然保护区鸟类目、科、种数比较

目	鸊鷉目	鹳形目	雁形目	隼形目	鸡形目	鹤形目	鸽形目
科数	1	3	1	2	1	2	3
种数	1	10	2	20	8	3	6

目	鸽形目	鹃形目	鸮形目	佛法僧目	䴕形目	雀形目
科数	1	1	2	3	1	19
种数	2	5	10	5	3	58

4.1.4.2 区系组成、季节型

南河自然保护区的鸟类区系组成是:东洋种 59 种,占 44.36%;古北种 47 种,占 35.34%;跨界种 27 种,占 20.30%,见表 4.14。其区系特征以东洋种占优势,并呈现东洋种、古北种混杂的格局。

表 4.14 南河自然保护区鸟类区系组成及季节型

	区系组成			季 节 型			
	东洋种	古北种	跨界种	留鸟	夏候鸟	冬候鸟	旅鸟
种数	59	47	27	65	34	22	12
比例/%	44.36	35.34	20.30	48.87	25.56	15.54	9.02

南河自然保护区的鸟类季节型是,留鸟 65 种,占 48.87%;夏候鸟 34 种,占 25.56%;冬候鸟 22 种,占 15.54%;旅鸟 12 种,占 9.02%,见表 4.14。其季节型的特征是以繁殖鸟占主体,留鸟和夏候鸟两者加起来占 74.43%。这一特征从季节型的角度反映出南河自然保护区鸟类有稳定的多样性,而且多数鸟类的种群数量呈发展趋势,因为繁殖鸟类的种群随着每年不断地繁殖新的个体,壮大了原有种群。

4.1.4.3 类群特征

湿地鸟类物种多样性丰富,是南河自然保护区鸟类的又一大亮点。除了典型的湿地动物鱼类和两栖类丰富的物种多样性,说明南河自然保护区河流湿地的优越性以外,湿地鸟类的物种多样性,将从另一个方面来证明这一点。

湿地鸟类包括三种类型的鸟类。

游禽:趾间有蹼,在水中有用觅食的鸟类。2012 年 8 月,在野外考察中就多次听群众说南河中有一种善于潜水的鸟类,8 月 17 日市场发现 2 只被捕捉的小鸊鷉(拍了照片),并同时发现 2 只斑嘴鸭(幼体、拍了照片);8 月 14 日在南河东坪河段乘船考察时,发现不远处河面上有 6 只棉凫(3 雌、3 雄),在水面游动觅食(拍了照片)。游禽多数是冬候鸟,如果冬季末南河考察,肯定可以记录到更多种类的游禽。

涉禽:趾长、腿长、颈长、喙长,在浅水中涉行觅食的鸟类,包括全部鹳形目鸟类 16 种、全部鹤形目鸟类 3 种、全部鸻形目鸟类 6 种,共 19 种。

傍水型鸟类:除了上述游禽和涉禽外,还有一些鸟类喜欢在水边活动觅食,将它们称为傍水型鸟类。包括鸮形目鸟类 1 种,即毛腿鱼鸮(*Ketupa blakistoni*);全部佛法僧目鸟类 5 种;11 种雀形目鸟类,分别为家燕(*Hirundo rustica*)、金腰燕(*H. daurica*)、灰鹡鸰(*Motacilla cinerea*)、白鹡鸰(*M. alba*)、棕背伯劳(*Lanius schach*)、白颈鸦(*Corvus torquatus*)、褐河乌(*Cinclus pallasii*)、鹊鸲(*Copsychus saularis*)、北红尾鸲(*Phoenicurus auroreus*)、红尾水鸲(*Rhyacornis fuliginosus*)、黑背燕尾(*Enicurus leschenaulti*)。

上述湿地鸟类游禽 3 种、涉禽 19 种、傍水型鸟类 17 种,共 39 种,见表 4.15,占南河自然保护区鸟类的 29.32%。

表 4.15 南河自然保护区湿地鸟类统计

类群	游 禽		涉 禽			傍水型鸟类		
目	鸊鷉目	雁形目	鹳形目	鹤形目	鸻形目	鸮形目	佛法僧目	雀形目
种数	1	2	10	3	6	1	5	11
合计	3		19			17		

4.1.4.4　夏季易见鸟类的数量统计

使用鸟类数量统计的频率指数估计法随南河自然保护区夏季易见鸟类的 RB 指数进行统计,其结果见表 4.16。

表 4.16　南河自然保护区夏季易见鸟类的种群等级

种　　名	总数	遇见天数	RB 指数	优势种群	普通种群	稀有种群
1. 白鹭(*Egretta garzetta*)	150	3	1 250	●		
2. 领雀嘴鹎(*Spizixos semitorques*)	60	5	830	●		
3. 金腰燕(*Hirundo daurica*)	100	4	1 119	●		
4. 白颊噪鹛(*Garrulax sannio*)	50	5	689	●		
5. 喜鹊(*Pica pica*)	55	4	616	●		
6. 麻雀(*Passer montanus*)	70	3	585	●		
7. 黄臀鹎(*Pycnonotus xanthorrhous*)	30	4	335		●	
8. 山斑鸠(*Streptopelia orientalis*)	20	5	274		●	
9. 红嘴蓝鹊(*Urocissa erythrorhyncha*)	30	3	250		●	
10. 强脚树莺(*Cettia fortipes*)	35	4	389		●	
11. 大山雀(*Parus major*)	40	3	335		●	
12. 珠颈斑鸠(*Streptopelia chinensis*)	25	4	281		●	
13. 白鹡鸰(*Motacilla alba*)	20	6	330		●	
14. 灰胸竹鸡(*Bambusicola thoracica*)	20	1	56			●
15. 黑背燕尾(*Enicurus leschenaulti*)	15	4	168			●
16. 红尾水鸲(*Rhyacornis fuliginosus*)	12	4	134			●
17. 松鸦(*Garrulus glandarius*)	20	2	109			●
18. 乌鸫(*Turdus merula*)	10	1	28			●
19. 鸢(*Milvus migrans*)	4	1	12			●
20. 红隼(*Falco tinnunculus*)	1	1	3			●
21. 普通翠鸟(*Alcedo atthis*)	6	3	50			●
22. 褐河乌(*Cinclus pallasii*)	4	2	23			●
23. 红腹锦鸡(*Chrysolophus pictus*)	1	1	3			●
24. 斑嘴鸭(*Anas poecilorhyncha*)	2	1	5			●
25. 棉凫(*Nettapus coromandelianus*)	6	1	17			●
26. 夜鹭(*Nyticorax nycticorax*)	1	1	3			●

R=遇见鸟类的天数/工作总天数×100,为遇见鸟类的百分率;B=某种鸟的总数/工作总天数,为每天遇见某种鸟的平均数。种群划分等级为:RB 指数在 500 以上为优势种群、200～500 为普通种群、200 以下为稀有种群。

南河自然保护区的夏季易见鸟类共统计到 26 种,见表 4.16,频率指数计算的结果,优势种群共 6 个,分别为白鹭、领雀嘴鹎、金腰燕、白颊噪鹛、喜鹊、麻雀;普通种群共 7 个,分别为黄臀鹎、山斑鸠、红嘴蓝鹊、强脚树莺、大山雀、珠颈斑鸠、白鹡鸰;稀有种群共 13 个,分别为灰胸竹鸡、黑背燕尾、红尾水鸲、松鸦、乌鸫、鸢、红隼、普通翠鸟、褐河乌、红腹锦鸡、斑嘴鸭、棉凫、夜鹭。

4.1.4.5 关键物种

保护区内鸟类关键物种数目和比例,见表4.17。

表4.17 南河自然保护区鸟类关键物种

类型	中国特有种	中国濒危动物	国家重点保护 野生动物	湖北省重点保护 野生动物	三有保护动物
种数	4	8	37	34	76
比例/%	3.00	6.00	27.82	25.56	57.14

4.1.4.5.1 中国特有种

南河自然保护区的中国特有鸟类共4种,占3.00%,它们是灰胸竹鸡、白冠长尾雉、红腹锦鸡、橙翅噪鹛。

4.1.4.5.2 中国濒危动物

南河自然保护区的中国濒危鸟类共8种,占6.00%,它们是黑鹳(濒危)、褐冠鹃隼(稀有)、金雕(易危)、秃鹫(易危)、红腹角雉(易危)、白冠长尾雉(濒危)、红腹锦鸡(易危)、雕鸮(稀有)。

4.1.4.5.3 保护类型

1) 国家重点保护野生动物

南河自然保护区的国家重点保护鸟类共37种,占27.82%。它们是,I级2种,分别为黑鹳、金雕;II级35种,分别为褐冠鹃隼、黑冠鹃隼、鸢、苍鹰、赤腹鹰、雀鹰、松雀鹰、大鵟、普通鵟、毛脚鵟、秃鹫、白尾鹞、鹊鹞、白腹鹞、白头鹞、游隼、灰背隼、红脚隼、红隼、红腹角雉、勺鸡、白冠长尾雉、红腹锦鸡、褐翅鸦鹃、灰鹤、草鸮、红角鸮、雕鸮、毛腿鱼鸮、领鸺鹠、斑头鸺鹠、鹰鸮、灰林鸮、长耳鸮、短耳鸮。

据谷城县森林公安局副局长蔡俊峰介绍,2001年11月,冷集镇陈山村村民宋时军(40多岁),在家中发现2只秃鹫,其中1只受伤,后将它们送到林业派出所,第三天,受伤的那只死了,请县一中生物教师做成标本,但因防腐不当,2008年标本腐烂。另一只被送到襄樊市野保站。

2008年3月7日,赵湾乡渔坪村曾宪洪在南河支流中发现2只灰鹤,后经县森林公安局处理放生,当时参加处理放生的警员有余四海、张黎、杨正海、张艳峰等。

上述秃鹫、灰鹤都留下照片资料,此外,当地村民还发现和收容过受伤的黑鹳,并留下照片。

2) 湖北省重点保护野生动物

南河自然保护区的湖北省重点保护野生动物共34种,占25.56%。它们是苍鹭、白鹭、大白鹭、灰胸竹鸡、雉鸡、董鸡、水雉、丘鹬、珠颈斑鸠、红翅凤头鹃、四声杜鹃、大杜鹃、蓝翡翠、三宝鸟、戴胜、棕胸啄木鸟、家燕、金腰燕、黑枕黄鹂、黑卷尾、发冠卷尾、八哥、松鸦、红嘴蓝鹊、喜鹊、大嘴乌鸦、白颈鸦、乌鸫、画眉、大山雀、凤头鹀。

3）三有保护动物

南河自然保护区的三有保护动物共有 76 种,占 57.14%。它们是小䴙䴘、苍鹭、绿鹭、池鹭、牛背鹭、白鹭、夜鹭、黄斑苇鳽、棉凫、斑嘴鸭、中华鹧鸪、鹌鹑、灰胸竹鸡、雉鸡、董鸡、白胸苦恶鸟、水雉、灰头麦鸡、金眶鸻、扇尾沙锥、大沙锥、丘鹬、山斑鸠、珠颈斑鸠、红翅凤头鹃、鹰鹃、四声杜鹃、大杜鹃、蓝翡翠、三宝鸟、戴胜、大斑啄木鸟、棕胸啄木鸟、灰头绿啄木鸟、领雀嘴鹎、黄臀鹎、红尾伯劳、棕背伯劳、黑枕黄鹂、黑卷尾、发冠卷尾、八哥、松鸦、红嘴蓝鹊、鹊鸲、红尾水鸲、斑鸫、黑脸噪鹛、眼纹噪鹛、画眉、白颊噪鹛、橙翅噪鹛、黄腹柳莺、褐柳莺、大山雀、黄腹山雀、沼泽山雀、红头长尾山雀、暗绿绣眼鸟、麻雀、山麻雀、金翅雀、黑头蜡嘴雀、黑尾蜡嘴雀、黄胸鹀、黄喉鹀、灰眉岩鹀、三道眉草鹀、凤头鹀。

4.1.4.6　资源动物类型

4.1.4.6.1　天敌动物

鸟类主要以昆虫为食,猛禽能捕捉大量的小型啮齿类,消灭大量的害虫、害鼠,控制某种种群数量,维护生态平衡。

4.1.4.6.2　维持生物多样性

在南河自然保护区的脊椎动物多样性中,鸟类的种类最多,它们是这一生物多样性中最重要的组成部分,它们的种类和数量变化,对该地区的生物多样性将产生重大影响,所以保护鸟类的多样性很重要。

4.1.4.6.3　养殖源动物

南河自然保护区中鸡形目种类十分丰富,如其中的鹌鹑和雉鸡已被人类养殖成功,而其他的种类将为今后开展人工养殖提供种源。

4.1.4.6.4　宠物

画眉、文鸟、蜡嘴雀及隼形目猛禽等是人类喜爱的饲养宠物,饲养宠物已成为一种健康的业余活动。

4.1.5　兽　　类

4.1.5.1　物种多样性

4.1.5.1.1　数据来源

拍到照片 9 种、目击到 12 种、访问到 32 种、文献记载 37 种,共 73 种。

4.1.5.1.2 多样性现状

南河自然保护区的兽类共有 8 目、23 科、53 属、73 种,其中啮齿目的科数、种数最多,分别为 5 科、25 种,各占总数的 21.74% 和 34.25%;其次是食肉目,有 5 科 18 种,分别占 21.74% 和 24.66%,见表 4.18。啮齿目和食肉目的物种多样性都高,充分说明两者之间的食物链关系,由于啮齿动物为食肉动物提供了充足的食物来源,所以食肉类能保持稳定的多样性。

表 4.18 南河自然保护区兽类目、科、种数比较

目	食虫目	翼手目	灵长目	鳞甲目	兔形目	啮齿目	食肉目	偶蹄目
科数	3	2	1	1	2	5	5	4
种数	10	8	2	1	2	25	18	7

4.1.5.2 区系组成

南河自然保护区兽类的区系组成是,东洋种 45 种,占 61.64%;古北种 19 种,占 26.03%;跨界种 9 种,占 12.33%,见表 4.19。其区系特征以东洋种占绝对优势,并呈现东洋种和古北种相混杂的格局,其区系特征与鸟类相似。

表 4.19 南河自然保护区兽类区系组成

名 称	种 数	区 系 成 分		
		东洋种	古北种	跨界种
食虫目(INSECTIVORA)	10	5	5	
翼手目(CHIROPTERA)	8	5	2	1
灵长目(PRIMATES)	2	2		
鳞甲目(PHOLIDOTA)	1	1		
兔形目(LAGOMORPHA)	2	2		
啮齿目(RODENTIA)	25	15	10	
食肉目(CARNIVORA)	18	10	1	7
偶蹄目(ARTIODACTYLA)	7	5	1	1
合 计	73	45	19	9
比例/%		61.64	26.03	12.33

4.1.5.3 类群特征

南河自然保护区兽类的类群特点,除了上面说的由于食物链的关系,食肉目和啮齿目兽类的种类相应的多以外,还有下述特点。

食虫目、翼手目、鳞甲目的种类加在一起,种数也比较多,共 19 种。这三个目的兽类都是以昆虫为食的种类,而且食虫目和鳞甲目的兽类在地下或半地下食虫,翼手目兽类在空中食虫,由于它们在地下和空中两个不同的领域相配合,对昆虫的杀伤力更大,是除了两栖类、爬行类、鸟类以外的又一支农林生物防治天敌动物。如果不使用或少使用农药、化肥、减少三废对环境的污染,使这些天敌动物得到生存和发展,仅上述这 4 类天敌动物的力量,就足以保证农林绿色植被的健康,进而维护人类的健康。

为了加强野生动物的保护,收缴枪支的做法收到了较好的效果,但随之又带来一定的副作用,如野猪、野兔的数量增多,在许多地方这两种动物泛滥成灾,它们到处啃食老百姓的庄稼,受到农民的痛恨,在南河地区也不例外。对这些动物要控制它们的数量增长,以取得相应的生态平衡。

食肉目和偶蹄目兽类是人类有史以来最重要的狩猎对象之一,由于过去长期的过度捕猎,其中的许多种类数量急剧下降,因而被列为国家或省级重点保护野生动物,这些动物通过较长时间的保护,虽然数量有了明显的回升,但离历史最好水平还相差甚远,猎枪是收了,但老百姓还是有许多方法猎捕它们,如下套子、铁铗子等,所以禁而不止,要继续不断地加大保护力度。

4.1.5.4 关键物种

保护区内兽类关键物种数目和比例,见表 4.20。

表 4.20 南河自然保护区兽类关键物种

类型	中国特有种	中国濒危动物	国家重点保护野生动物	湖北省重点保护野生动物	三有保护动物
种数	10	15	15	15	24
比例/%	13.70	20.55	20.55	20.55	32.88

4.1.5.4.1 中国特有种

南河自然保护区的中国特有种 10 种,占 13.70%,它们是长吻鼹、西南鼠耳蝠、林麝、小麂、藏鼠兔、岩松鼠、复齿鼯鼠、洮州绒鼠、苛岚绒鼠、藏酋猴。

4.1.5.4.2 中国濒危动物

南河自然保护区的中国濒危兽类共 15 种,占 20.55%,它们是甘肃鼹(稀有)、猕猴(易危)、藏酋猴(易危)、豺(易危)、黑熊(易危)、水獭(易危)、大灵猫(易危)、豹猫(易危)、金猫(易危)、豹(濒危)、云豹(濒危)、林麝(濒危)、鬣羚(易危)、斑羚(易危)、复齿鼯鼠(易危)。

4.1.5.4.3 保护类型

1) 国家重点保护野生动物
南河自然保护区的国家重点保护兽类共 15 种,占 20.55%,它们是,I 级 3 种,即林麝、豹、云豹；Ⅱ级12种，即猕猴、藏酋猴、豺、黑熊、水獭、青鼬、大灵猫、小灵猫、金猫、斑羚、鬣羚、穿山甲。

五山镇黄山垭村5组史之华（男，40岁），2011年腊月二十，上山砍野毛竹，在马鞍山看到1头黑熊在一个岩洞上掏蜂窝；2012年正月初六，在马鞍山第一次发现黑熊不远处又发现1头黑熊，距离大约30 m处。

2011年夏天，史之华在张湾黄山垭村发现3只猕猴，在树林中待了大约2个多小时。此外，史之华在山上还发现过鬣羚、红白鼯鼠（多次发现）、金钱豹。

谷城县电视台记者刘晓燕2010年在赵湾采访，有人在晚上打着手电筒发现1只母金钱豹带着2只小豹横穿公路。

刘晓燕在采访中，于2005年冬天在五山镇街上发现1头鬣羚逛游，可能是因为食物短缺，从山上下来寻找食物。

藏酋猴是猕猴属中最大的一种猴，个体比猕猴大得多（雄猴平均体重15 kg，最重的可达30 kg以上），但尾却很短（猕猴的尾要长得多）。湖北的动物学工作者过去只是听说在猕猴群中有一种青猴个体较大，推测可能是藏酋猴，但谁也没有真正看见过。南河自然保护区的工作人员于2011年在左庙发现这种猴子，并在2012年9月在五龙山拍到照片，这一发现，使藏酋猴这一珍稀物种在湖北的存在得到确认。

2）湖北省重点保护野生动物

南河自然保护区的湖北省重点保护兽类共有15种，占20.55%，它们是貉、赤狐、猪獾、狗獾、鼬獾、黄腹鼬、花面狸、豹猫、毛冠鹿、小麂、狍、赤腹松鼠、红白鼯鼠、复齿鼯鼠、豪猪。

3）三有保护动物

南河自然保护区的兽类共有24种三有保护动物，占32.88%，它们是刺猬、貉、赤狐、猪獾、狗獾、鼬獾、黄鼬、黄腹鼬、花面狸、豹猫、野猪、毛冠鹿、小麂、狍、草兔、赤腹松鼠、岩松鼠、泊氏长吻松鼠、红颊长吻松鼠、隐纹花松鼠、红白鼯鼠、复齿鼯鼠、豪猪、社鼠。

4.1.5.5　资源动物类型

4.1.5.5.1　天敌动物

食虫目、鳞甲目、翼手目的兽类是典型的食虫动物，前两者在地上或地下食虫，后者在空中食虫，是农林益兽；鼬科的小型食肉兽主要食鼠，对控制鼠害有重要作用。

4.1.5.5.2　药用动物

翼手目、兔形目、鼯鼠科兽类以粪便入药，猫科、猴科、熊科兽类以骨入药，林麝、大灵猫、小灵猫以分泌物入药。以上许多动物属于国家重点保护动物，但以粪便入药的兽类具有开发价值。

4.1.5.5.3　毛皮兽

食肉目、偶蹄目以及兔科、鼬鼠科、松鼠科的兽类，皮毛是制袋、制草原料。在我国的许多地方，养殖狐、貂等皮毛动物，积累了丰富的经验，取得了很好的社会效益和经济效益,毛皮养殖业将是具有发展前途的产业。

4.2 昆　虫

　　昆虫是一类重要的生物类群,昆虫多样性是生物多样性的重要组成部分,它在维持生态平衡、农作物传粉、生物防治、医药保健及作为轻工业原料等方面起着重要作用,有学者认为昆虫主宰着全球的生物多样性。在生态系统内,昆虫与其他生物,尤其是植物和鸟类是相互依存的。昆虫多样性往往依赖其他生物物种的多样性;昆虫多样性的高低也间接反映了其他生物多样性的状况。为了查清南河自然保护区昆虫资源,加强对该区域昆虫资源的保护和利用,2011~2012年,谷城县林业局组织对保护区的昆虫进行了标本采集,2012年4~9月,湖北生态工程职业技术学院、湖北大学、华中师范大学、谷城县林业局联合对南河自然保护区的昆虫资源进行科学考察,获得了昆虫组成和结构等方面的基础资料。依据这些基础材料,结合有关文献资料,对南河自然保护区昆虫组成和区系总结如下。

4.2.1　调查方法及资料来源

4.2.1.1　调查方法

4.2.1.1.1　地点

　　在自然保护区内按不同的地形和不同的海拔高度设置6个调查和采集点：白水裕(海拔180~400 m)、东坪(海拔200~500 m)、赵湾(海拔400~700 m)、沈垭(海拔600 m)、青龙山(海拔500~1 580 m)。

4.2.1.1.2　时间

　　根据昆虫在野外活动的规律,分别在2011年夏秋季(7~10月)、2012年春夏季(5~8月)、2012年秋季(9~10月)进行调查和昆虫标本采集。

4.2.1.1.3　方法

　　在各调查点各选3条有代表性的线路进行踏查。在整个昆虫标本采集过程中,根据昆虫的不同生境和不同种类,采用不同的方法：

　　(1) 网集法。使用捕虫网追捕昆虫。

　　(2) 寻集法。手工或借助毒虫镊及指形管寻找并采集昆虫。

　　(3) 扫集法。使用特制的扫网(网布较一般捕虫网更结实)有接触地挥扫植被,捕捉隐藏在植被中的昆虫。

　　(4) 灯诱法。使用华航 HSG - 2A 频振式农林广谱诱虫灯诱捕昆虫。

　　(5) 巴氏罐诱法。用塑料杯(高9 cm,口径7.5 cm)作为诱罐,杯壁上方1/4处打一小孔,以免由于雨水过多使诱杀剂流失;每个采集点设诱罐80个;引诱剂为醋、糖、医用酒精和水的混合物,重量比为 2∶1∶1∶20,每个诱罐内设引诱剂 40~60 ml。

4.2.1.2 资料来源

(1) 2011~2012 年在南河自然保护区各调查点累计采集昆虫标本 11 300 余号,经鉴定有 512 种。

(2) 1979~1982 湖北生态工程职业技术学院(原湖北省林业学校)森保专业师生在郧阳地区连续 3 年进行森林病虫害调查,获得谷城县森林昆虫种类较完整的资料。

(3) 谷城县森林昆虫调查历史资料。

(4) 相关文献资料。特别是《湖北省昆虫名录》(雷朝亮、周志伯主编)、《湖南森林昆虫图鉴》(湖南省林业厅编)、《湖北省森林昆虫名录》(赵升平等编)。

4.2.1.3 数据处理

根据调查记录和采集的标本,进行数据统计,运用 Shannon-Wiener 多样性公式计算多样性指数。

4.2.2 结果与分析

4.2.2.1 南河自然保护区昆虫资源

根据 2011~2012 年的实地调查及相关参考文献,首次总结出南河自然保护区昆虫名录(见附录 3),共计 23 目、211 科、1 303 种。

4.2.2.1.1 南河自然保护区昆虫组成

南河自然保护区的 1 303 种昆虫隶属 23 目 211 科。其物种组成见表 4.21。

表 4.21 南河自然保护区昆虫各目种数比较表

目 名	种数	所占比例/%	目 名	种数	所占比例/%
1. 原尾目	7	0.54	13. 直翅目	43	3.30
2. 弹尾目	2	0.15	14. 同翅目	92	7.06
3. 双尾目	4	0.31	15. 半翅目	118	9.06
4. 缨尾目	1	0.08	16. 缨翅目	5	0.38
5. 浮游目	1	0.08	17. 鞘翅目	330	25.33
6. 蜻蜓目	19	1.46	18. 广翅目	3	0.23
7. 襀翅目	3	0.23	19. 脉翅目	8	0.61
8. 蜚蠊目	9	0.69	20. 鳞翅目	327	25.10
9. 螳螂目	6	0.46	21. 双翅目	166	12.74
10. 蜱 目	2	0.15	22. 膜翅目	135	10.36
11. 革翅目	4	0.31	23. 蚤 目	9	0.69
12. 等翅目	9	0.69			

从表4.21可以看出,南河自然保护区鞘翅目昆虫种数最多,45科、330种,占保护区昆虫总数的25.33%;鳞翅目昆虫次之,30科、327种,占保护区昆虫总数的25.10%;最少的是缨尾目、浮游目,分别仅有1种。

4.2.2.1.2　南河自然保护区区系昆虫与湖北省昆虫各目种数比较

南河自然保护区与湖北省昆虫各目种数比较结果,见表4.22。

表4.22结果表明,南河自然保护区昆虫总种类占湖北省昆虫总种数(雷朝亮等,1998)的22.72%,其中南河自然保护区鞘翅目、鳞翅目两个大目的昆虫总种数分别占湖北省的22.711%和18.38%。

表4.22　南河自然保护区与湖北省昆虫各目种数比较表

目　名	南河昆虫种数	湖北省昆虫种数	占湖北省比例/%	目　名	南河昆虫种数	湖北省昆虫种数	占湖北省比例/%
1. 原尾目	7	21	33.33	13. 直翅目	43	135	31.85
2. 弹尾目	2	4	50.00	14. 同翅目	92	277	33.21
3. 双尾目	4	7	57.14	15. 半翅目	118	430	27.44
4. 缨尾目	1	1	100.00	16. 缨翅目	5	40	12.50
5. 浮游目	1	2	50.00	17. 鞘翅目	330	1 453	22.71
6. 蜻蜓目	19	76	25.00	18. 广翅目	3	8	37.50
7. 襀翅目	3	10	30.00	19. 脉翅目	8	77	10.39
8. 蜚蠊目	9	12	75.00	20. 鳞翅目	327	1 779	18.38
9. 螳螂目	6	15	40.00	21. 双翅目	166	703	23.61
10. 蛸　目	2	4	50.00	22. 膜翅目	135	536	25.19
11. 革翅目	4	29	13.79	23. 蚤　目	9	57	15.79
12. 等翅目	9	59	15.25	合　　计	1 303	5 735	22.72

4.2.2.1.3　南河自然保护区与七姊妹山、后河、堵河源自然保护区昆虫各目种数比较

南河自然保护区与七姊妹山、后河、堵河源自然保护区昆虫各目种数比较结果,见表4.23。

表4.23　南河自然保护区与七姊妹山、后河、堵河源自然保护区昆虫各目种数比较表

目　名	南河昆虫种数	七姊妹山昆虫种数	后河昆虫种数	堵河源昆虫种数	与七姊妹山种数差异	与后河种数差异	与堵河源种数差异
1. 原尾目	7	3	—	3	4	7	4
2. 弹尾目	2	1	—	1	1	2	1
3. 双尾目	4	4	—	4	0	4	0
4. 缨尾目	1	1	1	1	0	0	0
5. 浮游目	1	—	—	1	1	1	1

续表

目　名	南河昆虫种数	七姊妹山昆虫种数	后河昆虫种数	堵河源昆虫种数	与七姊妹山种数差异	与后河种数差异	与堵河源种数差异
6. 蜻蜓目	19	13	16	15	6	3	4
7. 襀翅目	3	2	2	2	1	1	1
8. 蜚蠊目	9	5	4	7	4	5	2
9. 螳螂目	6	5	4	5	1	2	1
10. 蛸　目	2	2	—	3	0	2	−1
11. 革翅目	4	2	5	5	2	−1	−1
12. 等翅目	9	2	3	7	7	6	2
13. 直翅目	43	25	24	37	18	19	6
14. 同翅目	92	31	21	85	61	71	7
15. 半翅目	118	105	83	103	13	35	15
16. 缨翅目	5	1	—	2	4	5	3
17. 鞘翅目	330	409	117	436	−79	213	−106
18. 捻翅目	—	—	—	1	—	—	−1
19. 广翅目	3	5	2	4	−2	1	−1
20. 脉翅目	8	3	5	6	5	3	2
21. 鳞翅目	327	496	412	502	−169	−85	−175
22. 双翅目	166	94	48	107	72	118	59
23. 膜翅目	135	95	48	108	40	87	27
24. 蚤　目	9	8	6	12	1	3	−3
合　计	1 303	1 312	801	1 456	−9	502	−153

　　南河自然保护区昆虫各目种数与七姊妹山、后河和堵河源自然保护区昆虫各目种数比较表明,直翅目、同翅目、半翅目、双翅目、膜翅目的种类均多于七姊妹山、后河和堵河源自然保护区,鞘翅目少于七姊妹山和堵河源但多于后河自然保护区,鳞翅目均少于七姊妹山、后河和堵河源自然保护区,其余各目与七姊妹山、后河和堵河源自然保护区后河自然保护区种数相当。

4.2.2.2　南河自然保护区昆虫区系分析

　　我国的动物区系分属于东洋界和古北界两大区系,根据各个种在世界动物区系中的分布记载情况,将南河自然保护区区系昆虫分为东洋种、古北种和广布种 3 大类,各目区系种数比较见表 4.24。

表 4.24　南河自然保护区昆虫各区系种数比较表

序号	目　名	种数	东洋种		古北种		广布种	
			数量	比例/%	数量	比例/%	数量	比例/%
1	原尾目	7	5	71.43	0	0.00	2	28.57
2	弹尾目	2	0	0.00	0	0.00	2	100.00
3	双尾目	4	2	50.00	0	0.00	2	50.00

续表

序号	目 名	种数	东洋种		古北种		广布种	
			数量	比例/%	数量	比例/%	数量	比例/%
4	缨尾目	1	1	100.00	0	0.00	0	0.00
5	浮游目	1	1	100.00	0	0.00	0	0.00
6	蜻蜓目	19	13	68.42	0	0.00	6	31.58
7	襀翅目	3	2	66.67	0	0.00	1	33.33
8	蜚蠊目	9	6	66.67	0	0.00	3	33.33
9	螳螂目	6	0	0.00	0	0.00	6	100.00
10	螐 目	2	2	100.00	0	0.00	0	0.00
11	革翅目	4	2	50.00	0	0.00	2	50.00
12	等翅目	9	7	77.78	0	0.00	2	22.22
13	直翅目	43	17	39.53	1	2.33	25	58.14
14	同翅目	92	42	45.65	4	4.35	46	50.00
15	半翅目	118	75	63.56	5	4.24	38	32.20
16	缨翅目	5	3	60.00	0	0.00	2	40.00
17	鞘翅目	330	251	76.06	9	2.73	70	21.21
18	广翅目	3	3	100.00	0	0.00	0	0.00
19	脉翅目	8	3	37.50	0	0.00	5	62.50
20	鳞翅目	327	200	61.16	21	6.42	106	32.42
21	双翅目	166	108	65.06	5	3.00	53	31.94
22	膜翅目	135	86	63.70	7	5.19	42	31.11
23	蚤 目	9	5	55.56	0	0.00	4	44.44
	合 计	1 303	834	64.01	52	3.99	417	32.00

从表 4.24 可以看出,南河自然保护区区系昆虫东洋种最多,有 834 种,占总数的 64.01%;其次是广布种,有 417 种,占总数的 32.00%;古北种最少,仅有 52 种,占总数的 3.99%。说明该地区昆虫以东洋种和广布种为主,兼有少量古北种。

4.2.2.3　南河自然保护区主要昆虫群落结构

4.2.2.3.1　山顶针叶林-落叶阔叶林-灌丛-草丛昆虫群落

位于南河自然保护区山顶,海拔 1 400～1 580 m。植物群落建群种主要有油松林、刺叶栎-槲栎林、小叶平枝栒子灌丛、离舌囊吾草丛、鹿蹄囊吾草丛等。在该区域共采集到 8 目 31 科 96 种昆虫。以膜翅目昆虫构成该区昆虫的主体,计有膜翅目昆虫 31 种,占该群落总数的 27.79%。Shannon-Wiener 多样性指数统计,$H=2.863\ 2$。

4.2.2.3.2　山地中上坡落叶阔叶林-草丛昆虫群落

位于顶峰之下,海拔 1 000～1 400 m。植被以槲栎、枹栎、短柄枹栎、楸树、铁坚杉、虎耳草、东方荚果蕨、中日金星蕨草丛等为主。在此区域共采集到昆虫 12 目、39 科、129 种。

膜翅目 21 科、86 种,双翅目 9 科、27 种,鞘翅目 9 科、16 种。该区昆虫群落的多样性指数 $H=3.1536$。

4.2.2.3.3 山地中下坡及河岸带常绿、落叶阔叶混交林-草丛昆虫群落

位于海拔 300～1 000 m 处,植被以马尾松林、杉木林、青冈林、岩栎林、黑壳楠林、银杏林、枫杨-黑壳楠林、化香-青冈林、茅栗林、栓皮栎林、麻栎林、枫杨林、大叶榉林、水竹林、毛黄栌灌丛、蜡梅灌丛、绣线菊灌丛、芒草丛、一年蓬草丛、蝴蝶花草丛、半蒴苣苔草丛等为主。共采集到 16 目 86 科 277 种昆虫。主要由鳞翅目 21 科 136 种,鞘翅目 17 科 53 种,膜翅目 11 科 47 种,双翅目 11 科 21 种,同翅目 10 科 20 种构成。该区昆虫群落的多样性指数为 $H=3.6358$。

4.2.3 南河自然保护区昆虫资源评价、利用及保护措施

4.2.3.1 昆虫资源评价

资源昆虫是指直接或间接被人类利用的昆虫,也就是直接或间接有益于人类的昆虫。南河自然保护区生态环境优良,拥有丰富的昆虫资源。在此保护区内未发生成片的林木被害,造成大面积的害虫猖獗,正是由于保护区生物群落丰富,天敌大量繁衍,能长期与害虫相互制约和依赖,形成平衡的昆虫生态系统。

4.2.3.1.1 天敌昆虫

南河自然保护区的植被丰富,生物群落复杂,捕食性和寄生性天敌昆虫十分丰富。如捕食性天敌昆虫有红蜻(*Crocothemis servilia*)、白尾灰蜻(*Orthetrum albistylum*)、褐顶赤蜻(*Sympetrum infuscatum*)、狭腹灰蜻(*Orthetrum sabina*)、薄翅螳螂(*Mantis religiosa*)、大刀螳螂(*Tenodera aridifolia*)、中华螳螂(*Tenodera sinensis*)、大草蛉(*Chrysopa septempunctata*)、丽草蛉(*Chrysopa formosa*)、全北褐蛉(*Hemerobius humuli*)、中华草蛉(*Crysoperla sinica*)、黑叉盾猎蝽(*Ectrychotes andreae*)、日月盗猎蝽(*Pirates arcuatus*)、黑条窄胸步甲(*Agonum daimio*)、双斑青步甲(*Chlaenius bioculatus*)、中国豆芫菁(*Epicauta chinensis*)、绿芫菁(*Lytta caraganae*)、七星瓢虫(*Cocinella septempunctata*)、黄斑瓢虫(*Coccinella transversoguttata*)、异色瓢虫(*Harmonia axyridis*)、中华盾瓢虫(*Hyperaspii chinensis*)等;寄生性天敌昆虫有日本黑瘤姬蜂(*Coccygomimus parnarae*)、满点黑瘤姬蜂(*Coccygomimus aethiops*)、喜马拉雅聚瘤姬蜂〔*Iseropus (Gregopimpla) himalayensis*〕、盘背菱室姬蜂(*Meschorus discitergus*)、中国齿腿姬蜂(*Pristomerus chinensis*)、螟黄足绒茧蜂(*Apanteles flavipes*)、菲岛长距茧蜂(*Macrocentrus Philillinensis*)、黄色白茧蜂(*Phanerotoma flava*)、广大腿小蜂(*Brachymeria lasus*)、粘虫广肩小蜂(*Eurytoma vertillata*)、松毛虫赤眼蜂(*Trichogramma dendrolimi*)、日本追寄蝇(*Exorista japonica*)、稻苞虫赛寄蝇(*Pseudeperchaeta insidiosa*)、稻苞虫鞘寄蝇(*Thecocatcelia parnarus*)等。

4.2.3.1.2 观赏昆虫

南河自然保护区可供观赏的昆虫种类极为丰富,有美丽多姿的蝶类、蛾类、金龟、天牛、瓢虫、蜻蜓、象甲,还有形态奇异的虫脩等。如巴黎翠凤蝶(*Papilio paris*)、金裳凤蝶(*Troides aeacus*)、斐豹蛱蝶(*Argyeus hyperbius*)、绿尾大蚕蛾(*Acrias selene ningpoana*)、异色瓢虫(*Harmonia axyridis*)、红蜻(*Crocothemis servilia*)等。

4.2.3.1.3 药用昆虫

利用昆虫虫体及其产品作为中医药源来治疗人体疾病的药用昆虫在南河自然保护区也非常丰富。如黑胸大蠊(*Periplaneta fuliginosa*)、中华真地鳖(*Eupolyphaga sinensis*)、中华螳螂(*Tenodera sinensis*)、兜蝽(*Coridus chinensis*)、鸣蝉(*Oncotympana maculaticollis*)、大斑芫菁(*Mylabris phalerata*)、神农洁蜣螂(*Catharsius molossus*)、星天牛(*Anoplophora chinensis*)、米缟虫(*Aglossa dimidiata*)、蓝目天蛾(*Smerinthus planus planus*)、栎掌舟蛾(*Phalera assimilis*)、金凤蝶(*Papilio machaon*)、角马蜂(*Polistes chinensis antennalis*)等。

4.2.3.1.4 食用昆虫

由于昆虫具有蛋白质含量高、蛋白纤维少、营养成分易被人体吸收、繁殖世代短、繁殖指数高、适于工厂化生产、资源丰富等特点,而成为一理想的食物资源。南河自然保护区的食用昆虫也十分丰富。如东亚飞蝗(*Locusta migratoria*)、蝼蛄(*Gryllotalpa* ssp.)、短翅鸣螽(*Gampsocleis inflata*)、蟋蟀(*Gryllus chinensis*)、白蚁(*Odontotermes* ssp.)、蜻蜓(*Rhyothemis* ssp.)、龙虱(*Hydaticus* ssp.)、天牛(*Anoplophora* ssp.)、胡蜂(*Vespa* ssp.)鳞翅目蚕蛾科、天蛾科部分种类的幼虫和蛹等。

4.2.3.2 昆虫资源利用

昆虫是迄今为止地球上尚未被充分利用的最大的自然资源。在某种程度上昆虫资源是等同于水利资源、矿产资源、森林资源、土地资源的一种重要自然资源。南河自然保护区的昆虫种类繁多,资源丰富,但是对它们的开发利用程度较低,甚至可以说尚未开发利用,除出产少量蜂蜜外,本区域暂没有其他昆虫产品。诸如药用昆虫(螳螂、蝼蛄、蚂蚁等)、食用昆虫(蝗虫、龙虱、金龟子、多种鳞翅目的幼虫和蛹等)、天敌昆虫(草蛉、瓢虫、猎蝽、寄生蜂、寄生蝇等)、文化昆虫(蝴蝶、蟋蟀、螽蟖等)、饲料昆虫(蝇蛆等)等资源昆虫都有待开发。

昆虫作为地球生物圈食物链的一个重要环节,对维持生态平衡具有重要意义。因此对昆虫资源的开发利用应该是在保护的基础上进行。对于那些具有观赏、食用、药用等价值的资源昆虫,应该在深入开展昆虫分类学、生物学、生态学、行为学等基础研究上进行合理利用,防止由于超量猎取而濒临灭绝。

只要我们尊重自然规律,增加人们对昆虫资源利用的认识,加大研究开发力度,充分发挥昆虫资源潜力,科学合理地开发利用昆虫资源将对南河自然保护区带来巨大经济、文化和社会效益。

4.2.3.3　农林害虫的综合治理

南河自然保护区的 1 303 种昆虫中,危害农林果蔬的害虫约有 682 种,其中粮食作物害虫有短额负蝗、玉米螟、纹蓟马科、蚕豆象、稻纵卷叶螟、小地老虎、银纹夜蛾等约 273 种,油料作物油菜蚜虫、芝麻蚜虫、花生蛴螬等约 27 种,果树害虫栗瘿蜂、栗象实、银杏大蚕蛾等约 156 种,蔬菜害虫菜青虫、绿刺蛾等约 46 种,活立木害虫星天牛、光星天牛、马尾松毛虫等约 265 种,苗木害虫蛴螬、蝼蛄等约 21 种,卫生害虫各种蚊蝇等约 23 种。

南河自然保护区农林害虫的综合治理应遵循以下原则:

(1) 以生态学原理为基础,把害虫作为其所在的生态系统的一个分量来研究和调控。综合治理把害虫看做是所在生态系统中的一个组分,防治策略是考虑整个系统的。既要研究生态系统中其他组分对害虫的影响,特别是这些组分的改变如何影响害虫数量的改变,同时也要注意害虫数量变化对整个生态系统的影响。所有害虫防治方法同时影响着南河自然保护区整个生态系统。因此,防治农林害虫不只是对付农林害虫,而是从调节生态系统中的各组分的相对量出发来控制农林害虫的危害。

(2) 提倡多战术的战略,强调各种战术的有机协调,尤其强调最大限度地利用自然调控因素,尽量少用化学农药。农林害虫综合治理在防治策略上强调不依赖于任何一种防治方法,而要用各种方法的配合。在使用多战术时,必须使这些战术与自然控制相协调,不能与其相矛盾。由于强调自然控制的重要性,生物防治、农林技术措施在综合治理中占有重要地位。

(3) 提倡与农林害虫协调共存,强调对农林害虫的数量进行调控,不盲目追求灭绝。农林害虫综合治理时不要求把害虫全部灭尽,而是要求农林害虫的数量低到不足以造成经济的损失。必须研究害虫的数量发展到何种程度,才需采取防治措施,以阻止害虫达到造成经济损失的程度,这就是防治指标。虫口密度低于防治指标,不足以造成经济损失,可不防治,这样有助于维持生物多样性,有利于维持生态系统平衡,从而也加强和维持了自然因素控制力。

(4) 防治措施的决策应全盘考虑经济、社会、生态效益。农林害虫综合治理一是要考虑防治费用与受益之比,二是要考虑受益与危害之比,在不达到经济阈值时不进行防治,但在防治中滥用农药,对社会和生态环境造成不良后果,这也是不能允许的。在必须使用化学防治时,要选择不影响天敌和环境的农药。在使用时要在施药方法、剂量、时间等方面予以调节,来达到只杀死农林害虫而不影响天敌和破坏环境的目的。

4.2.3.4　对南河自然保护区昆虫资源研究的建议

南河自然保护区植被丰富多样,昆虫资源也丰富且复杂,要完全调查清楚其昆虫资源是一项长期的、系统的工作。考查组虽然用了近两年的时间从事南河自然保护区的昆虫资源调查和研究工作,但由于时间、人力和物力等原因,在实地调查过程中存在一些纰漏,如昆虫标本采集过程中采集线路的设计一般是根据当地村民的行走路线,对一些地理位置复杂、人迹罕至的区域没能进行调查。标本采集之后的标本制作和鉴定工作也是至关重要的环节,由于标本鉴定工作难度较大,耗时多,采集的标本未能及时全部鉴定出来。本报告中编录的南河自然保护区名录只能反映该区域内昆虫资源的一部分,还有待在以后的工作中不断补充完善。

对南河自然保护区昆虫资源研究提出如下建议:

(1)进一步开展对南河自然保护区昆虫资源的调查。在保护区进行昆虫资源调查工作时应尽可能的在不同季节调查不同地理位置、不同植被区域,采用多种调查手段进行调查,尽量保证调查工作的完整性。采集到的标本应及时制作并妥善保存,标本制作好后一定要附上标签,按制定的标准详细记录采集时间、地点、寄主、采集人等信息。

(2)建立保护区昆虫标本馆(室)。建立保护区昆虫标本馆(室),可及时保存和鉴定采集到的昆虫标本,为南河自然保护区昆虫资源提供历史记录,开展广泛的研究交流工作。保护区内昆虫资源丰富,种类繁多,可能蕴涵大量的新种和新记录。标本鉴定工作量大且难度高,可将无法鉴定到种的标本请相关分类专家鉴定。

(3)开展保护区内昆虫重要种、稀有种生物学、生态学研究。昆虫对微环境的敏感性表现出高度的变化及与寄主植物间的不同组合的相互作用,因此昆虫群落结构的变化可作为环境评价和监测的指标,开展这方面的研究工作将对南河保护区的建设发挥积极作用。

开展保护区农林害虫的预测预报和监测工作,建立保护区农林害虫防治与虫情检测信息系统。做好防止外来有害生物危害保护区森林资源工作,积极开展检疫和疫情普查,调查是否有重要有害生物入侵,并进行风险评估。

5 湖北南河自然保护区社会经济状况及管理

5.1 南河自然保护区历史沿革

南河自然保护区位于大巴山东延的两条支脉武当山山脉东南麓、荆山山脉北麓，谷城县西南部，东接盛康镇，北接五山镇，西与保康毗邻，南临保康县、南漳县。

谷城地域古属豫州，公元前 11 世纪，周时封嬴姓（名绥）为谷伯，建都城于谷山，名谷伯国，又称谷国。

春秋时谷国为楚附庸。秦时依筑水立筑阳县，属南阳郡。西汉时属荆州刺史部南阳郡。惠帝二年（公元前 193 年）封肖何子延为筑阳侯。武帝元封元年（公元前 110 年），封南海守弃子嘉为涉都侯。太初二年（公元前 103 年）嘉死国除。新朝天凤元年（公元 14 年），改南阳郡为前队郡，改筑阳县为宜禾县，东汉时复为筑阳县，属南阳郡。建武二十八年（52 年），封吴汉之孙盱为筑阳侯。建安十三年（208 年），筑阳属南乡郡，三国时属魏荆州南乡郡。西晋太康五年（284 年）属顺阳郡。东晋时，先后在筑阳境内侨置有扶风、义成二郡，筑阳、泛阳、鄀、义成、万年等县。两郡五县均属雍州（侨置于襄阳）。南北朝时，宋文帝元嘉二十七年（450 年），封宗越为筑阳县子。宋后废帝元徽四年（476 年），封张倪奴为筑阳县侯。宋顺帝升明元年（477 年），封张瑰为义成侯。梁废扶风郡及泛阳县，立兴国郡。西魏废兴国郡立义成郡，改雍州为襄州。北周废义成郡及万年县，境内仍有筑阳、义成二县。隶属襄州襄阳郡。

县东南部庙滩镇的回流湾（古称漆滩）东南，包括现在的庙滩、茨河及樊城区（原襄阳县）的太平镇一带，古称山都，战国时期为南阳之赤乡，后建山都国。秦置山都县属南阳郡，治所在和城（今太平店），后迁至汉水西南岸故城（今庙滩镇张庄）。西汉曾为侯爵王恬启的封地，东汉为侯爵马武和杨陀的封地，属荆州刺史部南阳郡。两晋时，山都县初属南相郡，后属襄阳郡。南北朝刘宋时期，属雍州新野郡，南齐曾改属宁蛮府义安郡。梁为山都县，属襄阳郡。北周省山都入安养县，属河南郡。

隋初，省安养，将原山都辖地划入筑阳。隋文帝开皇元年（581 年），封吐万绪为谷城郡公。开皇七年（587 年），省筑阳入义成。开皇十八年（598 年），改义成县为谷城县。炀帝大业初，省襄州，谷城属荆州襄阳郡。唐高祖武德四年（621 年），析襄州之阴城、谷城二县置酇州，次年废。太宗贞观元年（627 年），划全国为十道，谷城属山南道襄州襄阳郡。贞观八年，省阴城入谷城。玄宗开元十七年（729 年），谷城属荆州都督府。开元二十一年，全国改划为十五道，谷城属山南东道襄州。五代十国政局混乱，文字不全，不可考究。

宋太祖乾德二年（964 年），割谷城之阴城地域置光化军，又析谷城汉水以西之遵教、翔鸾、汉均三乡置乾德县,属光化军。太宗至道三年(997 年),分全国为十五路,谷城属京西路襄州。元丰元年(1078 年),改为二十三路,谷城属京西南路襄阳府。宋南渡(1127年)后,谷城属京西安抚制置司。

明初,谷为卫国公邓愈的食邑。太祖洪武九年(1376 年),谷城属湖广布政司襄阳府。洪武十年,省光化入谷城。洪武十三年,复置光化县。洪武二十四年,谷城改属河南,不久还归湖广。嘉靖三十八年(1559 年),谷城为昭宪王朱翊铉封地。万历八年,封其子常蓝。

清时,谷城属湖北布政使司襄阳府。光绪十二年(1886 年),属安襄郧荆道襄阳府。

辛亥革命(1911 年),谷属湖北军政府襄阳军政分府。中华民国元年(1912 年),谷属湖北军政府安襄郧荆道招讨使署。次年,改属鄂北道。3 年改属襄阳道。民国四年(1915年)8 月,设"县佐"于石花街。民国十八年(1929 年),属湖北省第四绥靖区。民国二十年(1931 年),属湖北省第八行政督察区。同年 10 月,成立谷城县苏维埃政权,属鄂豫省苏维埃。民国二十五年(1936 年),谷属湖北省第五行政督察区。民国三十三年(1944 年),属湖北省鄂北行署第五行政督察区。

1947 年 12 月,中国人民解放军解放谷城汉水东北地区,在黑龙集成立谷城县爱国民主政府,属桐柏行政公署第三行政督察专员公署。1948 年 7 月 3 日,谷城全境解放,县爱国民主政府随军迁入汉水西南,属桐柏行署汉南办事处。1949 年 10 月,成立谷城县人民政府,属湖北省襄阳行政区专员公署(1955 年改称襄阳地区行政公署)。1956 年县人民政府改称县人民委员会,1968 年改称县革命委员会,1981 年复称县人民政府。1983 年 10月,撤襄阳地区建置,改为市管县,谷城隶属湖北省襄樊市人民政府至今。县境版图2 553 km²,辖 9 镇 1 乡 2 开发区,总人口 58.9 万。

1986 年 1 月~1987 年 9 月,将紫金区公所、南河区公所、粟谷区公所撤区建乡,成立紫金镇、南河镇、赵湾乡。2002 年南河镇东坪与潭河合并为东坪村,万兴与中厂合并为万兴村,大谷峪与小谷峪合并为大谷峪村,白水峪与县厂合并为白水峪村。赵湾乡渔坪、马场与两河口合并为渔坪村,长岭与大屋场合并为长岭村,油坊与腰儿坪合并为油坊村,左家庙、转坡岭与丁湾合并为左家庙村,桃庄与新庄合并为桃庄村,韩家山与黄家河合并为韩家山村,青龙山与松树湾合并为青龙山村。2003 年经襄樊市人民政府批准建立的市级自然保护区,2010 年经湖北省人民政府批准建立省级自然保护区。现申报的国家级自然保护区横跨一乡、两镇,即赵湾乡、南河镇、紫金镇。

5.2　南河自然保护区人口构成状况

保护区辖南河镇的万兴、大谷峪、白水峪、东坪 4 个村,赵湾乡的渔坪、油坊、长岭、左家庙、桃庄、韩家山、青龙山 7 个村,紫金镇的沈垭 1 个村,共 12 个行政单位。据 2012 年统计,保护区内现有村民住户 386 户,人口 1 467 人,人口密度 9.9 人/km²。其中核心区79 人,缓冲区 286 人,实验区 1 057 人,保护点 45 人,全部为汉族。其中,南河镇有 183户、615 人,赵湾乡有 191 户、807 人,紫金镇有 12 户、45 人,见表 5.1。

表 5.1　南河自然保护区社会经济情况统计表

单位	面积/hm²	户数/户			人口/人			农村劳动力/人			产值/万元							人均纯收入/元
		小计	城镇	农村	小计	城镇	农村	小计	男	女	第一产业				第二产业	第三产业	
											小计	农业	林业	其他			
保护区	14 833.7	386		386	1 467		1 467	986	602	384	696.4	309.2	119.1	268.1	15.0	117.5	5 015
紫金镇	58.1	12		12	45		45	30	18	12	29.0	12.0	3.0	14.0	2.0	9.0	5 950
沈垭	58.1	12		12	45		45	30	18	12	29.0	12.0	3.0	14.0	2.0	9.0	5 950
赵湾乡	7 354.1	191		191	807		807	547	334	213	198.8	82.9	41.3	74.6		60.5	4 374
渔坪	1 466.3	21		21	89		89	60	37	23	13.2	5.7	2.6	4.9		7.8	4 580
长岭	495.7	18		18	65		65	44	27	17	12.2	4.9	2.7	4.6		6.5	4 474
油坊	1 407.5	38		38	203		203	135	82	53	25.3	10.9	4.7	9.7		13.7	4 338
左家庙	729.5	19		19	84		84	56	34	22	12.4	5.1	2.9	4.4		9.6	4 302
桃庄	120.8	21		21	87		87	58	35	23	32.3	13.3	7.6	11.4		6.0	4 536
韩家山	2 256.5	39		39	147		147	98	60	38	39.4	17.4	6.1	15.9		14.5	4 203
青龙山	877.8	35		35	132		132	96	59	37	64.0	25.6	14.7	23.7		10.2	4 187
南河镇	7 421.5	183		183	615		615	409	250	159	468.6	214.3	74.8	179.5	13.0	48.0	4 721
东坪	1 106.8	28		28	98		98	66	40	26	71.7	32.5	10.8	28.4	1.6	10.0	4 750
万兴	1 509.6	52		52	189		189	123	75	48	133.1	60.9	20.1	52.1	7.0	15.0	4 740
大谷峪	1 693.4	36		36	124		124	83	51	32	92.3	41.0	14.5	36.8	2.4	9.0	4 668
白水峪	3 111.7	67		67	204		204	137	84	53	171.5	79.9	29.4	62.2	2.0	14.0	4 728
其中功能区：	14 775.6	374		374	1 422		1 422	956	584	372	667.4	297.2	116.1	254.1	13.0	108.5	5 015
核心区	4 385.5	18		18	79		79	53	32	21	21.4	10.0	2.9	8.5			4 245
缓冲区	3 466.5	74		74	286		286	192	117	75	147.8	62.1	26.1	59.6	3.0	41.5	4 897
实验区	6 923.6	282		282	1 057		1 057	711	435	276	498.2	225.1	87.1	186.0	10.0	67.0	4 968
保护点	58.1	12		12	45		45	30	18	12	29.0	12.0	3.0	14.0	2.0	9.0	5 950

5.3　南河自然保护区产业结构状况

保护区和周边社区主要经济来源为种植业、养殖业以及外出务工。主要农作物为水稻、玉米和土豆等；其他经济类有茶叶、药材、食用菌、高山蔬菜等；养殖业主要为猪、牛、羊等。年人均纯收入约为 5 015 元。保护区内社会经济情况见表 5.1。

5.4　南河自然保护区土地现状

南河自然保护区国土总面积为 14 833.7 hm²，其中，陆地面积 14 723.7 hm²，占保护区总面积 99.25%，内陆水域面积 110 hm²，占保护区总面积 0.74%。从土地利用结构分析,现有林地 14 415.4 hm²,占保护区面积的 97.18%。其中森林面积 12 995.6 hm²,灌木林地面积 1 237.4 hm²,无立木林地 70 hm²。耕地面积 278.5 hm²,其他土地面积 29.8 hm²,见表 5.2。

表 5.2　湖北南河自然保护区土地资源及利用结构现状表　　　　单位：hm²

单位	总面积	陆地合计	林地合计	森林 小计	针叶林	阔叶林	针阔混	竹林	灌木林地	疏林地	无立木林地	荒地	耕地	其他土地	内陆水域
保护区	14 833.7	14 723.7	14 415.4	12 995.6	1 239.6	5 166.4	6 589.4	0.2	1 349.8		70.0		278.5	29.8	110.0
紫金镇	58.1	58.1	55.8	51.1	3.9	28.0	19.2		4.7				2.3		
沈垭	58.1	58.1	55.8	51.1	3.9	28.0	19.2		4.7				2.3		
赵湾乡	7 354.1	7 326.7	7 162.7	6 586.3	594.2	4 493.3	1 498.6	0.2	565.3		11.1		144.5	19.5	27.4
渔坪	1 466.3	1 444.5	1 412.8	1 275.4	89.0	688.0	498.2	0.2	135.4		2.0		30.9	0.8	21.8
长岭	495.7	491.6	479.4	413.7	62.2	293.4	58.1		65.7		0.0		12.2		4.1
油坊	1 407.5	1 407.5	1 368.6	1 201.9	42.5	829.4	330.0		157.6		9.1		34.2	4.7	
左家庙	729.5	729.5	714.2	643.4	42.0	410.0	190.4		70.8				15.3		
桃庄	120.8	119.3	117.2	66.5	3.9	52.2	10.4		50.7		0.0		2.1		1.5
韩家山	2 256.5	2 256.5	2 225.5	2 140.4	142.6	1 763.5	234.3		85.1				31		
青龙山	877.8	877.8	845.0	845.0	211.0	456.8	177.2						18.8	14	
南河镇	7 421.5	7 338.9	7 196.9	6 258.2	641.5	645.1	5 071.6		799.8		58.9		131.7	10.3	82.6
东坪村	1 106.8	1 090.6	1 059.2	907.6	118.8	294.6	494.2		131.6		20.0		31.4		16.2
万兴村	1 509.6	1 502.9	1 472.9	1 329.2	142.7	181.7	1 004.8		139.5		4.2		29.1	0.9	6.7
大谷峪	1 693.4	1 673.1	1 647.6	1 407.2	143.7	120.3	1 143.2		211.2		29.2		25.3	0.2	20.3
白水峪	3 111.7	3 072.3	3 017.2	2 714.2	236.3	48.5	2 429.4		297.5		5.5		45.9	9.2	39.4
其中：															
核心区	4 385.5	4 370.1	4 351.9	4 204.3	424.2	1 632.6	2 147.5		129.3		18.3		10.6	7.6	15.4
缓冲区	3 466.5	3 457.2	3 358.4	2 971.6	275.9	1 192.0	1 503.7		367.7		19.1		98.8		9.3
实验区	6 923.6	6 838.5	6 649.3	5 768.6	535.6	2 313.8	2 919.0	0.2	848.1		32.6		166.8	22.2	85.3
保护点	58.1	58.1	55.8	51.1	3.9	28.0	19.2		4.7				2.3		

5.5　南河自然保护区社区发展状况

5.5.1　交通状况

保护区内交通状况较为便利。有 1 条主要公路干线——盛赵路(3.6 km)。另有左青路(7.7 km)、东峪路(7.7 km)、紫沈路(0.5 km)3 条乡级公路。

5.5.2　文教卫生状况

保护区周边地区均有中小学,共 7 所,学生总人数为 863 人,其中,南河镇 106 人,紫金镇62人,赵湾乡695人,适龄儿童入学率为100%。保护区社区共有医务人员24人,有医疗床位30个,卫生设施简陋。保护区文教卫生状况见表5.3。

表5.3 南河自然保护区社区文教卫生状况统计表

统计单位	教　　育				医　　疗		
	中小学数量	教师人数	学生人数	入学率/%	卫生机构	医务人员	医疗床位
南河镇	2	8	106	100	2	9	12
紫金镇	1	3	62	100	1	5	4
赵湾乡	4	63	695	100	3	10	14
合　计	7	74	863	100	6	24	30

5.5.3 通信状况

保护区周边通信状况良好,90%的自然村通程控电话,程控电话可直拨国际、国内长途;移动、联通等现代通讯网络已覆盖90%的自然村。

5.5.4 社区对保护区发展的影响

保护区周边地区交通欠发达,社区居民较少,大部分年轻人外出打工,对保护区的影响不大。对于在保护区内的居民,只要加强社区建设,积极引导,也不会对保护区内的资源造成破坏。

保护区内及周边的部分居民靠烧材做饭和取暖,同时,也有部分居民上山采集药材等,对保护区内的森林资源存在一定的影响,但是,保护区自批准成立以来,通过积极宣传及采取社区共管方式,居民保护意识明显增强,上山活动明显减少。

6 湖北南河自然保护区综合评价

6.1 南河自然保护区自然环境
及生物多样性评价

南河自然保护区地理区位特殊,自然环境复杂,因而孕育了丰富的生物多样性,其自然综合体有重大的科学意义和保护价值。

6.1.1 区位重要性

南河自然保护区地处我国亚热带向暖温带过渡区域,位于大巴山东延的两条支脉武当山山脉东南麓、荆山山脉北麓,为南北气候过渡带。在生物地理区划上属于大巴山亚区。区内重峦叠嶂、沟壑纵横,地势起伏多变,地形复杂,气候属于北亚热带半湿润气候带,雨量充沛、热量充足、气候温和,生物多样性丰富,被誉为"天然植物园"和"绿色基因库"。

南河自然保护区的设立,也为谷城县的生态与环境保护建立了"模板"。南河自然保护区位于谷城县西南部,谷城县紧邻南水北调中线工程丹江口水库,既是丹江口水库重要的水源保护区,也是丹江口水库坝下第一个山区县,其特殊的地理位置决定了谷城县在确保丹江口水库供水安全,维护坝下汉江流域生态安全方面具有不可替代的作用。谷城县境内五山镇、石花镇和冷集镇与丹江口市毗邻,边界总长 84.7 km,承水面积 4.5 万亩,其出水直接注入丹江口水库,对丹江口水库入库水量和水质有着直接的影响。因此 2011 年谷城县被纳入国家天保工程二期建设范围。

此外,丹江调水后,汉江流域坝下年平均流量将减少 26%,枯水期将从 4 个月增至 8~9 个月,河床裸露面积增加,沿江及江中洲滩湿地面积减少,因生存环境破坏将导致生物多样性减少,生态环境恶化,恢复和重建这些受损的生态系统将是一个重要课题。南河自然保护区内多样化的生态系统类型,完整的自然植被系统、丰富的动植物资源对汉江流域的生态环境的保护与恢复将起到关键示范作用。

6.1.2 典型性

南河自然保护区地处大巴山东延的两条支脉,紧邻南水北调中线工程丹江口水库。这一区域在环境保护部、中国科学院联合编制的《全国生态功能区划》(公告 2008 年第 35

号)中列为水源涵养生态功能区和生物多样性保护生态功能区。按照水源涵养生态功能区的要求,该区域的生态保护主要方向为"加强对水源涵养区的保护与管理,严格保护具有重要水源涵养功能的自然植被,限制或禁止各种不利于保护生态系统水源涵养功能的经济社会活动和生产方式"。按照生物多样性保护生态功能区的要求,该区域的生态保护主要方向为"加强自然保护区建设和管理,尤其自然保护区群的建设,保护自然生态系统与重要物种栖息地,防止生态建设导致栖息环境的改变"。

2011 年 6 月 9 日,国务院下发了《关于印发全国主体功能区规划的通知》(国发〔2010〕46 号),在全国主体功能区规划中,南河自然保护区可列于秦巴生物多样性重点生态功能区,该国家重点生态功能区"包括秦岭、大巴山、神农架等亚热带北部和亚热带-暖温带过渡的地带,生物多样性丰富,是许多珍稀动植物的分布区。目前水土流失和地质灾害问题突出,生物多样性受到威胁"。其主要发展方向是"生物多样性维护,包括减少林木采伐,恢复山地植被,保护野生物种"。

在《中国生物多样性保护战略与行动计划》(2011~2030 年)(环发〔2010〕106 号)中,中南西部山地丘陵区被列于生物多样性保护优先区域,大巴山区是该区的重要组成部分,其保护重点是我国独特的亚热带常绿阔叶林和喀斯特地区森林等自然植被以及国家重点保护野生动植物种群及栖息地。

南河自然保护区其生态系统独特,山地森林生态系统与河流生态系统相交织,使其在植物资源与动物资源都表现出复杂性与典型性。与一般的森林生态系统不同,由于保护区为河流所环绕,其森林植被多河岸带植被类型或阴湿植被群落,动物类群中特别是鱼类资源极其丰富。同时,也由于这种复杂多样的地理环境,为植被的分化提供了发育的条件,既保存了较多、古老、孑遗、珍稀树种所形成的稀有珍贵树种群落,又有较多的特有种属。

南河自然保护区所处地带的森林植被类型具有北亚热带常绿阔叶与落叶阔叶混交林的典型特征,特别是青冈林、麻栎林、短柄枹栎林以及大片的珍稀植物群落如银杏林,具有明显的地带典型性。

因此在南河建立国家级自然保护区具有典型意义。

6.1.3 多样性

6.1.3.1 物种多样性

本区地形复杂,环境条件优越,孕育丰富的物种多样性。区内维管植物共 183 科、735 属、1574 种,分别占湖北总科数的 75.94%、总属数的 50.62%、总种数的 26.15%;占全国总科数的 51.85%、总属数的 23.13%、总种数的 5.65%。保护区有野生脊椎动物 30 目、89 科、218 属、296 种,其中鱼类有 4 目、9 科、33 属、38 种,两栖类有 2 目、8 科、16 属、21种,爬行类有 3 目、9 科、23 属、31 种,鸟类有 13 目、40 科、93 属、133 种,兽类有 8 目、23科、53 属、73 种。南河自然保护区野生脊椎动物占全省野生脊椎动物的 33.15%。保护区还保存了许多珍稀、古老孑遗的野生动植物种,如银杏、红豆杉、巴山榧树、榧树、榉树、鹅掌楸、紫斑牡丹、金钱槭、香果树、虎纹蛙、大鲵、金雕、黑鹳、林麝、豹、云豹、猕猴、藏酋猴等。

6.1.3.2 区系成分复杂多样

从植物的区系地理来看,南河自然保护区分布的蕨类植物可分为 8 个分布类型;种子植物的科可分为 12 个分布类型,属可分为 15 个分布类型,并且还有许多变型,同时各种地理成分相互渗透,充分显示了该地区植物区系成分的复杂性和过渡性的特点。种子植物有土著种子植物 669 属,其中温带分布区类型的属有 374 属,占总数的 55.90%,热带分布类型的属有 214 属,占总属数的 31.99%,植物区系以温带性质为主,亚热带向温带过渡的特征明显。其中北温带分布类型占 22.42%,泛热带分布类型占 15.10%,东亚类型占 14.65%,表明各种地理成分相互渗透,显示出本地区植物区系地理成分的复杂性。该区植物区系与北温带、泛热带、东亚植物区系有密切的联系。

从动物的区系地理来看,除了鱼类、两栖动物由于水生环境的限制,区系较单一。爬行动物的区系以东洋界种占优势,有 22 种,占种总数的 70.9%;跨界种次之,有 8 种,占种总数的 25.8%;古北界种最少,仅 1 种,占总种数的 3.2%。鸟类区系以东洋种占优势,并呈现东洋种、古北种混杂的格局。其中东洋种 59 种,占 44.36%;古北种 47 种,占 35.34%;跨界种 27 种,占 20.30%。兽类的区系与鸟类类似,以东洋种占绝对优势,并呈现东洋种和古北种相混杂的格局。其中东洋种 45 种,占 61.64%;古北种 19 种,占 26.03%;跨界种 9 种,占 12.33%。

6.1.3.3 植被类型多样

保护区植被类型计 4 个植被型组,7 个植被型,34 个群系。森林植被主要有针叶林、阔叶林、竹林、灌丛和灌草丛。在水平地带与垂直地带都体现了植被类型的多样化,这些与多样化的生境紧密相关。

6.1.4 稀有性

珍稀濒危野生动物种类的稀有性较为突出,共有国家重点保护动物 54 种(I 级 5 种,II 级 49 种),列入中国濒危动物红皮书的 38 种,属于中国特有种有 29 种。其中两栖动物有国家重点 II 级保护动物 2 种,列入中国濒危动物红皮书有 4 种,属于中国特有种有 10 种;爬行动物中,列入中国濒危动物红皮书有 11 种,属于中国特有种有 5 种;鸟类中,有国家 I 级保护鸟类 2 种,II 级保护野生鸟类 35 种,列于中国濒危动物红皮书的有 8 种,属于中国特有鸟类共 4 种;兽类中,国家 I 级保护的有 3 种,国家 II 级保护的有 12 种,列于中国濒危动物红皮书的有 15 种,属于中国特有种的有 10 种。

保护区内国家珍稀濒危保护野生植物 27 种,其中,国家重点保护野生植物 15 种(I 级 4 种,II 级 13 种);国家珍贵树种 8 种(一级 2 种,二级 6 种);国家珍稀濒危植物 15 种(2 级 4 种,3 级 11 种)。该地区植物区系的起源古老,主要起源于新近纪古热带植物区系。

6.1.5 自然性

保护区山峰林立、重峦叠嶂、沟壑纵横,地质历史悠久,地形复杂,加之交通不便,核心区和缓冲区人烟较少,致使区内生态系统多样性至今保存完好,核心区基本呈原始状态,具有良好的自然性。

6.1.6 脆弱性

生态系统的脆弱性反映了该生态系统抗御外界的能力,反映了群落、生境和物种对生态环境改变的敏感程度。脆弱的生态系统具有很高的保护价值。湖北南河自然保护区位于大巴山东延的两条支脉武当山山脉东南麓,荆山山脉北麓以及两山脉之间,谷城县西南部,全境雨量充沛,整个高山和中山地区由于遭受强烈的风化作用和流水的侵蚀作用,山体坡度变陡,地形切割变深,使土层较薄,再者,保护区石灰岩分布较广,喀斯特地貌发育,山势坡度较陡,植被一旦破坏,就难以恢复,生态系统将向逆行方向演替,将带来毁灭性的灾难。

6.1.7 面积适宜性

保护区总面积为 14 833.7 hm²,其中,核心区面积为 4 385.5 hm²,占保护区总面积的 29.56%。主要对象主要分布在核心区,可见,保护区的面积可完全满足保护区主要保护对象保护的需要,足以维持生态系统的结构和功能。

6.2 南河自然保护区保护管理现状及评价

6.2.1 保护管理现状

6.2.1.1 地方政府不断加大对保护区的支持力度

谷城县林业局坚持以科学发展观为指导,走可持续发展战略,以生态保护为前提,立足建立完备的林业生态体系,不断创新生物多样性保护的工作机制和管理方法,自然保护队伍建设取得了显著成效。先后被授予"全国造林绿化百佳县"、"全国退耕还林工程先进单位"、"湖北省绿化模范县"、"湖北省集体林权制度改革先进单位"、"湖北省森林资源管理、监测、执法先进单位"等荣誉称号,连续四年被省林业厅授予"优秀林业局"。

谷城县对南河自然保护区的建设和发展十分重视,在人、财、物以及政策等方面给予大力支持。保护区属于退耕还林(草)工程区,县政府在资金和政策上都给保护区较大的倾斜。保护区建立以来,各项基础设施建设得到加强,投资兴建了部分道路、宣传标牌及办公用房,购置少量监测仪器。建立了较稳定的自然保护区管理队伍。

6.2.1.2 根据保护区实际情况,建立健全了规章制度

为了做到依法保护、依法治区、有法可依、有章可循。保护区制定一系列规章制度。如《动植物病虫害防治预案》《野外巡护制度》《居民薪柴采伐管理办法》《自用材采伐管理制度》《护林防火制度》《野生动植物资源保护管理制度》等一系列管理制度,实现保护管理工作的规范化、制度化、法律化和科学化,进一步加大对破坏自然资源违法犯罪行为的打击力度。

6.2.1.3 大力开展宣教工作,提高专业管理人员的素质

各级领导的正确决策和广大群众的自觉参与是搞好自然保护工作的关键。保护区定期宣传《自然保护区条例》、《森林法》、《野生动物保护法》、《野生植物保护条例》、《森林和野生动物类型自然保护区管理办法》、《湖北省森林和野生动物类型自然保护区管理办法》等法律法规,增加周边社区公众的保护意识,保护区与当地社区关系良好,保护区内群众积极参与到保护自然资源中来,专业人员的管理和公众的自觉参与在保护工作中得到良好的体现。

6.2.1.4 护林防火工作进一步加强

保护区也是森林火灾易发地区,加上保护区地处偏僻,交通不便,通讯闭塞,山大人稀,扑救条件极差,所以,一旦发生林火,极难扑救,损失极大。特别是冬春季节,树叶凋零,杂草枯萎,气候干燥,植被含水量低,火险程度高。保护区一直是谷城县的重点防火区域,每年,县政府同县林业局签订护林防火工作责任状,其中南河自然保护区护林防火工作被列其为工作重点之一。自保护区建立以来,未发生过森林火灾和森林火警。

6.2.2 存在的问题

尽管南河自然保护区的保护管理工作富有成效,但在管理措施上仍有待进一步强化。如在保护管理中,保护区有明确的目标和责任制,每年有比较全面和具体的工作计划,但激励机制不够健全;在基础科学研究方面,有详细的科学考察报告,但缺乏对本地资源动态的科学研究,专题科学研究开展较少,科技力量薄弱;在管理成效方面,主要保护对象得到保护,但保护区尚未建立科学的保护网络。

6.2.2.1 人员培训不够

南河自然保护区从建立起,由于工作环境和工资待遇的制约,难以吸引高素质人才来充实保护管理队伍,工作人员综合素质起点低,加之缺乏各个层次的培训,特别是脱产连续培训,综合能力提高缓慢。人员素质问题集中表现在以下几方面:一是巡护执法人员

缺乏保护法规及生物方面的知识,导致执法不严、不准,也不能对观察到的情况进行准确记录和分析;二是科研人员少,缺乏专业知识和研究技能,科研工作不能很好地为自然保护提供依据,科技对保护的贡献率低;三是各层次人员管理知识更新较慢,不能适应保护事业的发展,制约了南河保护区向更高层次的发展。

6.2.2.2　资源利用方式还存在一些问题

主要是偷猎和非木质林产品采挖较频繁。南河自然保护区社区居民生活水平仍较低,保护区建立后社区居民失去了对森林资源的商品性利用,少数居民为了维持生活而进行猎捕活动,对动物的繁衍与保护带来一些影响。另外保护区周边村民保护意识不强,乱采乱挖的现象仍存在,主要是采挖药用植物、野菜、兰科植物、林木种子、树兜等。长期形成的靠山吃山的观念,以及市场对山地资源的需求带来的巨额利润和保护管理方面存在的缺陷是产生非法采挖的主要原因。

6.2.2.3　薪材、民用材的需求较大

一是保护区区内居民主要能源是薪材,即便是采集于划定的生产生活区域内,仍然是保护区内植被受到破坏的最主要原因;二是传统的柴灶和火炉能源利用率低,耗柴量大;三是目前大部分居民经济状况还无法承受使用替代能源和节能工具。

6.2.2.4　缺乏完善的监测体系

南河自然保护区缺乏对生境状况的变化、主要保护野生动植物、旅游对生态环境影响、社会活动对保护区的影响等方面的监测,更谈不上完善的监测体系。

6.2.3　管理建议

针对保护区管理中存在的这些主要问题,特提取如下建议:

(1)进一步加大对保护区投入力度,加强保护基础设施建设和完善保护设备,为保护管理创造良好条件。要进一步完成管理局、保护站、管护点、检查站、瞭望塔等设施的工程,尽快配置巡护、监测、防火等保护设备,建立巡护、防火、执法和监测等队伍,逐步培训、引进科研人才,全面提高保护区的保护能力。

(2)发挥社区群众的保护作用。积极探索社区发展的道路,扶持社区发展。在保护区周边地区组建群众义务保护组织、联防组织和护林队伍,以乡规民约、保护公约的形式,组织群防群护,形成共同保护、相互监督、齐抓共管的局面。

(3)改善居民生活的主要能源结构,多利用清洁能源代替传统的柴灶和火炉,探讨保护区能源最佳利用模式。

(4)依靠湖北省科研院所和大专院校较多的优势,深入开展了科研监测工作。定期开展保护区资源摸底调查,建立科学合理的监测网络。在保护前提下,合理利用资源,开展多种经营,如利用丰富的自然景观、人文资源,开展旅游事业,利用珍稀濒危树种资源,采种育苗,扩大繁殖等,对南河的水质与鱼类要重点监测。

参考文献

蔡荣权.1979.中国经济昆虫志(第十六册).北京:科学出版社

查玉平,骆启桂,黄大钱,等.2004.湖北省五峰后河国际级自然保护区蛾类昆虫调查初报.华中师范大学学报:自然科学版,38(4):479-484

查玉平,骆启桂,王国秀,等.2006.后河国际级自然保护区蝴蝶群落多样性研究.应用生态学报,17(2):265-268

陈晓鸣,冯颖.1990.中国食用昆虫.北京:中国科学技术出版社

陈一心.1985.中国经济昆虫志(第三十二册).北京:科学出版社

陈志远,姚崇怀.1996.湖北省珍稀濒危植物区系地理研究.华中农业大学学报,15(3):284-288

丁冬荪,曾志杰,陈春发,等.2002.江西九连山自然保护区昆虫区系分析.华东昆虫学报,11(2):10-18

范滋德,等.1988.中国经济昆虫志(第三十七册).北京:科学出版社

方承莱.1985.中国经济昆虫志(第三十三册).北京:科学出版社

方元平,葛继稳,袁道临,等.2000.湖北省国家重点保护野生植物名录及特点.环境科学与技术(2):14-17

费梁等.2000.中国两栖动物图鉴.郑州:河南科学技术出版社

傅立国.1989.中国珍稀濒危植物.上海:上海教育出版社

傅立国.1991.中国植物红皮书:稀有濒危植物(第1册).北京:科学出版社

傅书遐.2001-2002.湖北植物志(第1~4卷).武汉:湖北科学技术出版社

甘啟良.2005.竹溪植物志.武汉:湖北科学技术出版社

甘啟良.2011.竹溪植物志(补编).武汉:湖北科学技术出版社

邝二虎,汪正祥,等.2012.湖北堵河源自然保护区科学考察与研究.北京:科学出版社

葛继稳,吴金清,朱兆泉,等.1998.湖北省珍稀濒危植物现状及其就地保护.生物多样性,6(3):220-228

谷城县农业区划办公室林业组.1983(内部资料).谷城县林业区划报告

国家环境保护局.1987.中国珍稀濒危植物保护名录:第一册.北京:科学出版社

国家林业局.2000.国家保护的、有益的或者有重要经济、科学研究价值的陆生野生动物名录·野生动物,21(5)

国务院.1999.国家重点保护野生植物名录(第一批).植物杂志,23(5):4-11

湖北林业志编纂委员会.1989.湖北林业志.武汉:武汉出版社

湖北南河自然保护区科考报告(动物部分).2005

湖北森林编辑委员会.1991.湖北森林.武汉:湖北科学技术出版社

湖北省谷城县地方志编纂委员会.1991.谷城县志

湖南省林业厅.1992.湖南森林昆虫图鉴.长沙:湖南科学技术出版社

湖北省林业厅,等.1996.湖北省重点保护野生动物图谱.武汉:湖北科学技术出版社

湖北省农业科学院植物保护研究所.1978.水稻害虫及其天敌图册.武汉:湖北人民出版社

湖北珍古名木编委会.1993.湖北珍古名木.武汉:湖北科学技术出版社

季达明.2002.中国爬行动物图鉴.郑州：河南科学技术出版社

将书楠,蒲富基,华立中.1985.中国经济昆虫志(第三十五册).北京：科学出版社

蒋有绪,郭泉水,马娟,等.1998.中国森林群落分类及其群落学特征.北京：科学出版社,中国林业出版社

雷朝亮,钟昌珍,宗良柄.1995.关于昆虫资源的开发利用之设想.昆虫知识,32(5)：292-293

雷朝亮,周志伯.1998.湖北省昆虫名录.武汉：湖北科学技术出版社

李铁生.1985.中国经济昆虫志(第三十册).北京：科学出版社

李铁生.1988.中国经济昆虫志(第三十八册).北京：科学出版社

李文英,李汉萍,刘绪生.2007.大贵寺国家森林公园鞘翅目昆虫调查初报.中国森林病虫(2)：24-27

李锡文.1996.中国种子植物区系统计分析.云南植物研究,18(4)：363-384

寥定熹,李家骊,庞雄飞,等.1985.中国经济昆虫志(第三十四册).北京：科学出版社

刘胜祥,瞿建平.2006.湖北七姊妹山自然保护区科学考察与研究报告.武汉：湖北科学技术出版社

刘友樵,白九维.1977.中国经济昆虫志(第十一册).北京：科学出版社

马文珍.1995.中国经济昆虫志(第四十六册).北京：科学出版社

庞雄飞,毛金龙.1979.中国经济昆虫志(第十四册).北京：科学出版社

蒲富基.1980.中国经济昆虫志(第十九册).北京：科学出版社

盛和林.1984.脊椎动物学野外实习指导.北京：高等教育出版社

宋朝枢,张清华.1989.中国珍稀濒危保护植物.北京：中国林业出版社

宋朝枢,刘胜祥.1999.湖北省后河自然保护区科学考察集.北京：中国林业出版社

宋建中,殷荣华.1991.湖北省辖自然保护区设置的植物区系地理学依据.华中师范大学学报：自然科学版,25(2)：203-208

隋敬之,孙洪国.中国习见蜻蜓.1986.北京：农业出版社

谭娟杰,虞佩玉,李鸿兴,等.1985.中国经济昆虫志(第十八册).北京：科学出版社

汪松.1998.中国濒危动物红皮书：兽类.北京：科学出版社

汪正祥.2005.中国のFagus lucida林とFagus lucida林に関する植物社会学的の研究.植物地理分类研究,51(2)：137-157

汪正祥,朱兆泉,雷耘,等.2008.湖北漳河源自然保护区生物多样性研究及保护.北京：科学出版社

汪正祥.2012.湖北八卦山自然保护区生物多样性及其保护研究.北京：科学出版社

王平远.1980.中国经济昆虫志(第二十一册).北京：科学出版社

王岐山.1998.中国濒危动物红皮书：鸟类.北京：科学出版社

王青锋,葛继稳.2002.湖北九宫山自然保护区生物多样性及其保护.北京：中国林业出版社

王诗云,郑重,彭辅松,等.1988.湖北珍稀危植物保护现状及对今后开展研究的建议.武汉植物学研究,6(3)：285-298

王诗云,徐惠珠,赵子恩,等.1995.湖北及其邻近地区珍稀濒危植物保护的研究.武汉植物学研究,13(4)：354-368

王维.2007.鄂西南三个自然保护区蚁科昆虫的区系调查.昆虫知识,44(2)：267-270

王献溥.1996.关于IUCN红色名录类型和标准的应用.植物资源与环境,5(3)：46-51

王映明,郑重.1993.湖北竹溪植被的基本特征.武汉植物学研究,11(4)：315-326

王映明.1995.湖北植被地理分布的规律性(上).武汉植物学研究,13(1)：47-54

王映明.1995.湖北植被地理分布的规律性(下).武汉植物学研究,13(2)：127-136

王玉玺,等.1993.中国兽类分布名录(一)~(四)·野生动物,2-5卷.

王遵明.1983.中国经济昆虫志(第二十六册).北京：科学出版社

吴征镒,王荷生.1983.中国自然地理(上册).北京：科学出版社

吴征镒,周浙昆,李德铢,等.2003.世界种子植物科的分布区类型系统.云南植物研究,25(3):245-257

吴征镒.1991.中国种子植物属的分布区类型.云南植物研究,增刊Ⅳ:1-139

萧采瑜,等.1977.中国蝽类昆虫鉴定手册(半翅目·异翅亚目)第一册.北京:科学出版社

萧采瑜,任树芝,郑乐怡,等.1981.中国蝽类昆虫鉴定手册(半翅目·异翅亚目)第二册.北京:科学出版社

谢凤生.1983(内部资料).谷城县土壤志(送审稿)

许再富,陶国达.1987.地区性的植物受威胁及优先保护综合评价方法探讨.云南植物研究,9(2):19-20

薛达元,蒋明康,李正方,等.1991.苏浙皖地区珍稀濒危植物分级指标研究.中国环境科学,11(3)

杨干荣.1987.湖北鱼类志.武汉:湖北科学技术出版社

杨其仁.1998.湖北兽类物种多样性研究.华中师范大学报,32(3)

杨其仁,王小立,何定富,等.1999.湖北省后河自然保护区的野生动物资源.华中师范大学学报:自然科学版,33(3):412-419

尹健,熊建伟,胡孔峰,等.2007.鸡公山自然保护区药用昆虫资源的初步研究.时珍国医国药,18(9):2178-2180

约翰·马敬能.2000.中国鸟类野外手册.长沙:湖南教育出版社

张荣祖.1999.中国动物地理.北京:科学出版社

章士美等.1985.中国经济昆虫志(第三十一册).北京:科学出版社

赵尔宓.1998.中国濒危动物红皮书:两栖类和爬行类.北京:科学出版社

赵升平,徐啸谷,罗治建,等.1993.湖北森林昆虫名录.湖北林业科技(增刊)

赵养昌,陈元清.1980.中国经济昆虫志(第二十册).北京:科学出版社

赵正阶.1995.中国鸟类志:上卷.长春:吉林科学技术出版社

赵正阶.2001.中国鸟类志:下卷.长春:吉林科学技术出版社

赵仲苓.1978.中国经济昆虫志(第十二册).北京:科学出版社

郑重.1986.湖北的珍贵稀有植物.武汉植物学研究,4(3):279-295

郑重.1993.湖北植物大全.武汉:武汉大学出版社

郑重.1998.中国神农架.武汉:湖北科学技术出版社

中国科学院动物研究所,浙江农业大学,等.1978.天敌昆虫图册.北京:科学出版社

中国科学院动物研究所.1979.蛾类幼虫图册(一).北京:科学出版社

中国科学院动物研究所.1982.中国蛾类图鉴Ⅲ.北京:科学出版社

中国科学院动物研究所.1983.中国蛾类图鉴Ⅰ.北京:科学出版社

中国科学院动物研究所.1983.中国蛾类图鉴Ⅱ.北京:科学出版社

中国科学院动物研究所.1983.中国蛾类图鉴Ⅳ.北京:科学出版社

中国林业科学研究院.1983.中国森林昆虫.北京:中国林业出版社

中国森林编辑委员会.1997.中国森林:第1卷.北京:中国林业出版社

中国森林编辑委员会.1999.中国森林:第2卷.北京:中国林业出版社

中国森林编辑委员会.2000.中国森林:第3卷.北京:中国林业出版社

中国森林编辑委员会.2000.中国森林:第4卷.北京:中国林业出版社

《中国药用动物志》协助组.1983.中国药用动物志(第二册).天津:天津科学出版社

中国植被编辑委员会.1980.中国植被.北京:科学出版社

中华人民共和国林业部、农业部.1989.国家重点保护野生动物名录.北京:中国农业出版社

周红章,于晓东,骆天宏,等.2000.湖北神农架自然保护区昆虫数量变化与环境关系的初步研究.生物多样性,8(3):262-270

周尧,路进生,黄桔,等.1985.中国经济昆虫志(第三十六册).北京:科学出版社

朱松泉.1995.中国淡水鱼类检索.南京:江苏科学出版社

朱兆泉,宋朝枢.1999.神农架自然保护区科学考察集.北京:中国林业出版社

Braun-Blanquet J. 1964. Pflanzensoziologie, Grundzuge der Vegetationskunde, 3 Aufl. Springer-Verlag, Wien

Ellenberg H. 1956. Grundlagen der Vegetationglederung Teil 1. Einfuhrung in die Phytologie von H. Walter, VI-1. Eugen Ulmer, Stuttgart

Fujiwara K . 1987. Aims and methods of phytosociology or "vegetation science"//*Plant ecology and taxonomy to the memory of Dr. Satoshi Nakanishi*. Kobe Geobotanical Society, Kobe: 607－628

Wang ZX, Fujiwara K . 2003. A preliminary vegetation study of *Fagus* forests in central China: species composition, structure and ecotypes. Journal of Phytogeography and Taxonomy, 51(2): 137－157

附录1 湖北南河自然保护区高等维管束植物名录

蕨类植物门 Pteridophyta

1. 石松科 Lycopodiaceae
    1）石松属 *Lycopodium* L.
        （1）石松 *Lycopodium clavata* Thunb
        （2）蛇足石松 *Lycopodium serratum* Thunb.
2. 卷柏科 Selaginellaceae
    1）卷柏属 *Selaginella* sprig
        （1）细叶卷柏 *Selaginella labordei* Hieron.
        （2）伏地卷柏 *Selaginella nipponica* Franch. et Sav.
        （3）兖州卷柏 *Selaginella involvens*（Sw.）Spring
        （4）缘毛卷柏 *Selaginella comota* H. -M.
3. 木贼科 Equisetaceae
    1）问荆属 *Equisetum* L.
        （1）问荆 *Equisetum arvense* L.
        （2）木贼 *Equisetum hiemale* L.
4. 瓶儿小草科 Ophioglossaceae
    1）瓶儿小草属 *Ophioglossum* L.
        （1）瓶尔小草 *Ophioglossum vulgatum* L.
        （2）一支箭 *Ophioglossum pedunculosum* Desv.
5. 阴地蕨科 Botrychiaceae
    1）阴地蕨属 *Scepteridium* Lyon
        （1）阴地蕨 *Scepteridium ternatum*（Thunb.）Lyon
    2）假阴地蕨属 *Botrypus* Michx
        （1）蕨萁 *Botrypus virginianum*（L.）Holub
        （2）穗状假阴地蕨 *Botrypus strictum*（Underw.）Holub
6. 紫萁科 Osmundaceae
    1）紫萁属 *Osmunda* L.
        （1）紫萁 *Osmunda japonica* Thunb.
        （2）绒紫萁 *Osmunda claytoniana* L.
7. 瘤足蕨科 Plagiogyriaceae
    1）瘤足蕨属 *Plagiogyria*（Kunze）Mett.
        （1）华中瘤足蕨 *Plagiogyria euphlebia* Mett.
        （2）镰叶瘤足蕨 *Plagiogyria distinctissima* Ching
8. 海金沙科 Lygodiaceae

1）海金沙属 *Lygodium*

  （1）海金沙 *Lygodium japonicum*（Thunb.）Sw.

9. 里白科 Gleicheniaceae

  1）芒萁属 *Dicranopteris* Bernh.

    （1）芒萁 *Dicranopteris dichotoma*（Thunb.）Bernh.

  2）里白属 *Diplopterygium*（Diells）Nakai

    （1）里白 *Diplopterygium glaucum*（Thunb.）Ching

10. 膜蕨科 Hymenophyllaceae

  1）膜蕨属 *Hymenophyllum*

    （1）华东膜蕨 *Hymenophyllum barbatum*（V. X. B.）Bak.

  2）蕗蕨属 *Mcodium* Presl

    （1）蕗蕨 *Mecodium badium*（Hook. Et Grev.）Cop.

    （2）小果蕗蕨 *Mecodium microsorum*（V. d. B.）Ching

    （3）齿苞蕗蕨 *Mecodium propinquum* Ching et Chiu

11. 碗蕨科 Dennataedtiaceae

  1）碗蕨属 *Dennstaedtia* Berrh. Wilfordii

    （1）溪洞碗蕨 *Dennstaedtia wilfordii*（Moore）Christ

    （2）细毛碗蕨 *Dennstaedtia pilosella*（Hook.）

12. 鳞始蕨科 Lindsaeaceae

  1）乌蕨属 *Stenoloma*

    （1）乌蕨 *Stenoloma chusanum*（L.）Ching

13. 骨碎补科 Davalliaceae

  1）肾蕨属 *Nephrolepis* Schott

    （1）肾蕨 *Nephrolepis cordifolia*（L.）Presl

14. 凤尾蕨科 Pteridaceae

  1）蕨属 *Pteridium* Scop.

    （1）蕨 *Pteridium aquilinum*（L.）Kuhn var. *latiusculum*（Desv.）Underw.

    （2）毛蕨 *Pteridium revolutum*（Bl.）Nakai

  2）凤尾蕨属 *Pteris* L.

    （1）猪鬃凤尾蕨 *Pteris actiniopteroides* Christ.

    （2）井栏边草 *Pteris multifida* Poir.

    （3）凤尾蕨 *Pteris nervosa* L.

    （4）半边旗 *Pteris semipinnata* L.

    （5）蜈蚣草 *Pteris vittata* L.

    （6）溪边凤尾蕨 *Pteris excelsa* Gaud.

15. 中国蕨科 Sinopteridaceae

  1）粉背蕨属 *Aleuritopteris* Fee

    （1）银粉背蕨 *Aleuritopteris argentea*（Gmel.）Fee

  2）碎米蕨属 *Cheilanthea* Trev.

    （1）毛轴碎米蕨 *Cheilanthea chusana* Hook.

  3）金粉蕨属 *Onychium* Kaulf.

    （1）野鸡尾 *Onychium japonicum*（Thunb.）Kze.

  4）黑心蕨属 *Doryopteris* J. Sm.

    （1）黑心蕨 *Doryopteris concolor*（Langsd. et Fisch.）kuhn

16. 铁线蕨科　Adiantaceae
　　1）铁线蕨属　*Adiantum* L.
　　　（1）铁线蕨　*Adiantum capillus-veneris* L.
　　　（2）白背铁线蕨　*Adiantum davidii* Franch.
　　　（3）掌叶铁线蕨　*Adiantum pedatum* L.
　　　（4）灰背铁线蕨　*Adiantum myriosoyum* Bak.
17. 裸子蕨科　Hemionitidaceae
　　1）凤丫蕨属　*Coniogramme* Fée
　　　（1）凤丫蕨　*Coniogramme japonica*（Thunb.）Diels
　　　（2）普通凤丫蕨　*Coniogramme intermedia* Hieron *var. intermedia*
　　　（3）乳头凤丫蕨　*Coniogramme rosthornii* Hieron.
18. 蹄盖蕨科　Athyriaceae
　　1）蹄盖蕨属　*Athyrium* Roth
　　　（1）华东蹄盖蕨　*Athyrium nipponicum*（Mett）Hance
　　2）羽节蕨属　*Gymnocarpium* Newman
　　　（1）东亚羽节蕨　*Gymnocarpium oyamense*（Bak.）Ching
　　3）蛾眉蕨属　*Lunathyrium* Koitz
　　　（1）陕西蛾眉蕨　*Lunathyrium giraldii*（Christ）Christ
　　　（2）华中蛾眉蕨　*Lunathyrium centro-chinense* Ching
19. 金星蕨科　Thelypteridaceae
　　1）毛蕨属　*Cyclosorus* Link.
　　　（1）渐尖毛蕨　*Cyclosorus acuminatus*（Houtt.）Nakai
　　2）针毛蕨属　*Macrothelypteris* Ching
　　　（1）普通针毛蕨　*Macrothelypteris toressiana*（Gaud.）Ching
　　3）金星蕨属　*Parathelypteris* Ching
　　　（1）金星蕨　*Parathelypteris glanduligera*（Kunze）Ching
　　　（2）中日金星蕨　*Parathelypteris nipponica*（Franch. et Sav.）Ching
　　4）卵果蕨属　*Phegopteris* Fee
　　　（1）延羽卵果蕨　*Phegopteris decursive-pinnata* Fee
　　5）假毛蕨属　*Pseudocyclosrus* Ching
　　　（1）普通假毛蕨　*Pseudocyclosrus supochthodes*（Ching）Ching
20. 铁角蕨科　Aspleniaceae
　　1）铁角蕨属　*Asplenium* L.
　　　（1）北京铁角蕨　*Asplenium pekinense* Hance.
　　　（2）铁角蕨　*Asplenium trichomanes* L.
　　　（3）长叶铁角蕨　*Asplenium prolongatum* Hook.
　　　（4）华中铁角蕨　*Asplenium pekinense* Hance.
21. 乌毛蕨科　Blechnaceae
　　1）荚囊蕨属　*Struthiopteris* Weis
　　　（1）荚囊蕨　*Struthiopteris eburnea*（Christ）Ching
　　2）狗脊蕨属　*Woodwardia* Sm.
　　　（1）狗脊　*Woodwardia japonica*（L. f.）Sm.
　　　（2）单芽狗脊蕨　*Woodwardia unigemmata*（Makino）Nakai
22. 球子蕨科　Onocleaceae

1) 荚果蕨属 *Matteuccia* Todaro

  (1) 东方荚果蕨 *Matteuccia orientalis*（Hook.）Trev.

  (2) 荚果蕨 *Matteuccia struthiopteris*（L.）Todaro

23. 岩蕨科 Woodsiaceae

1) 岩蕨属 *Woodsia* R. Br.

  (1) 耳羽岩蕨 *Woodsia polystichoides* Eaton

24. 鳞毛蕨科 Dryopteridaceae

1) 复叶耳蕨属 *Arachniodes* Bl.

  (1) 中华复叶耳蕨 *Arachniodes chinensis*（Rosenst.）Ching

  (2) 长尾复叶耳蕨 *Arachniodes simplicior*（Makino）Ohwi

2) 贯众属 *Cyrtomium* Presl

  (1) 贯众 *Cyrtomium fortunei* J. Sm.

  (2) 大羽贯众 *Cyrtomium macrophyllum*（Makino）Tagawa

3) 鳞毛蕨属 *Dryopteris* Adans.

  (1) 黑足鳞毛蕨 *Dryopteris fuscipes* C. Chr.

4) 耳蕨属 *Polystichum* Roth

  (1) 对生耳蕨 *Polystichum deltodon*（Bak.）Diels.

  (2) 革叶耳蕨 *Polystichum neolobatum* Nakai

  (3) 三叉耳蕨 *Polystichum tripteron*（Kze.）Presl

  (4) 鞭叶耳蕨 *Polystichum craspedosorum*（Maxim.）Diels

  (5) 黑鳞耳蕨 *Polystichum makinoi* Taqawa

25. 水龙骨科 Polypoidiaceae

1) 骨牌蕨属 *Lepidogrammitis* Ching

  (1) 抱石莲 *Lepidogrammitis drymoglossoides*（Bak.）Ching

2) 瓦韦属 *Lepisorus*（J. Sm.）Ching

  (1) 网眼瓦韦 *Lepisorus clathratus*（Clarke）Ching

  (2) 瓦韦 *Lepisorus thunbergianus*（Kault.）Ching

  (3) 扭瓦韦 *Lepisorus contortus*（Christ）Ching

  (4) 大瓦韦 *Lepisorus macrosphaerus*（Baker）Ching

  (5) 黄瓦韦 *Lepisorus macrosphaerus*（Baker）Ching var. *asterolepis*（Baker）Ching

3) 星蕨属 *Microsorium* Link

  (1) 攀援星蕨 *Microsorium buergerianum*（Miq.）Ching

4) 盾蕨属 *Neolepisorus* Ching

  (1) 盾蕨 *Neolepisorus ovatus*（Bedd.）Ching

5) 假瘤蕨属 *Phymatopsis* Pichi-Serm

  (1) 金鸡脚 *Phymatopsis hastata*（Thunb.）Pichi-Serm. F. hastata

  (2) 陕西假瘤蕨 *Phymatopsis shensiensis*（Christ）Ching

  (3) 喙叶假瘤蕨 *Phymatopsis rhymchophylla*（Hook）J. Sm

6) 水龙骨属 *Polypodiodes* Ching

  (1) 友水龙骨 *Polypodium amoena*（Wall.）Ching

  (2) 水龙骨 *Polypodium nipponica*（Mett.）Ching

  (3) 假友水龙骨 *Polypodium pseudoamoenum* Ching

7) 石韦属 *Pyrrosia* Mirbel

  (1) 相似石韦 *Pyrrosia assimilis*（Bak.）Ching

  （2）毡毛石韦 *Pyrrosia drakeana*（Franch.）Ching

  （3）石韦 *Pyrrosia lingua*（Thunb.）Farwell

  （4）神农石韦 *Pyrrosia shennongensis* Shing

  （5）有柄石韦 *Pyrrosia petiolosa*（Christ）Ching

  （6）庐山石韦 *Pyrrosia sheareri*（Bak.）Ching

 8）石蕨属 *Saxiglossum* Ching

  （1）石蕨 *Saxiglossum angustissimum*（Gies）Ching

26. 槲蕨科 Rynariaceae

 1）槲蕨属 *Drynaria* J. Sm.

  （1）槲蕨 *Drynaria fortunei*（Kze.）J. Sm.

27. 剑蕨科 Loxogrammaceae

 1）剑蕨属 *Loxogramme*（Bl.）Presl

  （1）柳叶剑蕨 *Loxogramme salicifolia*（Makino）Makino

  （2）匙柄剑蕨 *Loxogramme grammitoides*（Bak.）

28. 𬞟科 Marsileaceae

 1）𬞟属 *Marsilea* L.

  （1）𬞟 *Marsilea quadrifolia* L.

29. 槐叶𬞟科 Salviniaceae

 1）槐叶𬞟属 *Salvinia* Adans

  （1）槐叶𬞟 *Salvinia natans*（L.）All.

30. 满江红科 Azollaceae

 1）满江红属 *Azolla*

  （1）满江红 *Azolla imbricata*（Roxb.）Nakai

裸子植物门 Gymnospermae

1. 银杏科 Ginkgoaceae

 1）银杏属 *Ginkgo* L.

  （1）银杏* *Cinkgo biloba* L.

2. 松科 Pinaceae

 1）雪松属 *Cedrus* Trew

  （1）雪松* *Cedrus deodara*（Roxb.）G. Don

 2）油杉属 *Keteleeria* Carr.

  （1）铁坚油杉 *Keteleeria davidiana*（Bertr.）Beissn.

 3）落叶松属 *Larix* Adans.

  （1）日本落叶松* *Larix kaempferi*（Lamb.）Carr.

 4）松属 *Pinus* L.

  （1）华山松 *Pinus armandii* Franch.

  （2）马尾松 *Pinus massoniana* Lamb

  （3）油松 *Pinus tabulaeformis* Carr.

  （4）黑松* *Pinus thunbergii* Parl.

3. 杉科 Taxodiaceae

 1）柳杉属 *Cryptcmeria* D. Don

  （1）日本柳杉* *Cryptomeria japonica*（L. f.）D. Don

  （2）柳杉* *Cryptcmeria fortunei* Hooibrenk ex Otto et Dietr.

2）杉木属 *Cunninghamia* R. Br.

（1）杉木 *Cunninghamia lanceolata*（Lamb.）Hook.

3）水杉属 *Metasequoia* Miki ex Hu et Cheng

（1）水杉* *Metasequoia glyptostroboides* Hu et Cheng

4. 柏科 Cupressaceae

1）柏木属 *Cupressus* L.

（1）柏木 *Cupressuss funebris* Endl.

2）刺柏属 *Juniperus* L.

（1）刺柏 *Juniperus formosana* Hayata

3）侧柏属 *Platycladus* Spach

（1）侧柏 *Platycladus orientalis*（L.）Franco

4）圆柏属 *Sabina* Mill.

（1）圆柏 *Sabina chinensis*（L.）Ant.

5. 三尖杉科 Cephalotaxaceae

1）三尖杉属 *Cephalotaxus* S. et Z. ex Endl.

（1）三尖杉 *Cephalotaxus fortunei* Hook. f.

（2）粗榧 *Cephalotaxus sinensis*（Rehd. et Wils.）Li

6. 红豆杉科 Taxaceae

1）红豆杉属 *Taxus* L.

（1）红豆杉 *Taxus chinensis*（Pilger）Rehd.

2）榧树属 *Torreya* Arn.

（1）巴山榧树 *Torreya fargesii* Franch.

（2）榧树 *Torreya fargesii* Fort. Ex Lindl

被子植物门　Agniospermae

1. 木兰科 Magoliaceae

1）鹅掌楸属 *Liriodendron* L.

（1）鹅掌楸 *Liriodendron chinensis*（Hemsl.）Sarg.

2）木兰属 *Magnolia* L.

（1）华中木兰 *Magnolia biondii* Pamp.

（2）玉兰 *Magnolia denudata* Desr.

（3）紫花玉兰 *Magnolia liliflora* Desr.

（4）厚朴* *Magnolia officinalis* Rehd. et Wils.

（5）武当木兰 *Magnolia sprengeri* Pamp.

3）含笑属 *Michelia* L.

（1）黄心夜合 *Michelia martinii*（Lévl.）Dandy

2. 八角科 Illiciaceae

1）八角属 *Illicium* L.

（1）红茴香 *Illicium henryi* Diels

3. 五味子科 Schisandraceae

1）五味子属 *Schisandra* Michx.

（1）兴山五味子 *Schisandra incarnata* Stapf

（2）铁箍散 *Schisandra propinqua*（Wall.）Baill. var. *sinensis* Oliv.

（3）华中五味子 *Schisandra sphenanthena* Rehd. et Wils Oliv.

  （4）五味子　*Schisandra chinensis*（Turcz.）Baill.

4. 领春木科　Eupteleaceae

  1）领春木属　*Euptelea* S. et Z.

   （1）领春木　*Euptelea pleiosperma* Hk. f. et Thoms

5. 樟科　Lauraceae

  1）樟属　*Cinnamomum* Trew

   （1）樟树　*Cinnamomum camphora*

   （2）川桂　*Cinnamomum wilsonii* Gamble

   （3）阔叶樟　*Cinnamomum platyphyllum*（Diels）Allen

   （4）香桂　*Cinnamomum subavenium* Miq.

   （5）少花桂　*Cinnamomum pauciflorum* Nees

  2）山胡椒属　*Lindera* Thunb.

   （1）香叶树　*Lindera communis* Hemsl.

   （2）香叶子　*Lindera fragrans* Oliv.

   （3）绿叶甘橿　*Lindera fruticosa* Hemsl.

   （4）山胡椒　*Lindera glauca*（S. et z.）Bl.

   （5）黑壳楠　*Lindera megaphylla* Hemsl.

   （6）三桠乌药　*Lindera obtusiloba* Bl.

   （7）山橿　*Lindera reflexa* Hemsl.

   （8）红脉钓樟　*Lindera rubronervia* Gamble

   （9）香粉叶　*Lindera pulcherrima*（Wall.）Benth. var. *attenuata* Allen

  3）木姜子属　*Litsea* Lam.

   （1）宜昌木姜子　*Litsea ichangensis* Gamble

   （2）木姜子　*Litsea pungens* Hemsl.

   （3）绢毛木姜子　*Litsea sericea*（Nees）Hk. f.

   （4）山鸡椒　*Litsea cubeba*（Lour.）Pers.

  4）新木姜子属　*Neolitsea* Merr.

   （1）新木姜子　*Neolitsea aurata*（Hayata）Koidz.

  5）楠属　*Phoebe* Nees

   （1）山楠　*Phoebe chinensis* Chun

   （2）竹叶楠　*Phoebe faberi*（Hemsl.）Chum

   （3）白楠　*Phoebe neurantha*（Hemsl.）Gamble.

   （4）楠木　*Phoebe nanmu*（Oliv.）Gamble

  6）檫木属　*Sassafras* Trew

   （1）檫木　*Sassafras tzumu*（Hemsl.）Hemsl.

6. 毛茛科　Ranunculaceae

  1）乌头属　*Aconitum* L.

   （1）乌头　*Aconitum carmichaeli* Debx.

   （2）瓜叶乌头　*Aconitum hemsleyanum* Pritz.

   （3）川鄂乌头　*Aconitum henryi* Pritz.

   （4）花葶乌头　*Aconitum scaposum* Franch.

   （5）高乌头　*Aconitum sinomontanum* Nakai

  2）类叶升麻属　*Actaea* L.

   （1）类叶升麻　*Actaea asiatica* Hara

3）银莲花属　*Anemone* L.

(1) 打破碗花花　*Anemone hupehensis* Lem.

(2) 大火草　*Anemone tomentosa*（Maxim.）Pei

4）楼斗菜属　*Aquilegia* L.

(1) 华北楼斗菜　*Aquilegia yabeana* Kitag.

5）升麻属　*Cimicifuga* L.

(1) 小升麻　*Cimicifuga acerina*（Sieb. et Zucc.）Tanaka

(2) 升麻　*Cimicifuga foetida* L.

(3) 单穗升麻　*Cimicifuga simplex* Wormsk.

6）铁线莲属　*Clematis* L.

(1) 威灵仙　*Clematis chinensis* Osbeck

(2) 铁线莲　*Clematis florida* Thunb.

(3) 单叶铁线莲　*Clematis henryi* Oliv.

(4) 大叶铁线莲　*Clematis heracleifolia* DC.

(5) 巴山铁线莲　*Clematis kirilowii* Maxim. var. *pashanensis* M. C. Chang

(6) 陕西铁线莲　*Clematis shensiensis* W. T. Wang

(7) 圆锥铁线莲　*Clematis terniflora* DC.

(8) 柱果铁线莲　*Clematis uncinata* Champ.

(9) 花木通　*Clematis montana* Buch. -Ham.

7）黄连属　*Coptis* Salisb.

(1) 黄连　*Coptis chinensis* Franch.

8）翠雀属　*Delphinium* L.

(1) 大花还亮草　*Delphinium anthriscifolium* Hance var. *majus* Pamp.

(2) 腺毛翠雀花　*Delphinium grandiflorum* L. var. *glandulosum* W. T. Wang

9）人字果属　*Dichocarpum* W. T. Wang et Hsiao

(1) 耳状人字果　*Dichocarpum auriculatum*（Franch.）W. T. Wang

10）獐耳细辛属　*Hepatica* Mill.

(1) 川鄂獐耳细辛　*Hepatica henryi*（Oliv.）Steward

11）芍药属　*Paeonia* L.

(1) 芍药*　*Paeonia lactiflora* Pall.

(2) 草芍药　*Paeonia obovata* Maxim.

(3) 牡丹　*Paeonia suffruticosa* Andr.

(4) 紫斑牡丹　*Paeonia suffruticosa* Andr. var. *papaveracea*（Andr.）Kerner

12）白头翁属　*Pulsatilla* Adans.

(1) 白头翁　*Pulsatilla chinensis*（Bge.）Regel.

13）毛茛属　*Ranunculus* L.

(1) 田野毛茛　*Ranunculus arvensis* L.

(2) 毛茛　*Ranunculus japonicus* Thunb.

(3) 茴茴蒜　*Ranunculus chinensis* Bge.

(4) 石龙芮　*Ranunculus sceleratus* L.

(5) 扬子毛茛　*Ranunculus sieboldii* Miq.

(6) 禺毛茛　*Ranunculus cantoniensis* DC.

14）天葵属　*Semiaquilegia* Mak.

(1) 天葵　*Semiaquilegia adoxoides*（DC.）Mak.

15) 唐松草属　*Thalictrum* L.

 (1) 西南唐松草　*Thalictrum fargesii* Franch. ex Finet et Gagn.

 (2) 盾叶唐松草　*Thalictrum ichangense* Lecoy. ex Oliv.

 (3) 东亚唐松草　*Thalictrum minus* L. var. *hypoleucum* (S. et Z.) Miq.

 (4) 瓣蕊唐松草　*Thalictrum petaloideum* L.

 (5) 粗壮唐松草　*Thalictrum robustum* Maxim.

7. 小檗科　Berberidaceae

 1) 小檗属　*Berberis* L.

  (1) 硬齿小檗　*Berberis bergmanniae* Schneid.

  (2) 短柄小檗　*Berberis brachypoda* Maxim.

  (3) 直穗小檗　*Berberis dasystachya* Maxim.

  (4) 川鄂小檗　*Berberis henryana* Schneid.

  (5) 蚝猪刺　*Berberis julianae* Schneid.

  (6) 长叶蚝猪刺　*Berberis julianae* Schneid. var. *oblongifolia* Ahrendt

  (7) 锥花小檗　*Berberis aggregata* Schneid.

 2) 红毛七属　*Caulophyllum* Michx.

  (1) 红毛七　*Caulophyllum robustum* Maxim.

 3) 淫羊藿属　*Epimedium* L.

  (1) 粗毛淫羊藿　*Epimedium acuminatum* Franch.

  (2) 华西淫羊藿　*Epimedium davidii* Franch.

  (3) 柔毛淫羊藿　*Epimedium pubescens* Maxim.

  (4) 三枝九叶草　*Epimedium sagittatum* (S et Z) Maxim.

 4) 十大功劳属　*Mahonia* Nutt.

  (1) 阔叶十大功劳　*Mahonia bealei* (Fort.) Carr.

  (2) 刺黄柏　*Mahonia confuca* Spraque.

  (3) 华南十大功劳　*Mahonia japonica* (thunb.) DC.

 5) 南天竹属　*Nandina* Thunb.

  (1) 南天竹　*Nandina domestica* Thunb.

 6) 八角莲属　*Dysosma* Woods.

  (1) 八角莲　*Dysosma versipellis* (Hance) M. Cheng

8. 木通科　Lardizabalaceae

 1) 木通属　*Akebia* Decne.

  (1) 五叶木通　*Akebia quinata* (Thunb.) Decne.

  (2) 三叶木通　*Akebia trifoliata* (Thunb.) Koidz.

 2) 猫儿屎属　*Decaisnea* Hk. F. et Thoms.

  (1) 猫儿屎　*Decaisnea fargesii* Franch.

 3) 鹰爪枫属　*Holboellia* Wall.

  (1) 五风藤　*Holboellia fargesii* Reaub.

  (2) 鹰爪枫　*Holboellia coriacea* Diels

 4) 串果藤属　*Sinofranchetia* Hemsl.

  (1) 串果藤　*Sinofranchetia chinensis* (Franch.) Hemsl.

9. 大血藤科　Sargentodoxaceae

 1) 大血藤属　*Sargentodoxa* Rehd. et Wils.

  (1) 大血藤　*Sargentodoxa cuneata* (Oliv.) Rehd. et Wils.

10. 防己科 Menispermaceae

　　1）木防己属 *Cocculus* DC.

　　　　（1）木防己 *Cocculus orbiculatus*（L.）DC.

　　2）轮环藤属 *Cyclea* Arn. ex Wight

　　　　（1）轮环藤 *Cyclea racemosa* Oliv.

　　3）蝙蝠葛属 *Menispermum* L.

　　　　（1）蝙蝠葛 *Menispermum dauricum* DC.

　　4）防己属 *Sinomenium* Diels

　　　　（1）防己 *Sinomenium acutum*（Thunb.）Rehd. et Wils.

　　　　（2）毛防己 *Sinomenium acutum*（Thunb.）Rehd. et Wils. var. *cinerum*（Diels）Rehd.

　　5）千金藤属 *Stephania* Lour

　　　　（1）金线吊乌龟 *Stephania cepharantha* Hay.

　　　　（2）千金藤 *Stephania japonica*（Thunb.）Miers

　　　　（3）粉防己 *Stephania tetrandra* S. Moore

　　　　（4）草质千金藤 *Stephania herbacea* Gagn.

　　6）青牛胆属 *Tinospora Miersex* Hk. f. et Thoms.

　　　　（1）青牛胆 *Tinospora sagittata*（Oliv.）Gagn.

11. 马兜铃科 Aristolochiaceae

　　1）马兜铃属 *Aristolochia* L.

　　　　（1）马兜铃 *Aristolochia debilis* S. et Z.

　　　　（2）异叶马兜铃 *Aristolochia heterophylla* Hemsl.

　　　　（3）木通马兜铃 *Aristolochia mandshurensis* Komar.

　　2）细辛属 *Asarum* L.

　　　　（1）铜钱细辛 *Asarum debile* Franch.

　　　　（2）细辛 *Asarum sieboldii* Miq.

　　　　（3）南漳细辛 *Asarum sprengeri* Pamp.

　　　　（4）双叶细辛 *Asarum caulescens* Maxim.

　　　　（5）单叶细辛 *Asarum himalaicum* Hk. f. et Thoms. ex Klotzsch.

　　3）马蹄香属☆ *Saruma* Oliv.

　　　　（1）马蹄香 *Saruma henryi* Oliv.

12. 胡椒科 Piperaceae

　　1）胡椒属 *Piper* L.

　　　　（1）石南藤 *Piper wallichii*（Miq.）H. -M.

13. 三白草科 Saururaceae

　　1）蕺草属 *Houttuynia* Thunb.

　　　　（1）蕺菜 *Houttuynia cordata* Thunb.

14. 金粟兰科 Chloranthaceae

　　1）金粟兰属 *Chloranthus* Sw.

　　　　（1）宽叶金粟兰 *Chloranthus henryi* Hemsl.

　　　　（2）多穗金粟兰 *Chloranthus multistachys* Pei

　　　　（3）及己 *Chloranthus serratus*（Thunb.）Roem. et Schult.

　　　　（4）丝穗金粟兰 *Chloranthus fortunei*（A. Gray）Solms-Laub.

　　2）草珊瑚属 *Sarcandra* Gardn.

　　　　（1）草珊瑚 *Sarcandra glabra*（Thunb.）Nakai

15. 罂粟科　Papaveraceae
　　1）血水草属☆　*Eomecon* Hance
　　　　（1）血水草　*Eomecon chionantha* Hance
　　2）荷青花属　*Hylomecon* Maxim.
　　　　（1）多裂荷青花　*Hylomecon japonica*（Thunb.）Prantl et Kunidig var. *dissecta*（Franch. et Savat）Fedde
　　　　（2）锐裂荷青花　*Hylomecon japonica*（Thunb.）Prantl et Kunidig var. *subincisa* Fedde
　　3）博落回属　*Macleaya* R. Br.
　　　　（1）博落回　*Macleaya cordata*（Willd.）R. Br.
　　　　（2）小果博落回　*Macleaya microcarpa*（Maxim.）Fedde
　　4）人血草属　*Stylophorum* Nutt.
　　　　（1）人血草　*Stylophorum lasiocarpum*（Oliv.）Fedde
　　5）白屈菜属　*Chelidonium* L.
　　　　（1）白屈菜　*Chelidonium majus* L.
16. 紫堇科　Fumariaceae
　　1）紫堇属　*Corydalis* DC.
　　　　（1）碎米蕨叶黄堇　*Corydalis cheilanthifolia* Hemsl.
　　　　（2）紫堇　*Corydalis edulis* Maxim.
　　　　（3）蛇果黄堇　*Corydalis ophiocarpa* Hook. f. et Thoms.
　　　　（4）黄堇　*Corydalis pallida*（Thunb.）Pers.
　　　　（5）草黄堇　*Corydalis straminea* Maxim.
17. 十字花科　Cruciferae
　　1）荠属　*Capsella* Medik.
　　　　（1）荠　*Capsella bursa-pastoris*（L.）Medik.
　　2）碎米荠属　*Cardamine* L.
　　　　（1）光头山碎米荠　*Cardamine engleriana* O. E. Schulz
　　　　（2）碎米荠　*Cardamine hirsata* L.
　　　　（3）白花碎米荠　*Cardamine leucantha*（Tausch.）O. E. Schulz
　　　　（4）华中碎米荠　*Cardamine urbaniana* O. E. Schulz
　　　　（5）弹裂碎米荠　*Cardamine impatiens* L.
　　　　（6）弯曲碎米荠　*Cardamine flexuosa* With.
　　3）播娘蒿属　*Descurainia* Webb et Berth.
　　　　（1）播娘蒿　*Descurainia Sophia*（L.）Webb ex Prantl
　　4）葶苈属　*Draba* L.
　　　　（1）葶苈　*Draba nemorosa* L.
　　5）糖芥属　*Erysimum* L.
　　　　（1）小花糖芥　*Erysimum cheriranthoides* L.
　　6）独行菜属　*Lepidium* L.
　　　　（1）独行菜　*Lepidium apetalum* Willd.
　　　　（2）北美独行菜　*Lepidium virginicum* L.
　　7）蔊菜属　*Rorippa* Scop.
　　　　（1）无瓣蔊菜　*Rorippa dubia*（Pers.）Hara
　　　　（2）蔊菜　*Rorippa indica*（L.）Hiern
　　　　（3）广州蔊菜　*Rorippa cantoniensis*（Lour.）Ohwi

8）菥蓂属　*Thlaspi* L.

　　（1）菥蓂　*Thlaspi arvense* L.

9）诸葛菜属　*Orychophragmus* Bge.

　　（1）诸葛菜　*Orychophragmus villaceus*（L）. O. E. Schulz

18. 堇菜科　Violaceae

1）堇菜属　*Viola* L.

　　（1）鸡腿堇菜　*Viola acuminata* Ledeb.

　　（2）蔓茎堇菜　*Viola diffusa* Ging.

　　（3）阔萼堇菜　*Viola grandisepala* W. Beck.

　　（4）紫花堇菜　*Viola grypoceras* A. Gray

　　（5）长萼堇菜　*Viola inconspicla* Bl.

　　（6）萱　*Viola vaginata* Maxim.

　　（7）堇菜　*Viola verecunda* A. Gray

　　（8）白毛堇菜　*Viola yedoensis* Mak.

　　（9）毛果堇菜　*Viola collina* Bess.

　　（10）密毛蔓茎堇　*Viola fargesii* H. de Boiss.

19. 远志科　Polygalaceae

1）远志属　*Polygala* L.

　　（1）瓜子金　*Polygala japonica* Houtt.

　　（2）小扁豆　*Polygala tatarinowii* Regel

　　（3）远志　*Polygala tenuifolia* Willd.

20. 景天科　Crassulaceae

1）瓦松属　*Orostachys*（DC.）Fisch.

　　（1）瓦松　*Orostachys fimbriatus*（Turcz.）Berger

2）景天属　*Sedum* L.

　　（1）费菜　*Sedum aizoon* L.

　　（2）大苞景天　*Sedum amplibracteatum* K. T. Fu

　　（3）凹叶景天　*Sedum emarginatum* Migo

　　（4）小山飘风　*Sedum filipes* Hemsl.

　　（5）佛甲草　*Sedum lineare* Thunb.

　　（6）垂盆草　*Sedum sarmentosum* Bge.

　　（7）火焰草　*Sedum stellariifolium* Franch.

　　（8）轮叶景天　*Sedum verticillatum* L.

3）石莲属　*Sinocrassula* Berger

　　（1）石莲　*Sinocrassula indica*（Decne.）Berger

21. 虎耳草科　Saxifragaceae

1）落新妇属　*Astilbe* Buch. -Ham.

　　（1）落新妇　*Astilbe chinensis*（Maxim.）Franch. et Sav.

2）金腰属　*Chrysosplenium* L.

　　（1）蜕叶金腰　*Chrysosplenium henryi* Franch.

　　（2）绵毛金腰　*Chrysosplenium lanuginosum* Hk. f. et Thoms. .

　　（3）大叶金腰　*Chrysosplenium macrophyllum* Oliv.

3）扯根菜属　*Penthorum* L.

　　（1）扯根菜　*Penthorum chinense* Pursh

4）鬼灯檠属 *Rodgersia* A. Gray

（1）鬼灯檠 *Rodgersia aesculifolia* Batal.

5）虎耳草属 *Saxifraga* L.

（1）虎耳草 *Saxifraga stolonifera* Meerb.

（2）红毛虎耳草 *Saxifraga rufescens* Balf. f.

6）黄水枝属 *Tiarella* L.

（1）黄水枝 *Tiarella polyphylla* D. Don

22. 石竹科 Caryophyllaceae

1）蚤缀属 *Arenaria* L.

（1）蚤缀 *Arenaria serpyllifolia* L.

2）卷耳属 *Cerastium* L.

（1）簇生卷耳 *Cerastium caespitosum* Gilib.

（2）球序卷耳 *Cerastium glomeratum* Thuill.

（3）鄂西卷耳 *Cerastium wilsonii* Takeda

3）狗筋蔓属 *Cucubalus* L.

（1）狗筋蔓 *Cucubalus* baccifer L.

4）石竹属 *Dianthus* L.

（1）石竹 *Dianthus chimensis* L.

（2）瞿麦 *Dianthus superbus* L.

（3）长萼石竹 *Dianthus longicalyx* Miq.

5）剪秋罗属 *Lychnis* L.

（1）剪秋罗 *Lychnis senno* S. et Z.

（2）剪夏罗 *Lychnis coronata* Thunb.

6）女娄菜属 *Melandrium* Roehl.

（1）女娄菜 *Melandrium apricum*（Turcz）Rohrb.

（2）无毛女娄菜 *Melandrium firmum*（S. et Z.）Rohrb.

7）种阜草属 *Moehringia* L.

（1）三脉种阜草 *Moehringia trinervia* Claiv.

8）鹅肠菜属 *Myosoton* Moench

（1）鹅肠菜 *Myosoton aquaticum*（L.）Moench

9）白鼓丁属 *Polycarpaea* Lam.

（1）白鼓丁 *Polycarpaea corymbosa*（L.）Lam.

10）孩儿参属 *Pseudosteliaria* Pax

（1）孩儿参 *Pseuosteliaria heterophylla*（Miq.）Pax et Hoffm.

11）漆姑草属 *Sagina* L.

（1）漆姑草 *Sagina japonica*（Sw.）Ohwi

12）蝇子草属 *Silene* L.

（1）麦瓶草 *Silene conoidea* L.

（2）蝇子草 *Silene fortunei* Vis.

（3）湖北蝇子草 *Silene hupehensis* C. L. Tang

13）繁缕属 *Stellaria* L.

（1）中国繁缕 *Stellaria chinensis* Regel

（2）繁缕 *Stellaria media*（L.）Cyr.

（3）石生繁缕 *Stellaria vestita* Kurz

(4) 雀舌草　*Stellaria alsine* Grimm.

14) 麦蓝菜属　*Vaccaria* Medic.

(1) 麦蓝菜　*Vaccaria segetalis*（Neck.）Garcke

23. 粟米草科　Mollugoceae

1) 粟米草属　*Mollugo* L.

(1) 粟米草　*Mollugo pentaphylla* L.

24. 马齿苋科　Portulacaceae

1) 马齿苋属　Portulaca L.

(1) 马齿苋　*Portulaca oleracea* Hk.

25. 蓼科　Polygonaceae

1) 金线草属　*Antenoron* Raf.

(1) 金线草　*Antenoron filiforme*（Thunb.）Roberty et Vautier

(2) 短毛金线草　*Antenoron neofiliforme*（Nakai）Hara

2) 荞麦属　*Fagopyrum* Mill.

(1) 金荞麦　*Fagopyrum dibotrys*（D. Don）Hara

(2) 苦荞麦　*Fagopyrum tataricum*（L.）Gaertn.

3) 蓼属　*Polygonum* L.

(1) 萹蓄　*Polygonum aviculare* L.

(2) 丛枝蓼　*Polygonum caespitosum* Bl.

(3) 头花蓼　*Polygonum capitatum* Buch. -Ham. ex D. Don

(4) 火炭母　*Polygonum chiense* L.

(5) 虎杖　*Polygonum cuspidatum* S. et Z.

(6) 水蓼　*Polygonum hydropiper* L.

(7) 大花蓼　*Polygonum macranthum* Meisn.

(8) 何首乌　*Polygonum multiflorum* Thunb.

(9) 红蓼　*Polygonum orientale* L.

(10) 杠板归　*Polygonum perfoliatum* L.

(11) 支柱蓼　*Polygonum suffultum* Maxim.

(12) 粘毛蓼　*Polygonum viscosum* Buch. -Ham. ex D. Don

(13) 戟叶蓼　*Polygonum thunbergii* S. et Z.

(14) 香蓼　*Polygonum viscosum* Buch. -Ham.

(15) 两栖蓼　*Polygonum amphibium* L.

(16) 毛蓼　*Polygonum barbatum* L.

(17) 疏花蓼　*Polygonum praetermissum* Hk. f.

(18) 大箭叶蓼　*Polygonum sagittifolium* L. et Vant.

4) 翼蓼属　*Pteroxygonum* Damm. et Diels

(1) 翼蓼属　*Pteroxygonum giraldii* Damm. et Diels

5) 大黄属　*Rheum* L.

(1) 大黄　*Rheum officinale* Baill.

6) 酸模属　*Rumex* L.

(1) 酸模　*Rumex acetosa* L.

(2) 羊蹄　*Rumex japonca* Houtt.

(3) 皱叶酸模　*Rumex crispus* L.

26. 商陆科　Phytolaccaceae

　　1) 商陆属　*Phytolacca* L.

　　　(1) 商陆　*Phytolacca acinosa* Roxb.

27. 假繁缕科　Theligonaceae

　　1) 假繁缕属　*Theligonum* L.

　　　(1) 假繁缕　*Theligonum macranthum* Franch.

28. 藜科　Chenopodiaceae

　　1) 藜属　*Chenopodium* L.

　　　(1) 藜　*Chenopodium album* L.

　　　(2) 小藜　*Chenopodium serotinum* L.

　　2) 地肤属　*Kochia* Roth

　　　(1) 地肤　*Kochia scoparia*（L.）Schrad.

29. 苋科　Amaranthaceae

　　1) 牛膝属　*Achyranthes* L.

　　　(1) 土牛膝　*Achyranthes aspera* L.

　　　(2) 牛膝　*Achyranthes bidentata* Bl.

　　2) 苋属　*Amaranthus* L.

　　　(1) 尾穗苋　*Amaranthus caudatus* L.

　　　(2) 刺苋　*Amaranthus spinosus* L.

　　　(3) 皱果苋　*Amaranthus viridis* L.

　　3) 青葙属　*Celosia* L.

　　　(1) 青葙　*Celosia argentea* L.

30. 亚麻科　Linaceae

　　1) 亚麻属　*Linum* L.

　　　(1) 野亚麻　*Linum stelleroides* Planch.

31. 牻牛儿苗科　Geraniaceae

　　1) 老鹳草属　*Geranium* L.

　　　(1) 野老鹳草　*Geranium carolinianum* L.

　　　(2) 湖北老鹳草　*Geranium hupehanum* Kunth

　　　(3) 鼠掌老鹳草　*Geranium sibiricum* L.

　　　(4) 老鹳草　*Geranium wilfordii* Maxim.

32. 酢浆草科　Oxalidaceae

　　1) 酢浆草属　*Oxalis* L.

　　　(1) 酢浆草　*Oxalis corniculata* L.

　　　(2) 山酢浆草　*Oxalis griffithii* Edgew. et Hk. f.

33. 凤仙花科　Balsaminaceae

　　1) 凤仙花属　*Impatiens* L.

　　　(1) 睫萼凤仙花　*Impatiens blepharosepala* Pritz. ex Diels

　　　(2) 长翼凤仙花　*Impatiens longialata* Pritz. ex Diels

　　　(3) 翼萼凤仙花　*Impatiens pterosepala* Pritz. ex Hk. f.

　　　(4) 黄金凤　*Impatiens siculifer* Hk. f.

　　　(5) 窄萼凤仙花　*Impatiens stenosepala* Pritz. ex Diels

　　　(6) 水金凤　*Impatiens noli-tangere* L.

34. 千屈菜科　Lythraceae

　　1) 紫薇属　*Lagerstroemia* L.

（1）南紫薇　*Lagerstroemia subcostata* Koehne

（2）紫薇　*Lagerstroemia indica* L.

2）千屈菜属　*Lythrum* L.

（1）千屈菜　*Lythrum salicaria* L.

3）节节菜属　*Rotala* L.

（1）圆叶节节菜　*Rotala rotundifolia*（Buch.-Ham. ex Roexb.）Koehne

（2）节节菜　*Rotala indica*（Willd.）Koehne

35. 柳叶菜科　Onagraceae

1）露珠草属　*Circaea* L.

（1）露珠草　*Circaea cordata* Royle

（2）南方露珠草　*Circaea mollis* S. et Z.

2）柳叶菜属　*Epilobium* L.

（1）柳叶菜　*Epilobium hirsutum* L.

（2）长籽柳叶菜　*Epilobium pyrricholophum* Franch. et Sav.

（3）阔柱柳叶菜　*Epilobium platystigmatosum* C. B. Robins.

3）丁香蓼属　*Ludwigia* L.

（1）水龙　*Ludwigia adscendens*（L.）Hara

（2）丁香蓼　*Ludwigia prostrata* Roxb.

36. 瑞香科　Thymelaeaceae

1）瑞香属　*Daphne* L.

（1）芫花　*Daphne genkwa* S. et Z.

（2）白瑞香　*Daphne papyracea* Wall. ex Steud.

2）结香属　*Edgeworthia* Meissn.

（1）结香　*Edgeworthia chrysantha* Lindl.

3）荛花属　*Wikstroemia* Endl.

（1）小黄构　*Wikstroemia micrantha* Hemsl.

37. 马桑科　Coriariaceae

1）马桑属　*Coriaria* L.

（1）马桑　*Coriaria nepalensis* Wall.

38. 海桐科　Pittosporaceae

1）海桐属　*Pittosporum* Banks ex Soland.

（1）崖花海桐　*Pittosporum sahnianum* Gowda

（2）棱果海桐　*Pittosporum trigonocarpum* Levl.

（3）崖花子　*Pittosporum truncatum* Pritz.

（4）皱叶海桐　*Pittosporum crispulum* Gagn.

39. 大风子科　Flacourtiaceae

1）山桐子属　*Idesia* Maxim.

（1）山桐子　*Idesia polycarpa* Maxim.

2）山拐枣属☆　*Poliothyrsis* Oliv.

（1）山拐枣　*Poliothyrsis sinensis* Oliv.

3）柞木属　*Xylosoma* Forst. f.

（1）柞木　*Xylosoma japonica*（Walp.）A. Gray

（2）毛柞木　*Xylosoma japonica*（Walp.）A. Gray var. pubescens（Rehd. et Wils）C. Y. Chang

40. 葫芦科　Cucurbitaceae
　　1）绞股蓝属　*Gynostemma* Bl.
　　　（1）绞股蓝　*Gynostemma pentaphyllum*（Thunb.）Mak.
　　2）雪胆属　*Hemsleya* Cogn.
　　　（1）雪胆　*Hemsleya chinensis* Cogn. ex Forbes et Hemsl.
　　3）苦瓜属　*Momordica* L.
　　　（1）木鳖　*Momordica cochinchinensis*（Lour.）Spreng.
　　4）赤瓟属　*Thladiantha* Bge.
　　　（1）斑赤瓟　*Thladiantha maculata* Cogn.
　　　（2）南赤瓟　*Thladiantha nudifloa* Hemsl. ex Forbes et Hemsl.
　　　（3）长毛赤瓟　*Thladiantha villosula* Cogn.
　　5）栝楼属　*Trichosanthes* L.
　　　（1）王瓜　*Trichosanthescucumeroides*（Ser.）Maxim.
　　　（2）日本栝楼　*Trichosanthes japonica* Regel
　　　（3）栝楼　*Trichosanthes kirilowii* Maxim.
　　　（4）中华栝楼　*Trichosanthes rosthornii* Harms
41. 秋海棠科　Begoniaceae
　　1）秋海棠属　*Begonia* L.
　　　（1）秋海棠　*Begonia evansiana* Andr.
　　　（2）中华秋海棠　*Begonia sinensis* A. DC.
42. 茶科　Theaceae
　　1）山茶属　*Camellia* L.
　　　（1）长尾叶山茶　*Camellia caudata* Wall.
　　　（2）尖连蕊茶　*Camellia cuspidata*（Kochs）Wright ex Gard.
　　　（3）油茶　*Camellia oleifera* Abel
　　　（4）茶　*Camellia sinensis*（L.）O. Ktze.
　　2）柃属　*Eurya* Thunb.
　　　（1）翅柃　*Eurya alata* Kob.
　　　（2）细齿叶柃　*Eurya nitida* Korth.
43. 猕猴桃科　Actinidiaceae
　　1）猕猴桃属　*Actinidia* Lindl.
　　　（1）京梨猕猴桃　*Actinidia callosa* Lindl. var. *henryi* Maxim.
　　　（2）中华猕猴桃　*Actinidia chinensis* Planch.
　　　（3）葛枣猕猴桃　*Actinidia polygama*（S. et Z.）Maxim
　　　（4）美味猕猴桃　*Actinidia deliciosa*（A. Chev.）C. F. Liang et A. R. Ferguson
44. 野牡丹科　Melastomaceae
　　1）肉穗草属　*Sarcopyramis* Wall.
　　　（1）楮头红　*Sarcopyramis nepalensis* Wall.
45. 金丝桃科　Hypericaceae
　　1）金丝桃属　*Hypericum* L.
　　　（1）黄海棠　*Hypericum ascyron* L.
　　　（2）赶山鞭　*Hypericum attenuatum* Choisy
　　　（3）地耳草　*Hypericum japonicum* Thunb.
　　　（4）金丝桃　*Hypericum monogynum* L.

　　　(5) 贯叶连翘　*Hypericum perforatum* L.

　　　(6) 元宝草　*Hypericum sampsonii* Hance

　　　(7) 密腺小连翘　*Hypericum seniavinii* Maxim.

　　　(8) 长柱金丝桃　*Hypericum longistylum* Oliv.

46. 椴树科　Tiliaceae

　　1) 田麻属　*Corchoropsis* S. et Z.

　　　(1) 毛果田麻　*Corchoropsis tomentosa*（Thunb.）Mak.

　　　(2) 田麻　*Corchoropsis crenata* S. et Z.

　　2) 扁担杆属　*Grewia* L.

　　　(1) 扁担杆　*Grewia biloba* G. Don.

　　　(2) 小花扁担杆　*Grewia biloba* G. Don. var. *parviflora*（Bge.）H. -M.

　　3) 椴树属　*Tilia* L.

　　　(1) 糯米椴　*Tilia henryana* var. *subglabra* V. Engl.

　　　(2) 椴树　*Tilia tuan* Szyszyl.

　　　(3) 粉椴　*Tilia oliveri* Szyszyl.

47. 梧桐科　Sterculiaceae

　　1) 梧桐属　*Firmiana* Marsili

　　　(1) 梧桐　*Firmiana platanifolia*（L. f.）Marsili.

　　2) 马松子属　*Melochia* L.

　　　(1) 马松子　*Melochia corchorifolia* L.

48. 锦葵科　Malvaceae

　　1) 苘麻属　*Abutilon* Mill.

　　　(1) 苘麻　*Abutilon theophrasti* Medik.

　　2) 木槿属　*Hibiscus* L.

　　　(1) 木槿　*Hibiscus syriacus* L.

　　　(2) 野西瓜苗　*Hibiscus trionum* L.

　　3) 梵天花属　*Urena* L.

　　　(1) 梵天花　*Urena Lobata* L.

49. 大戟科　Euphorbiaceae

　　1) 铁苋菜属　*Acalypha* L.

　　　(1) 铁苋菜　*Acalypha australis* L.

　　2) 山麻杆属　*Alchornea* Sw.

　　　(1) 山麻杆　*Alchornea davidii* Franch.

　　3) 重阳木属　*Bischofia* Bl.

　　　(1) 重阳木　*Bischofia javanica* Bl.

　　4) 假奓包叶属　*Discocleidion*（Muell. -Arg.）Pax et Hoffm.

　　　(1) 假奓包叶　*Diacocleidion rufescens*（Franch.）Pax et Hoffm.

　　5) 大戟属　*Euphorbia* L.

　　　(1) 泽漆　*Euphorbia helioscopia* L.

　　　(2) 飞扬草　*Euphorbia hirta* L.

　　　(3) 地锦　*Euphorbia humifusa* Willd.

　　　(4) 斑地锦　*Euphorbia maculata* L.

　　　(5) 西南大戟　*Euphorbia hylonoma* H. -M

　　　(6) 大戟　*Euphorbia pekinensis* Rupr.

(7) 湖北大戟　*Euphorbia pekinensis* Rupr. var. *hupehensis* Hurusawa

(8) 黄苞大戟　*Euphorbia chrysocoma* Levl. et Vant.

(9) 长圆叶大戟　*Euphorbia henryi* Hemsl.

6) 算盘子属　*Glochidion* J. R. et G. Forst.

　　(1) 算盘子　*Glochidion puberum*（L.）Hutch.

7) 雀儿舌头属　*Leptopus* Decne.

　　(1) 雀儿舌头　*Leptopus chinensis*（Bge.）Pojark.

8) 野桐属　*Mallotus* Lour.

　　(1) 白背叶　*Mallotus apelta*（Lour.）Muell. -Arg.

　　(2) 野桐　*Mallotus japonicum*（Thunb.）Muell. -Arg. var. *floccosus*（Muell. -Arg.）S. M. Hwang

　　(3) 粗糠柴　*Mallotus philippinensis*（Lam.）Muell. -Arg.

　　(4) 石岩枫　*Mallotus repandus*（Wild.）Muell. -Arg.

　　(5) 腺叶石岩枫　*Mallotus contubemalis* Hance

9) 叶下珠属　*Phyllanthus*　L.

　　(1) 青灰叶下珠　*Phyllanthus glaucus* wall. Ex Nuell-Arg.

　　(2) 叶下珠　*Phyllanthus urinaria* L.

10) 乌桕属　*Sapium* R. Br

　　(1) 乌桕　*Sapium sebiferum*（L.）Roxb.

　　(2) 山乌桕　*Sapium discolor*（Champ. et Benth.）Muell. -Arg.

11) 地构叶属☆　*Speranskia* Baill.

　　(1) 广州地构叶　*Speranskia cantonensis*（Hance）Pax et Hoffm.

　　(2) 地构叶　*Speranskia tuberculata*（Bge.）Baill.

12) 油桐属　*Vernicia* Lour.

　　(1) 油桐*　*Vernicia fordii*（Hemsl.）Airy-Shaw

50. 虎皮楠科　Daphniphyllaceae

1) 虎皮楠属　*Daphniphyllum* Bl.

　　(1) 交让木　*Daphniphyllum macropodum* Miq.

51. 茶藨子科　Grossulariaceae

1) 茶藨子属　*Ribes* L.

　　(1) 华茶藨　*Ribes fasciculatum* S. et. Z. var. *Chinense* Maxim.

　　(2) 冰川茶藨　*Ribes glaciale* Wall

　　(3) 宝兴茶藨　*Ribes moupinense* Franch.

　　(4) 细枝茶藨　*Ribes tenue* Jancz.

52. 绣球科　Hydrangeaceae

1) 草绣球属　*Cardiandra* S. et Z.

　　(1) 草绣球　*Cardiandra moellendorffii*（Hance）Migo

2) 叉叶蓝属　*Deinanthe* Maxim.

　　(1) 叉叶蓝　*Deinanthe caerulea* Stapf

3) 溲疏属　*Deutzia* Thunb.

　　(1) 异色溲疏　*Deutzia discolor* Hemsl.

　　(2) 溲疏　*Deutzia scabra* Thunb.

4) 常山属　*Dichroa* Lour.

　　(1) 常山　*Dichroa febrifuga* Lour.

5）绣球属 *Hydrangea* L.

(1) 伞形绣球 *Hydrangea angustipetala* Hay.

(2) 长柄绣球 *Hydrangea longipes* Franch.

(3) 大枝绣球 *Hydrangea longipes* Franch. var. *rosthornii* (Diels) W. T. Wang

(4) 腊莲绣球 *Hydrangea strigosa* Rehd.

(5) 柔毛绣球 *Hydrangea villosa* Rehd.

6）山梅花属 *Philadelphus* L.

(1) 山梅花 *Philadelphus incanus* Koehne

(2) 太平花 *Philadelphus pekinensis* Rupr.

(3) 绢毛山梅花 *Philadelphus sericanthus* Koehne

7）冠盖藤属 *Pileostegia* Hk. f. et Thoms.

(1) 冠盖藤 *Pileostegia viburnoides* Hk. f. et Thoms.

8）钻地风属 *Schizophragma* S. et Z.

(1) 钻地风 *Schizophragma integrifolium* (Frach) Oliv.

9）赤壁木属 *Decumaria* L.

(1) 赤壁木 *Decumaria sinensis* Oliv.

53. 蔷薇科 Rosaceae

1）龙牙草属 *Agrimonia* L.

(1) 龙牙草 *Agrimonia pilosa* Ledeb.

(2) 黄龙尾 *Agrimonia pilosa* Ledeb. var. *nepalensis* (D. Don) Nakai

2）唐棣属 *Amelanchier* Medik.

(1) 唐棣 *Amelanchier sinica* (Schneid.) Chun

3）巴旦杏属 *Amygdalus* L.

(1) 山桃 *Amygdalus davidiana* (Carr.) C. de Vos ex Henry

(2) 桃 *Amygdalus persica* L.

4）杏属 *Armeniaca* Mill.

(1) 杏 *Armeniaca vulgaris* Lam.

(2) 梅 *Armeniaca mume* Sieb.

5）樱属 *Cerasus* Mill.

(1) 尾叶樱桃 *Cerasus dielsiana* (Schneid.) Yu et Li

(2) 樱桃 *Cerasus pseudocerasus* (Lindl.) G. Don

(3) 崖樱桃 *Cerasus scopulorum* (Koehne) Yu et Li

6）木瓜属 *Chaenomeles* Lindl.

(1) 木瓜 *Chaenomeles sinensis* (Thouin) Koehne.

7）枸子属 *Cotoneaster* B. Ehrhart.

(1) 平枝枸子 *Cotoneaster horizontalis* Decne.

(2) 小叶平枝枸子 *Cotoneaster horizontalis* Decne. var. *perpusillus* Schneid.

(3) 湖北枸子 *Cotoneaster hupehensis* Rehd. et Wils.

(4) 皱叶柳枸子 *Cotoneaster salicifloius* Franch. var. *rugosus* (Pritz.) Rehd. et Wils.

(5) 西北枸子 *Cotoneaster zabelii* Schneid.

(6) 华中枸子 *Cotoneaster silvestrii* Pamp.

8）山楂属 *Crataegus* L.

(1) 野山楂 *Crataegus cuneata* S. et Z.

(2) 湖北山楂 *Crataegus hupehensis* Sarg.

9）蛇莓属　*Duchesnea* J. E. Smith

　　（1）蛇莓　*Duchesnea indica*（Andr.）Focke

10）枇杷属　*Eriobotrya* Lindl.

　　（1）枇杷　*Eriobotrya japonica*（Thunb.）Lindl.

11）草莓属　*Fragaria* L.

　　（1）东方草莓　*Fragaria orientalis* Lozinsk.

12）路边青属　*Geum* L.

　　（1）路边青　*Geum aleppicum* Jacq.

13）棣棠花属　*Kerria* DC.

　　（1）棣棠花　*Kerria japonica*（L.）DC.

14）苹果属　*Malus* Mill.

　　（1）湖北海棠　*Malus hupehensis*（Pamp.）Rehd.

　　（2）陇东海棠　*Malus kansuensis*（Batal.）Schneid.

15）绣线梅属　*Neillia* D. Don

　　（1）中华绣线梅　*Neillia sinensis* Oliv.

16）稠李属　*Padus* Mill.

　　（1）短梗稠李　*Padus brachypoda* Batal

　　（2）细齿稠李　*Padus obtusata*（Maxim.）Schneid.

17）石楠属　*Photinia* Lindl.

　　（1）中华石楠　*Photinia beauverdiana* Schneid.

　　（2）椤木石楠　*Photinia davidsoniae* Rehd. et Wils.

　　（3）光叶石楠　*Photinia glabra*（Thunb.）Maxim.

　　（4）石楠　*Photinia serrulata* Lindl.

　　（5）毛叶石楠　*Photinia villosa*（Thunb.）DC.

18）委陵菜属　*Potentilla* L.

　　（1）委陵菜　*Potentilla chinensis* Ser.

　　（2）翻白草　*Potentilla discolor* Bge.

　　（3）蛇含委陵菜　*Potentilla kleiniana* Wight et Arn.

　　（4）白花银露梅　*Potentilla glabra* Loadd. var. mandshurica（Maxim.）H.-M.

19）李属　*Prunus* L.

　　（1）李　*Prunus salicina* Lindl.

20）火棘属　*Pyracantha* Roem.

　　（1）细圆齿火棘　*Pyracantha crenulata*（D. Don）Roem.

　　（2）火棘　*Pyracantha fortuneana*（Maxim）H. L. Li.

21）梨属　*Pyrus* L.

　　（1）豆梨　*Pyrus calleryana* Decne

　　（2）麻梨　*Pyrus serrulata* Rehd.

　　（3）沙梨　*Pyrus pyrifolia*（Barm. f.）Nakai

22）蔷薇属　*Rosa* L.

　　（1）小果蔷薇　*Rosa cymosa* Tratt.

　　（2）陕西蔷薇　*Rosa giraldii* Crep.

　　（3）软条七蔷薇　*Rosa henryi* Bouleng.

　　（4）金樱子　*Rosa laevigata* Michx.

　　（5）野蔷薇　*Rosa multiflora* Thunb.

（6）木香花　*Rosa banksiae* Ait.

（7）刺梗蔷薇　*Rosa setipoda* Hemsl. et Wils.

23）悬钩子属　*Rubus* L.

（1）山莓　*Rubus corchorifolius* L. f.

（2）插田泡　*Rubus coreanus* Miq.

（3）鸡爪茶　*Rubus henryi* Hemsl. et Ktze.

（4）白叶莓　*Rubus innominatus* S. Moore

（5）高粱泡　*Rubus lambertianus* Ser.

（6）喜阴悬钩子　*Rubus mesogaeus* Focke

（7）乌泡子　*Rubus parkeri* Hance

（8）光滑高粱泡　*Rubus lambertianus* Ser. var. *glandulosus* Card.

（9）无腺白叶莓　*Rubus innominatus* S. Moore var. *kuntzeanus*（Hemsl.）Barley

（10）大红泡　*Rubus eustephanos* Focke

（11）三花悬钩子　*Rubus tranthus* Focke

（12）羊尿泡　*Rubus malifolius* Focke

24）地榆属　*Sanguisorba* L.

（1）地榆　*Sanguisorba officinalis* L.

25）珍珠梅属　*Sorbaria*（Ser.）A. Br. ex Aschers.

（1）高丛珍珠梅　*Sorbaria arborea* Schneid.

26）花楸属　*Sorbus* L.

（1）美脉花楸　*Sorbus caloneura*（Stapf）Rehd.

（2）石灰花楸　*Sorbus folgneri*（Schneid.）Rehd.

27）绣线菊属　*Spiraea* L.

（1）绣球绣线菊　*Spiraea blumei* G. Don

（2）疏毛绣线菊　*Spiraea hirsuta*（Hemsl.）Schneid.

（3）李叶绣线菊　*Spiraea prunifolia* S. et Z.

（4）土庄绣线菊　*Spiraea pubescens* Turcz.

（5）华北绣线菊　*Spiraea fritschiana* Schneid.

（6）渐尖粉花绣线菊　*Spiraea japonica* L. f. var. *acuminata* Franch.

（7）绢毛绣线菊　*Spiraea sericea* Turcz.

（8）广椭圆绣线菊　*Spiraea ovalis* Rehd.

28）野珠兰属　*Stephanandra* S. et Z.

（1）野珠兰　*Stephanandra chinensis* Hance.

29）红果树属　*Stranvaesia* Lindl.

（1）波叶红果树　*Stranvaesia davidiana* Decne. var. *undulata*（Decne.）Rehd. et Wils.

54. 蜡梅科　Calycanthaceae

1）蜡梅属　*Chimonanthus* Lindl.

（1）蜡梅　*Chimonanthus praecox*（L.）Link

55. 含羞草科　Mimosaceae

1）合欢属　*Albizia* Durazz.

（1）合欢　*Albizia julibrissin* Durazz.

（2）山合欢　*Albizia kalkora*（Roxb.）Prain

56. 苏木科　Caesalpiniaceae

1）云实属　*Caesalpinia* L

  （1）云实　*Caesalpinia decapetala*（Roth）Alston

  2）紫荆属　*Cercis* L.

   （1）紫荆　*Cercis chinensis* Bge

  3）皂荚属　*Gleditsia* L.

   （1）皂荚　*Gleditsia sinensis* Lam.

  4）肥皂荚属　*Gymnocladus* Lam.

   （1）肥皂荚　*Gymnocladus chinensis* Baill.

  5）决明属　*Cassia* L.

   （1）望江南　*Cassia occidentalis* L.

57. 蝶形花科　Papilionaceae

  1）田皂角属　*Aeschynomene* L.

   （1）田皂角　*Aeschynomene indica* L.

  2）两型豆属　*Amphicarpaea* Elliott ex Nutt.

   （1）三籽两型豆　*Amphicarpaea trispema*（Miq.）Baker ex Jacks.

  3）黄芪属　*Astragalus* L.

   （1）紫云英　*Astragalus sinicus* L.

   （2）膜荚黄芪　*Astragalus membranaceus*（Fisch.）Bge.

  4）杭子梢属　*Campylotropis* Bge.

   （1）杭子梢　*Campylotropis macrocarpa*（Bge.）Rehd

  5）锦鸡儿属　*Caragana* Fabr.

   （1）锦鸡儿　*Caragana sinica*（Buchoz）Rehd.

  6）猪屎豆属　*Crotalaria* L.

   （1）野百合　*Crotalaria seddiliflora* L.

   （2）猪屎豆　*Crotalaria pallida* Ait.

  7）黄檀属　*Dalbergia* L. f.

   （1）大金刚藤黄檀　*Dalbergia dyeriana* Prain ex Harms

   （2）黄檀　*Dalbergia hupehana* Hance

   （3）含羞草叶黄檀　*Dalbergia mimosoides* Franch.

  8）山蚂蝗属　*Desmodium* Desv.

   （1）小槐花　*Desmodium caudatum*（Thumb.）DC.

   （2）小叶山绿豆　*Desmodium microphyllum*（Thunb.）DC.

  9）山黑豆属　*Dumasia* DC.

   （1）山黑豆　*Dumasia truncata* S. et Z.

   （2）柔毛山黑豆　*Dumasia villosa* DC.

  10）野扁豆属　*Dunbaria* Wight et Arn.

   （1）毛野扁豆　*Dunbaria villosa*（Thunb.）Mak.

  11）大豆属　*Glycine* Willd.

   （1）野大豆　*Glycine soja* S. et Z.

  12）米口袋属　*Gueldenstaedtia* Fisch.

   （1）米口袋　*Gueldenstaedtia multifolia* Bge.

  13）槐蓝属　*Indigofera* L.

   （1）多花槐蓝　*Indigofera amblyantha* Craib

   （2）马棘　*Indigofera pseudotinctoria* Mats.

   （3）木蓝　*Indigofera tinctoria* L.

14) 鸡眼草属　*Kummerowia* Schindl.

　　(1) 长萼鸡眼草　*Kummerowia stipulacea*（Maxim.）Mak.

　　(2) 鸡眼草　*Kummerowia striata*（Thunb.）Schinkl.

15) 香豌豆属　*Lathyrus* L.

　　(1) 茳芒香豌豆　*Lathyrus davidii* Hance

　　(2) 山黧豆　*Lathyrus quinquenercius*（Miq.）Litv. ex Kom.

16) 胡枝子属　*Lespedeza* Michx.

　　(1) 绿叶胡枝子　*Lespedeza buergeri* Miq.

　　(2) 中华胡枝子　*Lespedeza chinensis* G. Don

　　(3) 截叶铁扫帚　*Lespedeza cuneata*（Dum. Cours.）G. Don

　　(4) 达呼尔胡枝子　*Lespedeza davurica*（Laxm.）Schindl.

　　(5) 美丽胡枝子　*Lespedeza formosa*（Vog.）Koehne.

　　(6) 山豆花　*Lespedeza tomentosa*（Thunb.）Sieb. Ex Maxim.

　　(7) 细梗胡枝子　*Lespedeza virgata*（Thunb.）DC.

17) 百脉根属　*Lotus* L.

　　(1) 百脉根　*Lotus corniculatus* L.

18) 苜蓿属　*Medicago* L.

　　(1) 紫苜蓿　*Medicago sativa* L.

　　(2) 天蓝苜蓿　*Medicago lupulina* L.

　　(3) 南苜蓿　*Medicago hispida* Gaertn.

19) 草木樨属　*Melilotus* Mill.

　　(1) 印度草木樨　*Melilotus indicus*（L.）All.

20) 崖豆藤属　*Millettia* Wignt et Arn.

　　(1) 香花崖豆藤　*Millettia dielsiana* Harms.

21) 油麻藤属　*Mucuna* Adans.

　　(1) 常春油麻藤　*Mucuna sempervirens* Hemsl.

22) 长柄山蚂蝗属　*Podocarpium*（Benth.）Yang et Huang

　　(1) 羽叶长柄山蚂蝗　*Podocarpium oldhamii*（Oliv.）Yang et Huang

　　(2) 长柄山蚂蝗　*Podocarpium podocarpum*（DC.）Yang et Huang

　　(3) 宽卵叶长柄山蚂蝗　*Podocarpium podocarpum*（DC.）Yang et Huang var. *fallax*（Schindl.）Yang et Huang

23) 补骨脂属　*Psoralea* L.

　　(1) 补骨脂　*Psoralea corylifolia* L.

24) 葛属　*Pueraria* DC.

　　(1) 野葛　*Pueraria lobata*（Willd.）Ohwi

25) 鹿藿属　*Rhynchosia* Lour.

　　(1) 菱叶鹿藿　*Rhynchosia dielsii* Harms

　　(2) 鹿藿　*Rhynchosia volubilis* Lour.

26) 刺槐属　*Robinia* L.

　　(1) 刺槐　*Robinia pseudoacacia* L.

27) 槐属　*Sophora* L.

　　(1) 苦参　*Sophora flavescens* Ait.

　　(2) 槐树　*Sophora japonica* L.

28) 车轴草属　*Trifolium* L.

（1）红花车轴草﹡ *Trifolium pratense* L.

（2）白车轴草 *Trifolium repens* L.

29）野豌豆属 *Vicia* L.

（1）山野豌豆 *Vicia amoema* Fissh.

（2）广布野豌豆 *Vicia cracca* L.

（3）小巢菜 *Vicia hirsuta* （L.）S. F. Gray

（4）救荒野豌豆 *Vicia sativa* L.

（5）歪头菜 *Vicia unijuga* A. Br.

（6）假香豌豆 *Vicia pseudo-orobus* Fisch. et Mey.

30）豇豆属 *Vigna* Savi

（1）野豇豆 *Vigna vexillata* （L.）Benth.

31）紫藤属 *Wisteria* Nutt.

（1）紫藤 *Wisteria sinensis* （Sims.）Sweet.

58. 旌节花科 Stachyuraceae

1）旌节花属 *Stachyurus* S. et Z.

（1）中国旌节花 *Stachyurus chinensis* Franch.

（2）宽叶旌节花 *Stachyuras chinensis* Franch. ssp. latus (Li) Y. C. Tang et Y. L. Cao

59. 金缕梅科 Hamamelidaceae

1）蜡瓣花属 *Corylopsis* S. et Z.

（1）蜡瓣花 *Corylopsis sinensis* Hemsl.

（2）红药蜡瓣花 *Corylopsis veitchiana* Bean

2）牛鼻栓属☆ *Fortunearia* Rehd. et Wils.

（1）牛鼻栓 *Fortunearia sinensis* Rehd. et Wils.

3）金缕梅属 *Hamamelis* Gronov. ex L.

（1）金缕梅 *Hamamelis mollis* Oliv.

4）枫香属 *Liquidambar* L.

（1）枫香 *Liquidambar formosana* Hance

5）檵木属 *Loropetalum* R. Br.

（1）檵木 *Loropetalum chinense* （R. Br.）Oliv.

6）水丝梨属 *Sycopsis* Oliv.

（1）水丝梨 *Sycopsis sinensis* Oliv.

60. 杜仲科 Eucommiaceae

1）杜仲属☆ *Eucommia* Oliv.

（1）杜仲﹡ *Eucommia ulmoides* Oliv.

61. 黄杨科 Buxaceae

1）黄杨属 *Buxus* L.

（1）大花黄杨 *Buxus henryi* Mayr

（2）黄杨 *Buxus sinica* （Rehd. et Wils.）Cheng ex M. Cheng.

2）板凳果属 *Pachysandra* Michx.

（1）顶花板凳果 *Pachysandra terminalis* S. et Z.

3）野扇花属 *Sarcococca* Lindl.

（1）野扇花 *Sarcococca ruscifolia* Stapf

62. 杨柳科 Salicaceae

1）杨属 *Populus* L.

　　（1）响叶杨　*Populus adenopoda* Maxim.

　　（2）山杨　*Populus davidiana* Dode

　　（3）大叶杨　*Populus lasiocarpa* Oliv.

2）柳属　*Salix* L.

　　（1）垂柳　*Salix babylonica* L.

　　（2）黄花柳　*Salix caprea* L.

　　（3）腺柳　*Salix chaenomeloides* Kimura

　　（4）紫枝柳　*Salix heterochroma* Seem.

　　（5）小叶柳　*Salix hypoleuca* Seem.

　　（6）旱柳　*Salix matsudana* Koidz.

　　（7）皂柳　*Salix wallichiana* Anderss.

63. 桦木科　Betulaceae

1）桦木属　*Betula* L.

　　（1）亮叶桦　*Betula luminfera* H. winkler.

64. 榛科　Corylaceae

1）鹅耳枥属　*Carpinus* L.

　　（1）华千金榆　*Carpinus cordata* Bl. var. *chinensis* Franch.

　　（2）大齿鹅耳枥　*Carpinus henryana* Winkler

　　（3）大穗鹅耳枥　*Carpinus fargesii* Franch.

　　（4）多脉鹅耳枥　*Carpinus polyneura* Franch.

　　（5）千金榆　*Carpinus cordata* Bl.

2）榛属　*Corylus* L.

　　（1）华榛　*Corylus chinensis* Franch.

　　（2）藏刺榛　*Corylus ferox* Wall. var. *thibetica* (Batal.) Franch.

　　（3）川榛　*Corylus heterophylla* fish. ex Trautv. var. *sutchuenensis* Franch.

65. 壳斗科　Fagaceae

1）栗属　*Castanea* Mill.

　　（1）锥栗　*Castanea henryi* R. et W.

　　（2）栗　*Castanea mollissima* Bl.

　　（3）茅栗　*Castanea seguinii* Dode

2）栲属　*Castanopsis* Spach

　　（1）苦槠　*Castanopsis sclerophylla* (Lindl.) Schott.

3）青冈属　*Cyclobalanopsis* (Endl.) Oerst.

　　（1）青冈　*Cyclobalanopsis glauca* (Thunb.) Oerst.

　　（2）多脉青冈　*Cyclobalanopsis multinervis* (Cheng) Cheng

　　（3）细叶青冈　*Cyclobalanopsis myrsineafolia* (Bl.) Oerst.

　　（4）曼青冈　*Cyolobalanopsis oxyodon* Miq.

4）石栎属　*Lithocarpus* Bl.

　　（1）包石栎　*Lithocarpus cleistocarpus* (Seem.) Rhed. et Wils.

　　（2）长叶石栎　*Lithocarpus henryi* (Seem.) Rehd. et Wils.

5）栎属　*Quercus* L.

　　（1）岩栎　*Quercus acrodonta* Seem.

　　（2）麻栎　*Quercus acutissima* Carr.

　　（3）槲栎　*Quercus aliena* Bl.

（4）槲树　*Quercus dentata* Thunb.

（5）匙叶栎　*Quercus dolicholepis* A. Camus

（6）白栎　*Quercus fabir* Hance

（7）枹栎　*Quercus serrata* Thunb.

（8）短柄枹栎　*Quercus serrata* Thunb. var. *brevipetiolata*（DC.）Nakai

（9）刺叶栎　*Quercus spinosa* David ex Franch.

（10）栓皮栎　*Quercus variabilis* Bl.

（11）乌冈栎　*Quercus phillyraeoides* A. Gray

66. 榆科　Ulmaceae

1）朴属　*Celtis* L.

（1）紫弹朴　*Celtis biondii* Pamp.

（2）小叶朴　*Celtis bungeana* Bl.

（3）珊瑚朴　*Celtis julianae* Schneid

（4）大叶朴　*Celtis koraiensis* Nakai.

（5）朴树　*Celtis tetrandra* Roxb. ssp. sinensis（Pers.）Y. C. Tang

2）青檀属☆　*Pteroceltis* Maxim.

（1）青檀　*Pteroceltis tatarinowii* Maxim.

3）榆属　*Ulmus* L.

（1）春榆　*Ulmus davidiana var. japonica*（Rehd.）Naki.

（2）榔榆　*Ulmus parvifolia* Jacq.

（3）白榆　*Ulmus pumila* L.

（4）大果榆　*Ulmus macrocarpa* Hance.

4）榉树属　*Zelkova* Spach

（1）大叶榉　*Zelkova schneideriana* H. -M.

（2）大果榉　*Zelkova sinica* Schneid.

67. 桑科　Moraceae

1）构属　*Broussonetia* L'Her. ex Vent.

（1）藤构　*Broussonetia kaempferi* Sieb.

（2）小构树　*Broussonetia kazinoki* S. et Z.

（3）构树　*Broussonetia papyrifera*（L.）L'Her. ex Vent.

2）柘树属　*Maclura* Nutt

（1）柘树　*Maclura tricuspidata*（Carr.）Bur.

3）水蛇麻属　*Fatoua* Gaud.

（1）水蛇麻　*Fatoua villosa*（Thunb.）Nakai

4）榕属　*Ficus* L.

（1）异叶榕　*Ficus heteromorpha* Hemsl.

（2）琴叶榕　*Fious pandurata* Hance

（3）薜荔　*Ficus pumila* L.

（4）珍珠莲　*Ficus sarmentosa* Buch. -Ham. ex J. E. Sm. var. *henryi*（King）Corner.

（5）地瓜　*Ficus tikoua* Bur.

5）桑属　*Morus* L.

（1）桑树　*Morus alba* L.

（2）鸡桑　*Morus australis* Poir.

68. 荨麻科　Urticaceae

1）苎麻属 *Boehmeria* Jacq.

(1) 细苎麻 *Boehmeria gracilis* C. H. Wright

(2) 苎麻 *Boehmeria nivea* (L.) Gaud.

(3) 悬铃木叶苎麻 *Boehmeria platanifolia* Franch. et Sav.

(4) 序叶苎麻 *Boehmeria clideniodes* Mig. var. *diffusa* (Wedd.) H. -M.

2）水麻属 *Debregeasia* Gaud.

(1) 水麻 *Debregeasia orientalis* C. J. Chen

3）楼梯草属 *Elatostema* Gaud.

(1) 楼梯草 *Elatostema involucratum* Franch. et Sav.

(2) 无梗楼梯草 *Elatostema sessile* Forst.

(3) 庐山楼梯草 *Elatostema stewardii* Merr.

(4) 短齿楼梯草 *Elatostema brachyodontum* (H. -M) W. T. Wang

4）蝎子草属 *Girardinia* Gaud.

(1) 火麻 *Girardinia suborbiculata* C. J. Chen

5）糯米团属 *Gonostegia* Turcz.

(1) 糯米团 *Gonostegia hirta* (Bl.) Miq.

6）艾麻属 *Laportea* Gaud.

(1) 珠芽艾麻 *Laportea bulbifera* (Sieb. et Zucc.) Wedd.

(2) 螫麻 *Laportea dielsii* Pamp

7）花点草属 *Nanocnide* Bl.

(1) 花点草 *Nanocnide japonica* Bl.

8）紫麻属 *Oreocnide* Miq.

(1) 紫麻 *Oreocnide frutescens* (Thunb.) Miq.

9）赤车属 *Pellionia* Gaud.

(1) 蔓赤车 *Pellionia scabra* Benth.

10）冷水花属 *Pilea* Lindl.

(1) 冷水花 *Pilea notata* C. H. Wright

(2) 齿叶冷水花 *Pilea peploides* (Gaud.) Hk. et Arn. var. *major* Wedd.

(3) 石筋草 *Pilea plataniflora* C. H. Wright

(4) 粗齿冷水花 *Pilea sinofasiata* C. J. Chen et B. Bartholomew

11）荨麻属 *Urtica* L.

(1) 齿叶蛇麻 *Urtica laetevirens* Maxim. ssp *dentata* (H. -M.) C. J. Chen

(2) 荨麻 *Urtica thunbergiana* S. et Z.

(3) 裂叶荨麻 *Urtica fissa* Priz.

69. 大麻科 Cannabidaceae

1）大麻属 *Cannabis* L.

(1) 大麻 *Cannabis sativa* L.

2）葎草属 *Humulus* L.

(1) 葎草 *Humulus scandens* (Lour.) Merr.

70. 冬青科 Aquifoliaceae

1）冬青属 *Ilex* L.

(1) 针齿冬青 *Ilex centrochinensis* S. Y. Hu

(2) 枸骨 *Ilex cornuta* Lindl. et Paxt.

(3) 大果冬青 *Ilex macrocarpa* Oliv.

  （4）具柄冬青　*Ilex pedunculosa* Miq.

  （5）猫儿刺　*Ilex pernyi* Franch.

  （6）冬青　*Ilex purpurea* Hassk.

  （7）刺叶冬青　*Ilex bioritsensis* Hyata

71. 卫矛科　Celastraceae

  1）南蛇藤属　*Celastrus* L.

   （1）苦皮藤　*Celastrus angulatus* Benth.

   （2）南蛇藤　*Celastrus orbiculatus* Thunb.

   （3）短梗南蛇藤　*Celastrus rosthornianus* Loes.

  2）卫矛属　*Euonymus* L.

   （1）卫矛　*Euonymus alatus*（Thunb.）Sieb.

   （2）角翅卫矛　*Euonymus cornutus* Hemsl.

   （3）长梗卫矛　*Euonymus elegantissimus* Loes. et Rehd.

   （4）扶芳藤　*Euonymus fortunei*（Turcz.）H.-M.

   （5）西南卫矛　*Euonymus hamiltonianus* Wall.

   （6）陕西卫矛　*Euonymus schensianus* Maxim.

   （7）疣点卫矛　*Euonymus verrucosoides* Loes.

   （8）大果卫矛　*Euonymus myrianthus* Hemsl.

   （9）石枣子　*Euonymus sanguineus* Loes.

   （10）栓翅卫矛　*Euonymus phellomanus* Loes.

   （11）冬青卫矛　*Euonymus japonica* L.

   （12）小果卫矛　*Euonymus microcarpus*（Oliv.）Sprague

  3）雷公藤属　*Tripterygium* Hk. f.

   （1）白背雷公藤　*Tripterygium hypoglaucum*（Levl.）Hutch.

   （2）雷公藤　*Tripterygium wilfordii* Hk. f.

72. 铁青树科　Olacaceae

  1）青皮木属　*Schoepfia* Schreb.

   （1）青皮木　*Schoepfia jasminodora* S. et Z.

73. 桑寄生科　Loranthaceae

  1）钝果寄生属　*Taxillus* Van Tiegh.

   （1）四川寄生　*Taxillus sutchuenensis*（Lecomte）Danser

  2）槲寄生属　*Viscum* L.

   （1）扁枝槲寄生　*Viscum articulatum* Burm. f.

   （2）槲寄生　*Visoum coloratum*（Kom.）Nakai.

   （3）棱枝槲寄生　*Viscum diospyrosicolum* Hay.

   （4）枫香槲寄生　*Viscum liquidambaricolum* Hay.

74. 檀香科　Santalaceae

  1）米面蓊属　*Buckleya* Torr.

   （1）线苞米面蓊　*Buckleya graebneriana* Diels

   （2）米面蓊　*Buckleya henryi* Diels

  2）百蕊草属　*Thesium* L.

   （1）百蕊草　*Thesium chinense* Turcz.

75. 蛇菰科　Balanophoraceae

  1）蛇菰属　*Balanophora* J. R. et G. Forest.

(1) 宜昌蛇菰　*Balanophora henryi* Hemsl.

(2) 红冬蛇菰　*Balanophora harlandii* Hk. f.

76. 鼠李科　Rhamnaceae

1) 勾儿茶属　*Berchemia* Neck. ex DC.

(1) 多花勾儿茶　*Berchemia floribunda* (Wall.) Brongn.

(2) 光枝勾儿茶　*Berchemia polyphylla* Wall. var. *leioclada* (H. -M.) H. -M.

(3) 勾儿茶　*Berchemia sinica* Schneid.

(4) 牯岭勾儿茶　*Berchemia kulingensis* Schneid.

2) 枳椇属　*Hovenia* Thunb.

(1) 北枳椇　*Hovenia dulcis* Thunb.

3) 马甲子属　*Paliurus* Tourn. ex Mill.

(1) 铜钱树　*Paliurus hemsleyanus* Rehd.

4) 猫乳属　*Rhamnella* Miq.

(1) 猫乳　*Rhamnella franguloides* (Maxim.) Weberb.

5) 鼠李属　*Rhamnus* L.

(1) 长叶冻绿　*Rhamnus crenata* S. et Z.

(2) 圆叶鼠李　*Rhamnus globosa* Bge.

(3) 薄叶鼠李　*Rhamnus leptophylla* Schneid.

(4) 冻绿　*Rhamnus utilis* Decne.

(5) 小叶鼠李　*Rhamnus parvifolia* Bge.

6) 雀梅藤属　*Sageretia* Brongn.

(1) 皱叶雀梅藤　*Sageretia rugosa* Hance

(2) 雀梅藤　*Sageretia thea* (Osbeck) Johnst.

7) 枣属　*Ziziphus* Mill.

(1) 枣　*Ziziphus jujuba* Mill.

(2) 无刺枣　*Ziziphus jujuba* Mill. var. *inermis* (Bge.) Rehd.

(3) 酸枣　*Ziziphus jujuba* Mill. var. *spinosa* (Bge.) Hu ex H. F. Chow

77. 胡颓子科　Elaeagnaceae

1) 胡颓子属　*Elaeagnus* L.

(1) 宜昌胡颓子　*Elaeagnus henryi* Warb. ex Diels.

(2) 披针叶胡颓子　*Elaeagnus lanceolata* Warb. ex Diels

(3) 胡颓子　*Elaeagnus pungens* Thunb.

(4) 牛奶子　*Elaeagnus umbellata* Thunb.

78. 葡萄科　Vitaceae

1) 蛇葡萄属　*Ampelopsis* Michx.

(1) 蛇葡萄　*Ampelopsis brevipedunculata* (Maxim.) Trautv.

(2) 蓝果蛇葡萄　*Ampelopsis bodinieri* (Levl. et Vant.) Rhed.

(3) 异叶蛇葡萄　*Ampelopsis humulifolia* Beg. var. *Heterophylla* (Thunb.)

(4) 白蔹　*Ampelosis japonica* (Thunb.) Mak.

2) 乌敛莓属　*Cayratia* Juss.

(1) 乌敛莓　*Cayratia japonica* (Thunb.) Gagn.

(2) 尖叶乌敛莓　*Cayratia pseudotrifolia* W. T. Wang

3) 爬山虎属　*Parthenocissus* Planch.

(1) 川鄂爬山虎　*Parthenocissus henryana* (Hemsl.) Diels et Gilg

　　（2）爬山虎　*Parthenocissus tricuspidata*（S. et Z.）Planch.

　　（3）三叶爬山虎　*Parthenocissus himalayana*（Royle）Planch.

　　（4）绿爬山虎　*Parthenocissus laetivirens* ehd.

　4）崖爬藤属　*Tetrastigma* Planch.

　　（1）三叶崖爬藤　*Tetrastigma hemsleyanum* Diels et Gilg

　　（2）崖爬藤　*Tetrastigma obtectum*（Wall.）Planch.

　　（3）毛叶崖爬藤　*Tetrastigma obtectum*（Wall.）Planch. Var. *pilosum* Gagn.

　5）葡萄属　*Vitis* L.

　　（1）刺葡萄　*Vitis davidii*（Roman.）Foex.

　　（2）葛藟　*Vitis flexuosa* Thunb.

　　（3）小叶葛藟　*Vitis flexuosa* Thunb. var. *parvifolia*（Roxb）Gagn.

　　（4）毛葡萄　*Vitis quinquangularis* Rehd.

　　（5）秋葡萄　*Vitis romanetii* Roman.

　　（6）湖北葡萄　*Vitis silvestrii* Pamp.

79. 芸香科　Rutaceae

　1）松风草属　*Boenninghausenia* Reichb. ex Meissn.

　　（1）松风草　*Boenninghausenia albiflora*（Hk.）Reichb. ex Meissn.

　2）吴茱萸属　*Evodia* J. R. et G. Forst.

　　（1）臭檀　*Evodia daniellii*（Benn.）Hemsl.

　　（2）臭辣吴萸　*Evodia fargesii* Tanaka

　　（3）吴茱萸　*Evodia rutaecarpa*（Juss.）Benth.

　3）臭常山属　*Orixa* Thunb.

　　（1）臭常山　*Orixa japonica* Thunb.

　4）黄柏属　*Phellodendron* Rupr.

　　（1）黄皮树*　*Phellodendron chinensis* Schneid.

　5）枳属☆　*Poncirus* Raf.

　　（1）枳　*Poncirus trifoliata*（L.）Raf.

　6）飞龙掌血属　*Toddalia* Juss.

　　（1）飞龙掌血　*Toddalia asiatica*（L.）Lam.

　7）花椒属　*Zanthoxylum* L.

　　（1）竹叶花椒　*Zanthoxylum armatum* DC.

　　（2）刺异叶花椒　*Zanthoxylum dimorphophyllum* Hemsl. var. *spinifolium* Rehd.

　　（3）蚬壳花椒　*Zanthoxylum dissitum* Hemsl.

　　（4）野花椒　*Zanthoxylum simulans* Hance

　　（5）花椒　*Zanthoxylum bungeanum* Maxim.

　　（6）异叶花椒　*Zanthoxylum dimorphophyllum* Hemsl.

　　（7）小花花椒　*Zanthoxylum micranthum* Hemsl.

　　（8）青花椒　*Zanthoxylum schinifolium* S. et Z.

　　（9）波叶花椒　*Zanthoxylum undulatifolium* Hemsl.

80. 苦木科　Simarubaceae

　1）臭椿属　*Ailanthus* Desf.

　　（1）臭椿　*Ailanthus altissima*（Mill.）Swingle

　2）苦木属　*Picrasma* Bl.

　　（1）苦木　*Picrasma quassioides*（D. Don）Benn.

81. 楝科　Meliaceae
  1）楝属　*Melia* L.
    （1）楝　*Melia azedarach* L.
  2）香椿属　*Tonna*（Endl.）Roem.
    （1）香椿　*Tonna sinensis*（A. Juss.）Roem.
82. 无患子科　Sapindaceae
  1）栾树属　*Koelreuteria* Laxm.
    （1）栾树　*Koelreuteria paniculata* Lzxm.
83. 七叶树科　Aesculiaceae
  1）七叶树属　*Aesculus* L.
    （1）天师栗　*Aesculus wilsonii* Rehd.
84. 槭树科　Aceraceae
  1）槭属　*Acer* L.
    （1）青榨槭　*Acer davidii* Franch.
    （2）扇叶槭　*Acer flabellatum* Rehd.
    （3）房县槭　*Acer franchetii* Pax
    （4）血皮槭　*Acer griseum*（Franch.）Pax
    （5）建始槭　*Acer henryi* Pax
    （6）色木槭　*Acer mono* Maxim.
    （7）飞蛾槭　*Acer oblongum* Wall.
    （8）五裂槭　*Acer oliverianum* Pax
    （9）鸡爪槭　*Acer palmatum* Thunb
    （10）中华槭　*Acer sinense* Pax
    （11）苦条槭　*Acer ginnala* Maxim. ssp. theiferum (Fang) Fang
  2）金钱槭属☆　*Dipteronia* Oliv.
    （1）金钱槭　*Dipteronia sinensis* Oliv.
85. 清风藤科　Sabiaceae
  1）泡花树属　*Meliosma* Bl.
    （1）珂楠树　*Meliosma beaniana* Rehd. et Wils.
    （2）泡花树　*Meliosma cuneifolia* Franch.
    （3）垂枝泡花树　*Meliosma flexuoda* Pamp.
    （4）红枝柴　*Meliosma oldhamii* Maxim.
    （5）光叶泡花树　*Meliosma cuneifolia* Franch. var. *glabriuscula* Cuf.
  2）清风藤属　*Sabia* Colebr.
    （1）清风藤　*Sabia japonica* Maxim.
    （2）四川清风藤　*Sabia schumanniana* Diels
86. 省沽油科　Staphyleaceae
  1）野鸦椿属　*Euscaphis* S. et Z.
    （1）野鸦椿　*Euscaphis japonica*（Thunb.）Kantiz
  2）省沽油属　*Staphylea* L.
    （1）膀胱果　*Staphylea holocarpa* Hemsl.
    （2）省沽油　*Staphylea bumalda* DC.
  3）瘿椒树属☆　*Tapiscia* Oliv.
    （1）瘿椒树　*Tapiscia sinensis* Oliv.

87. 漆树科　Anacardiaceae
　　1）黄栌属　*Cotinus*（Tourn.）Mill.
　　　（1）毛黄栌　*Cotinus coggygria* Scop. var. *pubescens* Engl.
　　2）黄连木属　*Pistacia* L.
　　　（1）黄连木　*Pistacia chinensis* L.
　　3）盐肤木属　*Rhus*（Tourn.）L. emend. Moench.
　　　（1）盐肤木　*Rhus chinensis* Mill.
　　　（2）青麸杨　*Rhus potaninii* Maxim.
　　　（3）红麸杨　*Rhus punjabensis* Stew. var. *Sinica*（Didls）Redh. et Wils.
　　4）漆树属　*Toxicodendron*（Tourn.）Mill.
　　　（1）野漆树　*Toxicodendron succedaneum*（L.）O. Ktze.
　　　（2）毛漆树　*Toxicodendron trichocarpum*（Miq.）O. Ktze.
　　　（3）漆树　*Toxicodendron verniciflum*（Stokes）F. A. Barkl.
　　　（4）木蜡树　*Toxicodendron sylvestre*（S. et Z.）O. Ktze.
88. 胡桃科　Juglandaceae
　　1）青钱柳属☆　*Cyclocarya* Iljinsk.
　　　（1）青钱柳　*Cyclocarya paliurus*（Batal.）Iljinsk.
　　2）胡桃属　*Juglans* L.
　　　（1）野核桃　*Juglans cathayensis* Dode
　　　（2）胡桃　*Juglans regia* L.
　　3）化香树属　*Platycarya* S. et Z.
　　　（1）化香树　*Platycarya strobilacea* S. et Z.
　　4）枫杨属　*Pterocarya* Kunth
　　　（1）湖北枫杨　*Pterocarya hupehensis* Skan
　　　（2）枫杨　*Pterocarya stenoptera* C. DC.
89. 四照花科　Cornaceae
　　1）桃叶珊瑚属　*Aucuba* Thunb.
　　　（1）桃叶珊瑚　*Aucuba chinensis* Benth.
　　2）梾木属　*Cornus* L.
　　　（1）灯台树　*Cornus controversa* Hemsl. ex Prain
　　　（2）红椋子　*Cornus hemsleyi* Schneid. et Wanger.
　　　（3）梾木　*Cornus macrophylla* Wall.
　　　（4）毛梾　*Cornus walteri* Wanger.
　　3）四照花属　*Dendrobenthamia* Hutch.
　　　（1）四照花　*Dendrobenthamia japonica*（A. P. DC.）Fang var. *Chinensis*（Osborn）Fang
　　4）青荚叶属　*Helwingia* Willd.
　　　（1）中华青荚叶　*Helwingia chinensis* Batal.
　　　（2）青荚叶　*Helwingia japonica*（Thunb.）Dietr.
　　5）山茱萸属　*Macrocarpium*（Spach）Nakai
　　　（1）川鄂山茱萸　*Macrocarpium chinensis*（Wanger.）Hutch.
　　　（2）山茱萸　*Macrocarpium chinensis*（Wanger.）Hutch.
90. 八角枫科　Alangiaceae
　　1）八角枫属　*Alangium* Lam.
　　　（1）八角枫　*Alangium chinense*（Lour.）Harms

　　（2）瓜木　*Alangium platanifolium*（S. et Z.）Harms

　　（3）稀花八角枫　*Alangium chinense*（Lour.）Harms ssp. pauciflorum Fang

91. 珙桐科　Nyssaceae

　1）喜树属　*Camptotheca* Decne

　　（1）喜树*　*Canvptotheca acuminata* Decne*

　2）珙桐属☆　*Davidia* Baill

　　（1）珙桐*　*Davidia involucrata* Baill.

92. 五加科　Araliaceae

　1）五加属　*Acanthopanax* Miq.

　　（1）五加　*Acanthopanax gracilistylus* W. W. Sm.

　　（2）短毛五加　*Acanthopanax gracilistylus* W. W. Sm. var. *pubescens*（Pamp.）Li

　　（3）柔毛五加　*Acanthopanax gracilistylus* W. W. Sm. var. *villosulus*（Harms）Li

　　（4）藤五加　*Acanthopanax leucorrhizus*（Oliv.）Harms.

　　（5）糙叶藤五加　*Acanthopanax leucorrhizus*（Oliv.）Harms. Var. *fulvescens* Harms et Rehd

　　（6）白簕　*Acanthopanax trifoliatus*（L.）Merr.

　　（7）蜀五加　*Acanthopanax setchuensis* Harms ex Diels

　2）楤木属　*Aralia* L.

　　（1）楤木　*Aralia chinensis* L.

　3）常春藤属　*Hedera* L.

　　（1）常春藤　*Hedera nepalensis* K. Koch var. *sinensis*（Tobl.）Rehd.

　4）刺楸属　*Kalopanax* Miq.

　　（1）刺楸　*Kalopanax septemlobus*（Thunb.）Koidz.

　5）梁王茶属　*Nothopanax* Miq.

　　（1）异叶梁王茶　*Nothopanax davidii*（Franch.）Harms ex Diels

　6）人参属　*Panax* L.

　　（1）大叶三七　*Panax pseudo-ginseng* Wall. var. *japonicus*（C. A. Mey.）Hoo et Tseng

　7）通脱木属☆　*Tetrapanax* K. Koch.

　　（1）通脱木　*Tetrapanax papyriferus*（Hook.）K. Koch

93. 伞形科　Umbelliforae

　1）羊角芹属　*Aegopodium* L.

　　（1）巴东羊角芹　*Aegopodium henryi* Diels

　2）当归属　*Angelica* L.

　　（1）毛当归　*Angelica pubescens* Maxim.

　　（2）重齿毛当归　*Angelica pubescens* Maxim. f. biserrata Shan et Yuan.

　3）柴胡属　*Bupleurum* L.

　　（1）北柴胡　*Bupleurum chinense* DC.

　　（2）紫花大叶柴胡　*Bupleurum longiradiatum* Turcz. var. *porphyranthum* Shan et Y. Li

　　（3）竹叶柴胡　*Bupleurum marginatum* Wall. ex DC.

　4）积雪草属　*Centella* L.

　　（1）积雪草　*Centella asiatica*（L.）Crban

　5）蛇床属　*Cnidium* Cuss.

　　（1）蛇床　*Cnidium monnieri*（L.）Cuss.

　6）鸭儿芹属　*Cryptotaenia* DC.

　　（1）鸭儿芹　*Cryptotaenia japonica* Hassk.

7）胡萝卜属　*Daucus* L.

　　（1）野胡萝卜　*Daucus carota* L.

8）独活属　*Heracleum* L.

　　（1）独活　*Heracleum hemsleyanum* Diels

　　（2）牛尾独活　*Heracleum vicinum* Boiss.

9）天胡荽属　*Hydrocotyle* L.

　　（1）天胡荽　*Hydrocotyle sibthorpioides* Lam.

　　（2）破铜钱　*Hydrocotyle sibthorpioides* Lam. var. *batrachium*（Hance）H. -M.

　　（3）红马蹄草　*Hydrocotyle nepalensis* Hk.

10）藁本属　*Ligusticum* L.

　　（1）藁本　*Ligusticum sinense* Oliv.

　　（2）川芎　*Ligusticum sinense* Oliv. cv. 'Chuanxiong'

11）羌活属　*Notopterygium* H. Boiss.

　　（1）宽叶羌活　*Notopterygium forbesii* Boiss.

12）水芹属　*Oenanthe* L.

　　（1）水芹　*Oenanthe javanica*（Bl.）DC.

13）前胡属　*Peucedanum* L.

　　（1）紫花前胡　*Peucedanum decursivum*（Miq.）Maxim.

　　（2）白花前胡　*Peucedanum praeruptorum* Dunn

14）茴芹属　*Pimpinella* L.

　　（1）锐叶茴芹　*Pimpinella arguta* Diels

　　（2）异叶茴芹　*Pimpinella diversifolia* DC.

15）囊瓣芹属　*Pternopetalum* Franch.

　　（1）五匹青　*Pternopetalum vulgare*（Dunn）H. -M.

16）变豆菜属　*Sanicula* L.

　　（1）变豆菜　*Sanicula chinensis* Bge.

　　（2）直刺变豆菜　*Sanicula orthacantha* S. Moore

17）防风属　*Saposhnikovia* Schischk.

　　（1）防风　*Saposhnikovia divaricata*（Trucz.）Schischk.

18）窃衣属　*Torilis* Adans.

　　（1）窃衣　*Torilis scabra*（Thunb.）DC.

　　（2）小窃衣　*Torilis japonica*（Houtt.）DC.

94. 山柳科　Clethraceae

　1）山柳属　*Clethra* Gronov. ex L.

　　（1）华中山柳　*Clethra fargesii* Franch.

95. 杜鹃花科　Ericaceae

　1）南烛属　*Lyonia* Nutt.

　　（1）南烛　*Lyonia ovalifolia*（Wall.）Drude

　　（2）小果南烛　*Lyonia ovalifolia*（Wall.）Drude var *elliptica*（S. et Z.）H. -M.

　2）马醉木属　*Pieris* D. Don

　　（1）美丽马醉木　*Pieris formosa*（Wall.）D. Don

　3）杜鹃花属　*Rhododendron* L.

　　（1）满山红　*Rhododendron mariesii* Hemsl. et Wils.

　　（2）照山白　*Rhododendron micranthum* Turcz.

（3）马银花　*Rhododendron ovatum* Planch.

（4）映山红　*Rhododendron simsii* Planch.

（5）粉白杜鹃　*Rhododendron hypoglaucum* Hemsl.

（6）长蕊杜鹃　*Rhododendron stamineum* Franch

96. 鹿蹄草科　Pyrolaceae

1）喜冬草属　*Chimaphila* Pursh.

（1）喜冬草　*Chimaphila japonica* Miq.

2）鹿蹄草属　*Pyrola* L.

（1）鹿蹄草　*Pyrola calliantha* H. Andr.

（2）普通鹿蹄草　*Pyrola decorata* H. Andr.

97. 越桔科　Vaccinium

1）越桔属　*Vaccinium* L.

（1）乌饭树　*Vaccinium bracteatum* Thunb.

（2）扁枝越桔　*Vaccinium japonicum* Miq. var. *sinicum*（Nakai）Rehd.

（3）无梗越桔　*Vaccinium henryi* Hemsl.

98. 水晶兰科　Monotropaceae

1）水晶兰属　*Monotropa* L.

（1）水晶兰　*Monotropa uniflora* L.

99. 柿树科　Ebenaceae

1）柿树属　*Diospyros* L.

（1）柿树*　*Diospyros kaki* Thunb.

（2）君迁子　*Diospyros lotus* L.

（3）野柿　*Diospyros kaki* Thunb. var. *sylvestris* Mak.

100. 紫金牛科　Myrsinaceae

1）紫金牛属　*Ardisia* Swartz

（1）朱砂根　*Ardisia crenata* Sims

（2）百两金　*Ardisia crispa*（Thunb.）A. DC.

（3）紫金牛　*Ardisia japonia*（Thunb.）Bl.

2）铁仔属　*Myrsine* L.

（1）铁仔　*Myrsine africana* L.

101. 安息香科　Styracaceae

1）野茉莉属　*Styrax* L.

（1）玉铃花　*Styrax bassia* S. et Z.

（2）垂珠花　*Styrax dasyanthus* Perk.

（3）野茉莉　*Styrax japonicus* S. et Z.

（4）粉花安息香　*Styrax roseus* Dunn

102. 山矾科　Symplocaceae

1）山矾属　*Symplocos* Jacq.

（1）华山矾　*Symplocos chinensis*（Lour.）Druce

（2）白檀　*Symplocos paniculata*（Thunb.）Miq.

（3）山矾　*Symplocos sumuntia* Buch. -Ham. ex D. Don

（4）叶萼山矾　*Symplocos phyllocalyx* Clarke

103. 马钱科　Loganiaceae

1）醉鱼草属　*Buddleja* L.

(1) 巴东醉鱼草　*Buddleja albiflora* Hemsl.

(2) 醉鱼草　*Buddleja lindleyana* Fort. ex Lindl.．

(3) 密蒙花　*Buddleja officinalis* Maxim.

(4) 大叶醉鱼草　*Buddleja davidii* Franch.

2) 蓬莱葛属　*Gardneria* Wall. ex Roxb.

(1) 多花蓬莱葛　*Gardneria mutiflora* Mak.

(2) 光叶蓬莱葛　*Gardneria glabra* Wall. ex D. Don

104. 木犀科　Oleaceae

1) 连翘属　*Forsythia* Vahl

(1) 连翘　*Forsythia suspensa*（Thunb.）Vahl

2) 白蜡树属　*Fraxinus* L.

(1) 白蜡树　*Fraxinus chinensis* Roxb.

(2) 苦枥木　*Fraxinus retusa* Champ. ex Benth.

3) 素馨属　*Jasminum* Bge.

(1) 探春　*Jasminum floridum* Bge.

(2) 清香藤　*Jasminum lanceolarium* Roxb.

(3) 迎春　*Jasminum nudiflorum* Lindl.

(4) 毛叶探春　*Jasminum giraldii* Diels

(5) 茉莉　*Jasminum sambac*（L.）Ait.

4) 女贞属　*Ligustrum* L.

(1) 女贞　*Ligustrum lucidum* Ait.

(2) 蜡子树　*Ligustrum molliculum* Hance

(3) 小叶女贞　*Ligustrum quihoui* Carr.

(4) 小蜡　*Ligustrum sinense* Lour.

5) 木犀属　*Osmanthus* Lour.

(1) 红柄木犀　*Osmanthus armatus* Oiels

(2) 桂花　*Osmanthus fragrans*（Thunb.）Lour.

6) 丁香属　*Syringa* L.

(1) 小叶丁香　*Syringa microphylla* Diels

105. 夹竹桃科　Apocynaceae

1) 鳝藤属　*Anodendron* A. DC.

(1) 鳝藤　*Anodendron affine*（Hk. et Arn.）Druce

2) 毛药藤属　*Cleghornia* Wight.

(1) 毛药藤　*Cleghornia henryi*（Oliv.）P. T. Li

3) 络石属　*Trachelospermum* Lem.

(1) 络石　*Trachelospermum jasminoides*（Lindl.）Lem.

(2) 湖北络石　*Trachelospermum gracilipes* Hk. f. var. *hupehense* Tsiang et P. T. Li.

106. 萝摩科　Asclepiadaceae

1) 秦岭藤属　*Biondia* Schltr.

(1) 宽叶秦岭藤　*Biondia hemsleyana*（Warb.）Tsiang

(2) 秦岭藤　*Biondia hemsleyana*（Warb.）Tsiang

2) 吊灯花属　*Ceropegia* L.

(1) 巴东吊灯花　*Ceropegia driophila* Schneid.

3) 鹅绒藤属　*Cynanchum* L.

　　　　（1）牛皮消　*Cynanchum auriculatum* Royle ex wight
　　　　（2）徐长卿　*Cynanchum paniculatum*（Bge.）Kitag.
　　　　（3）柳叶白前　*Cynanchum stauntonii*（Decne.）Schltr. ex Levl.
　　　　（4）隔山消　*Cynanchum wilfordii*（Maxim.）Hemsl.
　　　　（5）毛白前　*Cynanchum mooreanum* Hemsl.
　　　　（6）地梢瓜　*Cynanchum thesioides*（Freyn）K. Schum.
　　　　（7）白首乌　*Cynanchum bungei* Decen.
　　　　（8）变色白前　*Cynanchum versicolor* Bge.
　　4）南山藤属　*Dregea* E. Mey.
　　　　（1）苦绳　*Dregea sinensis* Hemsl.
　　5）萝摩属　*Metaplexis* R. Br.
　　　　（1）华萝摩　*Metaplexis hemsleyana* Oliv.
　　6）杠柳属　*Periploca* L.
　　　　（1）青蛇藤　*Periploca calophylla*（Wight）Falc.
　　　　（2）杠柳　*Periploca sepium* Bge.
　　7）娃儿藤属　*Tylophora* R. Br.
　　　　（1）七层楼　*Tylophora floribunda* Miq.
　　　　（2）湖北娃儿藤　*Tylophora silvestrii*（Pamp.）Tsiang et P. T. Li
107. 茜草科　Rubiaceae
　　1）水团花属　*Adina* Salisb.
　　　　（1）细叶水团花　*Adina rubella* Hance
　　2）香果树属☆　*Emmenopterys* Oliv.
　　　　（1）香果树　*Emmenopterys henryi* Oliv.
　　3）猪殃殃属　*Galium* L.
　　　　（1）猪殃殃　*Galium aparine* L. var. *tenerum*（Gren. et Godr.）Reichb.
　　　　（2）六叶葎　*Galium asperuloides* Edgew. var *hoffmeisteri*（Klotzsch）H. -M.
　　　　（3）四叶葎　*Galium bungei* Steud.
　　　　（4）小叶猪殃殃　*Galium trifidum* L.
　　　　（5）蓬子菜　*Galium verum* L.
　　　　（6）线叶拉拉藤　*Galium linearifolium* Turcz.
　　　　（7）北方拉拉藤　*Galium boreale* L.
　　4）栀子属　*Gardenia* Ellis
　　　　（1）栀子　*Gardenia jasminoides* Ellis
　　5）耳草属　*Hedyotis* L.
　　　　（1）白花蛇舌草　*Hedyotis diffusa* Willd.
　　　　（2）伞房花耳草　*Hedyotis corymbosa*（L.）Lam.
　　　　（3）松叶耳草　*Hedyotis pinifolia* Wall.
　　　　（4）纤花耳草　*Hedyotis tenelliflora* Bl.
　　6）蛇根草属　*Ophiorrhiza* L.
　　　　（1）日本蛇根草　*Ophiorrhiza japonica* Bl.
　　7）鸡矢藤属　*Paederia* L.
　　　　（1）鸡矢藤　*Paederia scandens*（Lour.）Merr.
　　8）茜草属　*Rubia* L.
　　　　（1）茜草　*Rubia cordifolia* L.

（2）长叶茜草　*Rubia cordifolia* L. var. *longifolia* H.-M.

9）六月雪属　*Serissa* Comm.

（1）白马骨　*Serissa serissoides*（DC.）Druce

10）钩藤属　*Uncaria* Schreb.

（1）钩藤　*Uncaria rhynchophylla*（Miq.）Jacks.

108. 忍冬科　Caprifoliaceae

1）六道木属　*Abelia* R. Br.

（1）糯米条　*Abelia chinensis* R. Br.

（2）二翅六道木　*Abelia maorotera*（Graebn. et Buchw.）Rehd.

（3）蓪梗花　*Abelia engleriana*（Graebn.）Rehd.

2）双盾木属　*Dipelta* Maxim.

（1）双盾木　*Dipelta floribunda* Maxim.

3）忍冬属　*Lonicera* L.

（1）淡红忍冬　*Lonicera acuminata* Wall.

（2）苦糖果　*Lonicera fragrantissma* Lindl. et Paxt. ssp. Standishii（Carr.）Hsu et H. J.

（3）郁香忍冬　*Lonicera fragrantissima* Lindl. ex Paxt.

（4）蕊被忍冬　*Lonicera gynochlamydea* Hemsl.

（5）忍冬　*Lonicera japonica* Thunb.

（6）金银忍冬　*Lonicera maackii*（Rupr.）Maxim.

（7）蕊帽忍冬　*Lonicera pileata* Oliv.

（8）盘叶忍冬　*Lonicera tragophylla* Hemsl.

4）接骨木属　*Sambucus* L.

（1）接骨草　*Sambucus chinensis* Lindl.

（2）接骨木　*Sambucus williamsii* Hance

5）荚蒾属　*Viburnum* L.

（1）桦叶荚蒾　*Viburnum betulifolium* Batal.

（2）水红木　*Viburnum cylindricum* Buch.-Ham. ex D. Don

（3）荚蒾　*Viburnum dilatatum* Thunb.

（4）宜昌荚蒾　*Viburnum erosum* Thunb.

（5）球核荚蒾　*Viburnum propinquum* Hemsl.

（6）皱叶荚蒾　*Viburnum rhytidophyllum* Hemsl.

（7）鸡树条荚蒾　*Viburnum sargentii* Koehne

（8）烟管荚蒾　*Viburnum utile* Hemsl.

（9）醉鱼草状荚蒾　*Viburnum buddeifolium* C. H. Wright

（10）蝴蝶戏珠花　*Viburnum plicatum* Thunb. var. *tomentosum*（Thunb.）Miq.

6）锦带花属　*Weigela* Thunb.

（1）半边月　*Weigela japonica* Thunb. var. *sinica*（Rehd.）Bailey

（2）锦带花　*Weigela florida*（Bge.）A. DC.

109. 败酱科　Valerianaceae

1）败酱属　*Patrinia* Juss.

（1）墓头回　*Patrinia heterophylla* Bge.

（2）窄叶败酱　*Patrinia heterophylla* Bge. ssp. angustifolia（Hemsl.）H. J. Wang

（3）败酱　*Patrinia scabiosaefolia* Fisch. ex Trev.

（4）攀倒甑　*Patrinia villosa*（Thunb.）Juss.

　　　　（5）少蕊败酱　*Patrinia monandra* C. B. Clarke

　　2）缬草属　*Valeriana* L.

　　　　（1）缬草　*Valeriana officinalis* L.

　　　　（2）宽叶缬草　*Valeriana officinalis* L. var. *latifolia* Miq.

110. 川续断科　Dipsacaceae

　　1）川续断属　*Dipsacus* L.

　　　　（1）日本续断　*Dipsacus japonicus* Miq.

　　　　（2）川续断　*Dipsacus asperoides* C. Y. Cheng et T. M. Ai

111. 菊科　Compositae

　　1）蓍属　*Achillea* L.

　　　　（1）云南蓍*　*Achillea wilsoniana* Heim ex H. -M.

　　2）腺梗菜属　*Adenocaulon* Hk.

　　　　（1）腺梗菜　*Adenocaulon himalicum* Edgew.

　　3）兔儿风属　*Ainsliaea* DC.

　　　　（1）长穗兔儿风　*Ainsliaea henryi* Diels

　　　　（2）宽穗兔儿风　*Ainsliaea triflora* (Buch. -Ham.) Druce

　　　　（3）铁灯兔儿风　*Ainsliaea macroclinidioides* Hay.

　　4）香青属　*Anaphalis* DC.

　　　　（1）珠光香青　*Anaphalis margaritacea* (L.) Benth. et Hk. f.

　　　　（2）香青　*Anaphalis sinica* Hance

　　　　（3）线叶珠光香青　*Anaphalis margaritacea* (L.) Benth. et Hk. f. ssp. japonica (Sch.-Bip) Kitamura

　　5）牛蒡属　*Arctium* L.

　　　　（1）牛蒡　*Arctium lappa* L.

　　6）蒿属　*Artemisia* L.

　　　　（1）黄花蒿　*Artemisia annus* L.

　　　　（2）艾蒿　*Artemisia argyi* Levl. et Vant.

　　　　（3）茵陈蒿　*Artemisia capillaris* Thunb.

　　　　（4）牛尾蒿　*Artemisia dubia* Wall. ex Bess.

　　　　（5）牡蒿　*Artemisia japonica* Thunb.

　　　　（6）白苞蒿　*Artemisia lactiflora* Wall. ex DC.

　　　　（7）青蒿　*Artemisia caruifolia* Buch. -Ham.

　　　　（8）南牡蒿　*Artemisia eriopoda* Bge.

　　　　（9）大花大籽蒿　*Artmmisia sievesiana* Willd. f. macrocephala Pamp.

　　7）紫菀属　*Aster* L.

　　　　（1）三脉紫菀　*Aster ageratoides* Turcz.

　　　　（2）小舌紫菀　*Aster albescens* (DC.) H. -M.

　　　　（3）钻叶紫菀　*Aster subulatus* Michx.

　　　　（4）紫菀　*Aster tataricus* L. f.

　　8）苍术属　*Atractylodes* DC.

　　　　（1）苍术　*Atractylodes lancea* (Thunb.) DC.

　　9）鬼针草属　*Bidens* L.

　　　　（1）婆婆针　*Bidens bipinnata* L.

　　　　（2）羽叶鬼针草　*Bidens maximoricziana* Oett.

（3）小花鬼针草　*Bidens parviflora* Willd.

（4）鬼针草　*Bidens pilosa* L.

（5）狼把草　*Bidens tripartita* L.

10）蟹甲草属　*Cacalia* L.

（1）羽裂蟹甲草　*Cacalia tangutica*（Franch.）H.-M.

11）飞廉属　*Carduus* L.

（1）丝毛飞廉　*Carduus crispus* L.

12）天名精属　*Carpesium* L.

（1）天名精　*Carpesium abrotanoides* L.

（2）烟管头草　*Carpesium cernuum* L.

（3）金挖耳　*Carpesium divaricatum* S. et Z.

（4）长叶天名精　*Carpesium longifolium* Chen et C. M. Hu

（5）大花金挖耳　*Carpesium macrocephalum* Franch. et Sav.

13）石胡荽属　*Centipeda* Lour.

（1）石胡荽　*Centipeda minima*（L.）A. Br. et Aschers.

14）蓟属　*Cirsium* Mill.

（1）蓟　*Cirsium japonicum* Fisch. ex DC.

（2）线叶蓟　*Cirsium lineare*（Thunb.）Sch.-Bip.

（3）刺儿菜　*Cirsium segetum*（Bge.）Kitam.

（4）牛口刺　*Cirsium shansiense* Petrak

15）白酒草属　*Conyza* Less.

（1）小蓬草　*Conyza canadensis*（L.）Cronq.

16）菊属　*Dendranthema*（DC.）Des Moul.

（1）野菊　*Dendranthema indicum*（L.）Des Moul.

（2）毛华菊　*Dendranthema vestitum*（Hemsl.）Ling

17）东风菜属　*Doellingeria* Nees

（1）东风菜　*Doellingeria scaber*（Thunb.）Nees

18）鳢肠属　*Eclipta* L.

（1）鳢肠　*Eclipta prostrata*（L.）L.

19）一点红属　*Emilia* Crass.

（1）一点红　*Emilia sonchifolia*（L.）DC.

20）飞蓬属　*Erigeron* L.

（1）一年蓬　*Erigeron annuus*（L.）Pers.

21）泽兰属　*Eupatorium* L.

（1）佩兰　*Eupatorium fortunei* Turcz.

（2）泽兰　*Eupatorium japonicum* Thunb.

（3）华泽兰　*Eupatorium chinense* L.

（4）林泽兰　*Eupatorium lindleyanum* DC.

22）牛膝菊属　*Galinsoga* Ruiz et Pav.

（1）牛膝菊　*Galinsoga parviflora* Cav.

23）鼠曲草属　*Gnaphalium* L.

（1）鼠曲草　*Gnaphalium affine* D. Don

（2）秋鼠曲草　*Gnaphalium hypoleucum* DC.

（3）细叶鼠曲草　*Gnaphalium japonicum* Thunb.

24) 泥胡菜属　*Hemistepta* Bge.

 (1) 泥胡菜　*Hemistepta lyrata*（Bge.）Bge.

25) 狗娃花属　*Heteropappus* Less.

 (1) 狗娃花　*Heteropappus hispidus*（Thunb.）Less.

26) 旋覆花属　*Inula* L.

 (1) 线叶旋覆花　*Inula lineariifolia* Turcz.

 (2) 总状土木香　*Inula racemosa* Hk. F.

27) 苦荬菜属　*Ixeris* Cass.

 (1) 山苦荬　*Ixeris chinensis*（Thunb.）Nakai

 (2) 剪刀股　*Ixeris debilis* A. Gray

 (3) 苦荬菜　*Ixeris denticulata*（Houtt.）Nakai

 (4) 抱茎苦荬菜　*Ixeris sonchifolia* Hance

28) 马兰属　*Kalimeris* Cass.

 (1) 马兰　*Kalimeris indica*（L.）Sch. -Bip.

 (2) 毡毛马兰　*Kalimeris shimadai*（Kitam.）Kitam.

 (3) 狭苞马兰　*Kalimeris indica*（L.）Sch. -Bip. var *stenolepis*（H. -M.）Kitam.

 (4) 全叶马兰　*Kelimeris integrifolia* Turcz.

29) 莴苣属　*Lactuca* L.

 (1) 台湾莴苣　*Lactuca formosana* Maxim.

 (2) 细花莴苣　*Lactuca graciliflora*（Wall.）DC.

30) 大丁草属　*Leibmitzia* Cass.

 (1) 大丁草　*Leibmitzia anandria*（L.）Nakai

31) 火绒草属　*Leontopodium* R. Br. ex Cass.

 (1) 薄雪火绒草　*Leontopodium japonicum* Miq.

32) 橐吾属　*Ligularia* Cass.

 (1) 鹿蹄橐吾　*Ligularia hodgsonii* Hook.

 (2) 离舌橐吾　*Ligularia veitchiana*（Hemsl.）Greenm.

33) 蜂斗菜属　*Petasites* Mill.

 (1) 蜂斗菜　*Petasites japonicus*（Sieb. et Zucc.）F. Schmidt

34) 毛莲菜属　*Picris* L.

 (1) 毛莲菜　*Picris hieracioides* L. spp. japonica Krylv.

35) 风毛菊属　*Saussurea* L.

 (1) 少花风毛菊　*Saussurea oligantha* Franch.

 (2) 武当风毛菊　*Saussurea silvestrii* Pamp.

36) 鸦葱属　*Scorzonera* L.

 (1) 鸦葱　*Scorzonera ruprechtiana* Lipsch. et Krasch.

37) 千里光属　*Senecio* L.

 (1) 蒲儿根　*Senecio oldhamianus* Maxim.

 (2) 千里光　*Senecio scandens* Buch. -Ham. ex D. Don

 (3) 额河千里光　*Senecio argunensis* Turcz.

38) 豨莶属　*Siegesbeckia* L.

 (1) 豨莶　*Siegesbeckia orientalis* L.

 (2) 腺梗豨莶　*Siegesbeckia pubescens* Mak.

39) 一枝黄花属　*Solidago* L.

(1) 一枝黄花　*Solidago decurrens* Lour.

40) 苦苣菜属　*Sonchus* L.

(1) 苦苣菜　*Sonchus oleracens* L.

41) 兔儿伞属　*Syneilesis* Maxim.

(1) 兔儿伞　*Syneilesis aconitifolia*（Bge.）Maxim.

42) 山牛蒡属　*Synurus* Iljin

(1) 山牛蒡　*Synurus deltoides*（Ait.）Nakai

43) 蒲公英属　*Taraxacum* L.

(1) 蒲公英　*Taraxacum mongolicum* H. -M.

44) 女菀属　*Turczaninovia* DC.

(1) 女菀　*Turczaninovia fastigiana*（Fisch）DC.

45) 款冬属　*Tussilago* L.

(1) 款冬　*Tussilago farfara* L.

46) 斑鸠菊属　*Vernonia* Schreb.

(1) 南漳斑鸠菊　*Vernonia nantcianensis*（Pamp.）H. -M.

47) 苍耳属　*Xanthium* L.

(1) 苍耳　*Xanthium sibiricum* Patrin. ex Widder

48) 黄鹌菜属　*Youngia* Cass.

(1) 黄鹌菜　*Youngia japonica*（L.）DC.

(2) 齿裂黄鹌菜　*Youngia denticulate*（Houtt.）Kitamura

49) 翅果菊属　Pterocypsela Shih

(1) 台湾翅果菊　*Pterocypsela formosana*（Maxim.）Shih

(2) 翅果菊　*Pterocypsela indica*（L.）Shih

112. 龙胆科　Gentianaceae

1) 龙胆属　*Gentiana*（Tourn.）L.

(1) 红花龙胆　*Gentiana rhodantha* Franch.

(2) 深红龙胆　*Gentiana rubicunda* Franch.

2) 花锚属　*Halenia* Borkh.

(1) 椭圆叶花锚　*Halenia elliptica* D. Don

3) 翼萼蔓属　*Pterygocalyx* Maxim.

(1) 翼萼蔓　*Pterygocalyx volubilis* Maxim.

4) 獐牙菜属　*Swertia* L.

(1) 獐牙菜　*Swertia bimaculata*（S. et Z.）Hk. f. et Thoms. ex C. B. Clarke

5) 双蝴蝶属　*Tripterospermum* Bl.

(1) 双蝴蝶　*Tripterospermum chinense*（Migo）H. Sm.

(2) 峨眉双蝴蝶　*Tripterospermum cordatum*（Marq.）H. Sm.

113. 报春花科　Primulaceae

1) 点地梅属　*Androsace* L.

(1) 点地梅　*Androsace umbellata*（Lour.）Merr.

2) 珍珠菜属　*Lysimachia* L.

(1) 过路黄　*Lysimachia christinae* Hance

(2) 珍珠菜　*Lysimachia clethroides* Duby

(3) 聚花过路黄　*Lysimachia congestiflora* Hemsl.

(4) 星宿菜　*Lysimachia fortunei* Maxim.

  （5）金爪儿　*Lysimachia grammica* Hance

  （6）腺药珍珠菜　*Lysimachia stenosepala* Hemsl.

  （7）点腺过路黄　*Lysimachia hemsleyana* Maxim.

  （8）狭叶珍珠菜　*Lysimachia pentapetala* Bge.

  （9）假延叶珍珠菜　*Lysimachia silvestrii*（Pamp.）H.-M.

  （10）点叶落地梅　*Androsace punctatilimba* C. Y. Wu

 3）报春花属　*Primula* L.

  （1）鄂报春　*Primula obconica* Hance

  （2）卵叶报春　*Primula ovalifolia* Franch.

  （3）湖北报春　*Primula hupehensis* Craib

114. 车前草科　Plantaginaceae

 1）车前草属　*Plantago* L.

  （1）车前草　*Plantago asiatica* L.

  （2）平车前　*Plantago depressa* Willd.

  （3）大车前　*Plantago major* L.

115. 桔梗科　Campanulaceae

 1）沙参属　*Adenophora* Fisch.

  （1）丝裂沙参　*Adenophora capillaris* Hemsl.

  （2）杏叶沙参　*Adenophora hunanensis* Nannf.

  （3）轮叶沙参　*Adenophora tetraphylla*（Thunb.）Fisch.

 2）风铃草属　*Campanula* L.

  （1）紫斑风铃草　*Campanula punctata* L.

 3）金钱豹属　*Campanumoea* Bl.

  （1）金钱豹　*Campanumoea javanica* Bl. ssp. japonica（Mak.）Hong

 4）党参属　*Codonopsis* Wall.

  （1）羊乳　*Codonopsis lanceolata*（S. et Z.）Trautv.

  （2）党参　*Codonopsis pilosula*（Franch.）Nannf.

 5）桔梗属　*Platycodon* DC.

  （1）桔梗　*Platycodon grandiflorus*（Jacq.）A. DC.

 6）蓝花参属　*Wahlenbergia* Schrad. ex Roth

  （1）蓝花参　*Wahlenbergia marginata*（Thunb.）A. DC.

116. 半边莲科　Lobeliaceae

 1）半边莲属　*Lobelia* L.

  （1）半边莲　*Lobelia chinensis* Lour.

  （2）江南山梗菜　*Lobelia davidii* Franch.

117. 紫草科　Boraginaceae

 1）斑种草属　*Bothriospermum* Bge.

  （1）柔弱斑种草　*Bothriospermum tenellum*（Hornem.）Fisch. et Mey.

  （2）狭苞斑种草　*Bothriospermum kusnezowii* Bge.

 2）琉璃草属　*Cynoglossum* L.

  （1）小花琉璃草　*Cynoglossum lanceolatum* Forsk.

  （2）琉璃草　*Cynoglossum zeylanicum*（Vahl）Thunb. ex Lehm.

 3）厚壳树属　*Ehretia* L.

  （1）粗糠树　*Ehretia macrophylla* Wall.

  (2) 厚壳树　*Ehretia thyrsiflora*（S. et Z.）Nakai

 4）紫草属　*Lithospermum* L.

  (1) 紫草　*Lithospermum erythrorhizon* S. et Z.

  (2) 梓木草　*Lithospermum zollingeri* DC.

 5）车前紫草属　*Sinojohnstonia* Hu

  (1) 宝兴车前紫草　*Sinojohnstonia moupinensis*（Franch.）W. T. Wang;comb. nev.

 6）盾果草属　*Thyrocarpus* Hance

  (1) 盾果草　*Thyrocarpus sampsonii* Hance

 7）附地菜属　*Trigonotis* Stev.

  (1) 西南附地菜　*Trigonotis cavaleriei*（Levl.）H. -M.

  (2) 湖北附地菜　*Trigonotis mollis* Hemsl.

  (3) 附地菜　*Trigonotis peduncularis*（Trev.）Beth. ex Baker et Moore

118. 茄科　Solanaceae

 1）曼陀罗属　*Datura* L.

  (1) 曼陀罗　*Datura stramonium* L.

 2）红丝线属　*Lycianthes*（Dunal）Hassl.

  (1) 单花红丝线　*Lycianthes lysimachioides*（Wall.）Bitter

 3）枸杞属　*Lycium* L.

  (1) 枸杞　*Lycium chinense* Mill.

 4）酸浆属　*Physalis* L.

  (1) 挂金灯　*Physalis alkekenqi* L. var *franchetii*（Mast.）Makino

  (2) 苦蘵　*Physalis angulata* L.

  (3) 小酸浆　*Physalis minima* L.

  (4) 酸浆　*Physalis alkekengi* L.

 5）茄属　*Solanum* L.

  (1) 千年不烂心　*Solanum cathayanum* C. Y. Wu et S. C. Huang

  (2) 白英　*Solanum lyratum* Thunb.

  (3) 龙葵　*Solanum nigrum* L.

  (4) 野海茄　*Solanum japonense* Nakai

119. 旋花科　Convolvulaceae

 1）打碗花属　*Calystegia* R. Br.

  (1) 打碗花　*Calystegia hederacea* Wall. ex Roxb.

  (2) 藤长苗　*Calystegia pellita*（Ledeb.）G. Don

  (3) 旋花　*Calystegia sepium*（L.）R. Br.

 2）菟丝子属　*Cuscuta* L.

  (1) 金灯藤　*Cuscuta japonica* Choisy

  (2) 南方菟丝子　*Cuscuta australis* R. Br.

 3）牵牛属　*Pharbitis* Choisy

  (1) 牵牛　*Pharbitis nil*（L.）Choisy

  (2) 圆叶牵牛　*Pharbitis purpurea*（L.）Voigt

 4）马蹄金属　*Dichondra* J. R. et G. Forst.

  (1) 马蹄金　*Dichondra repens* Forst.

120. 玄参科　Scrophulariaceae

 1）母草属　*Lindernia* All.

  （1）陌上菜 *Lindernia procumbens*（Krock.）Philcox

  （2）旱田草 *Lindernia ruellioides*（Colsm.）Pennell

 2）通泉草属 *Mazus* Lour.

  （1）通泉草 *Mazus japonicus*（Thunb.）O. Ktze.

  （2）弹刀子菜 *Mazus stachydifolius*（Turcz.）Maxim.

 3）山萝花属 *Melampyrum* L.

  （1）山萝花 *Melampyrum roseum* Maxim.

 4）沟酸浆属 *Mimulus* L.

  （1）沟酸浆 *Mimulus ttenellus* Bge.

 5）泡桐属 *Paulownia* S. et Z.

  （1）白花泡桐 *Paulownia fortunei*（Seem.）Hemsl.

  （2）毛泡桐 *Paulownia tomentosa*（Thunb.）Steud.

 6）马先蒿属 *Pedicularis* L.

  （1）短茎马先蒿 *Pedicularis artselaeri* Maxim.

  （2）江南马先蒿 *Pedicularis henryi* Maxim.

  （3）返顾马先蒿 *Pedicularis resupinata* L.

 7）松蒿属 *Phtheirospermum* Bge.

  （1）松蒿 *Phtheirospermum japonicum*（Thunb.）Kanitz

 8）地黄属 *Rehmannia* Libosch. ex Fisch. et May.

  （1）地黄 *Rehmannia glurinosa*（Gaertn.）Libosch. ex Fisch. et Mey.

  （2）裂叶地黄 *Rehmannia piasezkii* Maxim.

 9）玄参属 *Scrophularia* L.

  （1）玄参 *Scrophularia ningpoensis* Hemsl.

 10）阴行草属 *Siphonostegia* Benth.

  （1）阴行草 *Siphonostegia chinensis* Benth.

 11）蝴蝶草属 *Torenia* L.

  （1）光叶蝴蝶草 *Torenia glabra* Osbeck

  （2）紫萼蝴蝶草 *Torenia violacea*（Azaola）Pennell

 12）崖白菜属 *Triaenophora*（Hk. f.）Soler.

  （1）崖白菜 *Triaenophora rupestris*（Hemsl.）Soler.

 13）婆婆纳属 *Veronica* L.

  （1）婆婆纳 *Veronica didyma* Tenore

  （2）疏花婆婆纳 *Veronica laxa* Benth.

  （3）小婆婆纳 *Veronica serpyllifolia* L.

  （4）水苦荬 *Veronica undulata* Wall.

  （5）蚊母草 *Veronica persica* L.

  （6）阿拉伯婆婆纳 *Veronica persica* Poir.

 14）腹水草属 *Veronicastrum* Heist. ex Farbic.

  （1）细穗腹水草 *Veronicastrum stenostachyum*（Hemsl.）Yamazaki

  （2）腹水草 *Veronicastrum stenostachyum*（Hemsl.）Yamazaki ssp. plukentii（Yamazaki）

  （3）爬岩红 *Veronicastrum axillare*（S. et Z.）Yamazaki

121. 列当科 Orobanchaceae

 1）列当属 *Orobanche* L.

  （1）列当 *Orobanche coerulescens* Steph.

122. 苦苣苔科　Gesneriaceae

　　1）旋蒴苣苔属　*Boea* Comm. ex Lam.

　　　　（1）旋蒴苣苔　*Boea hygrometrica*（Bge.）R. Br.

　　2）粗筒苣苔属　*Briggsia* Craib

　　　　（1）鄂西粗筒苣苔　*Briggsia speciosa*（Hemsl.）Craib.

　　3）唇柱苣苔属　*Chirita* Buch. -Ham. ex D. Don

　　　　（1）牛耳朵　*Chirita eburnia* Hance

　　4）珊瑚苣苔属　*Corallodiscus* Batal.

　　　　（1）珊瑚苣苔　*Corallodiscus cordatulus*（Craib.）Burtt

　　5）半蒴苣苔属　*Hemiboea* C. B. Clarke

　　　　（1）半蒴苣苔　*Hemiboea henryi* C. B. Clarke

　　　　（2）降龙草　*Hemiboea subcapitata* C. B. Clarke

　　6）吊石苣苔属　*Lysionotus* D. Don

　　　　（1）吊石苣苔　*Lysionotus pauciflorus* Maxim.

　　7）马铃苣苔属　*Oreocharis* Benth.

　　　　（1）长瓣马铃苣苔　*Oreocharis auricula*（S. Moore）C. B. Clarke

123. 紫葳科　Bignoniaceae

　　1）凌霄属　*Campsis* Lour.

　　　　（1）凌霄　*Campsis grandiflora*（Thunb.）Schum.

　　2）梓属　*Catalpa* Scop.

　　　　（1）楸　*Catalpa bungei* C. A. Mey.

　　　　（2）梓　*Catalpa ovata* G. Don

124. 爵床科　Acanthaceae

　　1）白接骨属　*Asystasiella* Lindau

　　　　（1）白接骨　*Asystasiella chinensis*（S. Moore）E. Houssain

　　2）山一笼鸡属　*Gutzlaffia* Hance

　　　　（1）多枝山一笼鸡　*Gutzlaffia henryi*（Hemsl.）C. B. Clarke ex S. Moore

　　3）爵床属　*Rostellularia* Reichb.

　　　　（1）爵床　*Rostellularia procumbens*（L.）Nees

　　4）马蓝属　*Strobilanthes* Bl.

　　　　（1）球花马蓝　*Strobilanthes pentstemonoides*（Ness）T. Anders.

　　　　（2）四子马蓝　*Strobilanthes tetraspermus*（Champ. ex Benth.）Druce

　　　　（3）三花马蓝　*Strobilanthes triflorus* Y. C. Tang

　　5）九头狮子草属　*Peristrophe* Nees

　　　　（1）九头狮子草　*Peristrophe japonica*（Thunb.）Bremek

125. 马鞭草科　Verbenaceae

　　1）紫珠属　*Callicarpa* L.

　　　　（1）紫珠　*Callicarpa bodinieri* Levl.

　　　　（2）华紫珠　*Callicarpa cathayana* H. T. Chang

　　　　（3）老鸦糊　*Callicarpa giraldii* Hesse ex Rehd.

　　2）莸属　*Caryopteris* Bge.

　　　　（1）兰香草　*Caryopteris incana*（Thunb.）Miq.

　　　　（2）三花莸　*Caryopteris terniflora* Maxim.

　　　　（3）光果莸　*Caryopteris tangutica* Maxim.

　　3）大青属　*Clerodendrum* L.

　　　　（1）臭牡丹　*Clerodendrum bungei* Steud.

　　　　（2）海洲常山　*Clerodendrum trichotomum* Thunb.

　　4）豆腐柴属　*Premna* L.

　　　　（1）豆腐柴　*Premna microphylla* Turcz.

　　5）马鞭草属　*Verbena* L.

　　　　（1）马鞭草　*Verbena officinalis* L.

　　6）牡荆属　*Vitex* L.

　　　　（1）黄荆　*Vitex negundo* L.

　　　　（2）牡荆　*Vitex negundo* L. var. *cannabifolia* (S. et Z.) H. -M.

126. 透骨草科　Phrymaceae

　　1）透骨草属　*Phryma* L.

　　　　（1）透骨草　*Phryma leptostachya* L. var. *asiatica* Hara

127. 唇形科　Labiatae

　　1）藿香属　*Agastache* Clayt. ex Gronov.

　　　　（1）藿香*　*Agastache rugosa* (Fisch. et Mey.) O. Ktze.

　　2）筋骨草属　*Ajuga* L.

　　　　（1）筋骨草　*Ajuga ciliata* Bge.

　　　　（2）金疮小草　*Ajuga decumbens* Thunb.

　　　　（3）微毛筋骨草　*Ajuga ciliate* Bge. var. *glabrescens* Hemsl.

　　3）水棘针属　*Amethystea* L.

　　　　（1）水棘针　*Amethystea caerulea* L.

　　4）风轮菜属　*Clinopodium* L.

　　　　（1）风轮菜　*Clinopodium chinense* (Benth.) O. Ktze.

　　　　（2）灯笼草　*Clinopodium polycephalum* (Vaniot) C. Y. Wu et Hsuan ex Hsu

　　5）香薷属　*Elsholtzia* Willd.

　　　　（1）香薷　*Elsholtzia ciliata* (Thunb.) Hyland.

　　　　（2）野香草　*Elsholtzia cypriani* (Pavol.) C. Y. Wu et S. Chow

　　6）活血丹属　*Glechoma* L.

　　　　（1）活血丹　*Glechoma longituba* (Nakai) Kupr.

　　　　（2）狭萼白透骨消　*Glechoma biodiana* (Diels) C. Y. Wu et C. Chen var. *angustituba* C. Y. Wu et C. Chen

　　7）动蕊花属　*Kinostemon* Kudo

　　　　（1）动蕊花　*Kinostemon ornatum* (Hemsl.) Kudo

　　8）夏至草属　*Lagopsis* Bge. ex Benth.

　　　　（1）夏至草　*Lagopsis supina* (Steph.) Ik. -Gal. ex Knorr.

　　9）野芝麻属　*Lamium* L.

　　　　（1）宝盖草　*Lamium amplexicaula* L.

　　　　（2）野芝麻　*Lamium barbatum* S. et Z.

　　10）益母草属　*Leonurus* L.

　　　　（1）益母草　*Leonurus artemisia* S. Y. Hu

　　11）地笋属　*Lycopus* L.

　　　　（1）硬毛地笋　*Lycopus lucidus* Turcz. var. *hirtus* Regel

　　12）龙头草属　*Meehania* Britt. ex Small et Vaill

（1）梗花华西龙头草　*Meehania fargesii*（Levl.）C. Y. Wu var. *pedunculata*（Hemsl.）C. Y. Wu

（2）龙头草　*Meehania henryi*（Hemsl.）Sun ex C. Y. Wu

（3）走茎华西龙头草　*Meehania fargesii*（Levl.）C. Y. Wu var. *radicans*（Vaniot）C. Y. Wu

13）薄荷属　*Mentha* L.

（1）薄荷　*Mentha haplocalyx* Briq.

14）石荠苎属　*Mosla* Buch. -Ham. ex Maxim.

（1）石香薷　*Mosla chinensis* Maxim.

（2）小鱼仙草　*Mosla dianthera*（Buch. -Ham.）Maxim.

（3）石荠苎　*Mosla scabra*（Thunb.）C. Y. Wu et H. W. Li

15）牛至属　*Origanum* L.

（1）牛至　*Origanum vulgare* L.

16）紫苏属　*Perilla* L.

（1）紫苏　*Perilla frutescens*（L.）Britt.

（2）野紫苏　*Perilla frutescens*（L.）Britt. var. *acuta*（Thunb.）Kudo

（3）回回苏　*Perilla frutescens*（L.）Britt. var *crispa*（Thunb.）H. -M.

17）糙苏属　*Phlomis* L.

（1）糙苏　*Phlomis umbrosa* Turcz.

（2）南方糙苏　*Phlomis umbrosa* Turcz. Var. *Australis* Hemsl.

18）夏枯草属　*Prunella* L.

（1）夏枯草　*Prunella vulgaris* L.

19）香茶菜属　*Rabdosia*（Bl.）Hassk.

（1）香茶菜　*Rabdosia amethystoides*（Benth.）Hara

（2）显脉香茶菜　*Rabdosia nervosa*（Hemsl.）C. Y. Wu et H. W. Li

（3）鄂西香茶菜　*Rabdosia henryi*（Hemsl.）Hara

（4）碎米桠　*Rabdosia rubescens*（Burm. f.）Hara.

（5）总序香茶菜　*Rabdosia racemosa*（Hemsl.）Hara

20）鼠尾草属　*Salvia* L.

（1）华鼠尾草　*Salvia chinensis* Benth.

（2）鼠尾草　*Salvia japonica* Thunb.

（3）紫背鼠尾草　*Salvia cavaleriei* Levl. var. *erythrophylla*（Hemsl.）Stib.

（4）河南鼠尾草　*Salvia honania* L. H. Bailey

（5）丹参　*Salvia miltiorrhiza* Bge.

（6）南川鼠尾草　*Salvia nanchuanensis* Sun

（7）长冠鼠尾草　*Salvia plectranthoides* Griff.

（8）紫花野丹参　*Salvia vasta* H. W. Li f. Purpurea H. W. Li

（9）荔枝草　*Salvia plebeian* R. Br.

21）裂叶荆芥属　*Schizonepeta* Briq.

（1）多裂叶荆芥　*Schizonepeta multifida*（L.）Briq.

22）黄芩属　*Scutellaria* L.

（1）黄芩　*Scutellaria baicalensis* Georgi

（2）半枝莲　*Scutellaria barbata* D. Don

（3）韩信草　*Scutellaria indica* L.

23）水苏属　*Stachys* L.

（1）水苏　*Stachys japonica* Miq.

（2）针筒菜　*Stachys oblongifolia* Benth.

（3）毛水苏　*Stachys baicalensis* Fisch. ex Benth.

（4）甘露子　*Stachys sieboldi* Miq.

24）香科科属　*Teucrium* L.

（1）长毛香科科　*Teucrium pilosum*（Pamp.）C. Y. Wu et S. Chow

25）假糙苏属　*Paraphlomis* Prain

（1）白花假糙苏　*Paraphlomis albiflora*（Hemsl.）H. -M.

128. 泽泻科　Alismataceae

1）泽泻属　*Alisma* L.

（1）泽泻　*Alisma plantago-aquatica* L.

2）慈姑属　*Sagittaria* L.

（1）矮慈姑　*Sagittaria pygmaea* Miq.

（2）慈姑　*Sagittaria trifolia* L.

129. 眼子菜科　Potamogetonaceae

1）眼子菜属　*Potamogeton* L.

（1）菹草　*Potamogeton crispus* L.

（2）竹叶眼子菜　*Potamogeton malaianus* Miq.

130. 茨藻科　Najadaceae

1）茨藻属　*Najas* L.

（1）小茨藻　*Najas minor* Au.

131. 鸭跖草科　Commelinaceae

1）鸭跖草属　*Commelina* L.

（1）饭包草　*Commelina benghalensis* L.

（2）鸭跖草　*Commelina communis* L.

2）水竹叶属　*Murdannia* Royle

（1）水竹叶　*Murdannia triquetra*（Wall.）Bruckn.

3）竹叶子属　*Streptolirion* Edgew.

（1）竹叶子　*Streptolirion volubile* Edgew.

132. 谷精草科　Eriocaulaceae

1）谷精草属　*Eriocaulon* L.

（1）谷精草　*Eriocaulon buergerianum* Koern.

133. 姜科　Zingiberaceae

1）姜属　*Zingiber* Boehm.

（1）蘘荷　*Zingiber mioga*（Thunb.）Rosc.

（2）姜*　*Zingiber officinale* Rosc.

134. 百合科　Liliaceae

1）粉条儿菜属　*Aletris* L.

（1）粉条儿菜　*Aletris spicata*（Thunb.）Franch.

2）葱属　*Allium* L.

（1）野葱　*Allium chrysanthum* Regel

（2）薤白　*Allium macrostemon* Bge.

（3）卵叶韭　*Allium ovalifolium* H. -M.

(4) 韭　*Allium tuberosum* Rottl. ex Spreng.

(5) 茖葱　*Allium victorialis* L.

3) 天门冬属　*Asparagus* L.

(1) 天门冬　*Asparagus cochinchinensis* (Lour.) Merr.

(2) 羊齿天门冬　*Asparagus filicinus* Ham ex D. Don

4) 大百合属　*Cardiocrinum* (Endl.) Lindl.

(1) 大百合　*Cardiocrinum giganteum* (Wall.) Mak.

5) 竹根七属　*Disporopsis* Hance

(1) 散斑竹根七　*Disporopsis aspera* (Hua) Engl. ex Krause

6) 万寿竹属　*Disporum* Salisb.

(1) 长蕊万寿竹　*Disporum bodinieri* (Levl. et Vant.) Wang et Tang

(2) 万寿竹　*Disporum cantoniense* (Lour.) Merr.

(3) 宝铎草　*Disporum sessile* D. Don

7) 萱草属　*Hemerocallis* L.

(1) 黄花菜　*Hemerocallis citrina* Baroni

(2) 萱草　*Hemerocallis fulva* (L.) L.

8) 玉簪属　*Hosta* Tratt

(1) 紫萼　*Hosta ventricosa* (Salisb.) Stearn

9) 百合属　*Lilium* L.

(1) 野百合　*Lilium brownii* F. E. Brown ex Miellez

(2) 百合　*Lilium brownii* F. E. Brown var. *viridulum* Baker

(3) 绿花百合　*Lilium farqesii* Franch

(4) 卷丹　*Lilium lancifolium* Thunb.

(5) 山丹　*Lilium pumilum* DC.

10) 山麦冬属　*Liriope* Lour.

(1) 禾叶山麦冬　*Liriope graminifolia* (L.) Baker

(2) 山麦冬　*Liriope spicata* (Thunb.) Lour.

(3) 湖北麦冬　*Liriope spicata* (Thunb.) Lour. var. *prolifera* Y. T. Ma

11) 沿阶草属　*Ophiopogon* Ker.-Gawl.

(1) 沿阶草　*Ophiopogon bodinieri* Levl.

(2) 间型沿阶草　*Ophiopogon intermedius* D. Don.

(3) 麦冬　*Ophiopogon japonicus* (L. f.) Ker.-Gawl.

12) 黄精属　*Polygonatum* Mill.

(1) 多花黄精　*Polygonatum cyrtonema* Hua

(2) 玉竹　*Polygonatum odoratum* (Mill.) Druce

(3) 黄精　*Polygonatum sibiricum* Delar. ex Redoute

(4) 轮叶黄精　*Polygonatum verticillatum* (L.) All.

(5) 卷叶黄精　*Polygonatum cirrhifolium* (Wall.) Royle

13) 吉祥草属　*Reineckia* Kunth

(1) 吉祥草　*Reineckea carnea* (Andr.) Kunth

14) 万年青属　*Rohdea* Roth

(1) 万年青　*Rohdea japonica* (Thunb.) Roth

15) 绵枣儿属　*Scilla* L.

(1) 绵枣儿　*Scilla scilloides* (Lindl.) Druce

16）鹿药属　*Smilacina* Desf.

  （1）鹿药　*Smilacina japonica* A. Gray

17）油点草属　*Tricyrtis* Wall.

  （1）黄花油点草　*Tricyrtis maculata*（D. Don）Machride

  （2）宽叶油点草　*Tricyrtis latifolia* Maxim.

18）郁金香属　*Tulipa* L.

  （1）老鸦瓣　*Tulipa edulis*（Miq.）Baker

19）开口箭属　*Tupistra* Ker.-Gawl.

  （1）开口箭　*Tupistra chinensis* Baker

20）藜芦属　*Veratrum* L.

  （1）藜芦　*Veratrum nigrum* L.

21）蜘蛛抱蛋属　*Aspidistra* Ker.-Gawl.

  （1）九龙盘　*Aspidistra lurida* Ker.-Gawl.

22）舞鹤草属　*Maianthemum* Web.

  （1）管花舞鹤草　*Maianthemum henryi*（Baker）La Frankie

135. 延龄草科　Trilliaceae

1）重楼属　*Paris* L.

  （1）具柄重楼　*Paris fargesii* Franch var *petiolata*（Baker ex C. H. Wright）Wang et Tang

  （2）七叶一枝花　*Paris polyphylla* Sm.

  （3）华重楼　*Paris polyphylla* Sm. var. *chinensis*（Franch.）Hara

  （4）狭叶重楼　*Paris polyphylla* Sm. var. *stenophylla* Franch

  （5）多叶重楼　*Paris polyphylla* Sm.

136. 菝葜科　Smilacaceae

1）菝葜属　*Smilax* L.

  （1）菝葜　*Smilax china* L.

  （2）托柄菝葜　*Smilax discotis* Warb.

  （3）土茯苓　*Smilax glabra* Roxb.

  （4）武当菝葜　*Smilax outanscianensis* Paxb.

  （5）牛尾菜　*Smilax riparia* A. DC.

  （6）短梗菝葜　*Smilax scobinicaulis* C. H. Wright

  （7）鞘柄菝葜　*Smilax stans* Maxim.

  （8）托柄菝葜　*Smilax discotis* Warb.

137. 天南星科　Araceae

1）菖蒲属　*Acorus* L.

  （1）菖蒲　*Acorus calamus* L.

  （2）金钱蒲　*Acorus gramineus* Soland.

  （3）石菖蒲　*Acorus tatarinowii* Schott

2）天南星属　*Arisaema* Mart.

  （1）一把伞南星　*Arisaema erubescens*（Wall.）Schott

  （2）螃蟹七　*Arisaema fargesii* Buchet

  （3）天南星　*Arisaema heterophyllum* Bl.

  （4）花南星　*Arisaema lobatum* Engl.

  （5）七叶灯台莲　*Arisaema sikokianum* Franch. et Sav. var. *henryanum*（Engl.）H. Li

3）芋属　*Colocasia* Schott

（1）芋　*Colocasia esculenta*（L.）Schott

　4）半夏属　*Pinellia* Tenore

（1）虎掌　*Pinellia pedatisecta* Schott

（2）半夏　*Pinellia ternata*（Thunb.）Breit.

　5）犁头尖属　*Typhonium* Schott

（1）独角莲　*Typhonium giganteum* Engl.

　6）魔芋属　*Amorphophallus* Bl.

（1）魔芋　*Amorphophallus rivieri* Durien

138. 香蒲科　Typhaceae

　1）香蒲属　*Typha* L.

（1）东方香蒲　*Typha orientalis* Presl

139. 石蒜科　Amerylliaceae

　1）石蒜属　*Lycoris* Herb.

（1）忽地笑　*Lycoris aurea*（L'Her.）Herb.

（2）石蒜　*Lycoris radiate*（L'Her.）Herb.

140. 鸢尾科　Iridaceae

　1）射干属　*Belamcanda* Adans.

（1）射干　*Belamcanda chinensis*（L.）DC.

　2）鸢尾属　*Iris* L.

（1）蝴蝶花　*Iris japonica* Thunb.

（2）鸢尾　*Iris tectorum* Maxim.

（3）细叶鸢尾　*Iris tenuifolia* Pall.

141. 百部科　Stemonaceae

　1）百部属　*Stemona* Lour.

（1）大百部　*Stemona tuberosa* Lour.

（2）直立百部　*Stemona sessilifolia*（Miq.）Miq.

142. 薯蓣科　Dioscoreaceae

　1）薯蓣属　*Dioscorea* L.

（1）高山薯蓣　*Dioscorea kamoonensis* Kunth var. *henryi*

（2）穿龙薯蓣　*Dioscorea nipponica* Mak.

（3）薯蓣　*Dioscorea opposita* Thunb.

（4）山萆薢　*Dioscorea tokoro* Mak.

（5）盾叶薯蓣　*Dioscorea zingiberensis* C. H. Wright

（6）粉背薯蓣　*Dioscorea collettii* Hook. f. var. *hypoglauca*（Palib.）P'ei et C. T. Ting

（7）绵萆薢　*Dioscorea septemoba* Thunb.

143. 棕榈科　Palmaceae

　1）棕榈属　*Trachycarpus* H. Wendl.

（1）棕榈　*Trachycarpus fortunei*（Hk. f.）H. Wendl.

144. 兰科　Orchidaceae

　1）白芨属　*Bletilla* Reichb. f.

（1）黄花白芨　*Bletilla ochracea* Schltr.

（2）白芨　*Bletilla striata*（Thunb.）Reichb. f.

　2）虾脊兰属　*Calanthe* R. Br.

（1）剑叶虾脊兰　*Calanthe davidii* Franch.

（2）虾脊兰 *Calanthe discolor* Lindl.

3）头蕊兰属 *Cephalanthera* Rich.

（1）银兰 *Cephalanthera erecta*（Thunb.）Bl.

（2）金兰 *Cephalanthera falcata*（Thunb.）Bl.

4）杜鹃兰属 *Cremastra* Lindl.

（1）杜鹃兰 *Cremastra appendiculata*（D. Don）Mak.

5）兰属 *Cymbidium* Sw.

（1）蕙兰 *Cymbidium faberi* Rolfe.

（2）春兰 *Cymbidium goeringii*（Rchb. f.）Rchb. f

6）杓兰属 *Cypripedium* L.

（1）扇脉杓兰 *Cypripedium japonicum* Thunb.

7）石斛属 *Dendrobium* Sw.

（1）石斛 *Dendrobium nobile* Lindl

8）火烧兰属 *Epipactis* Zinn.

（1）大叶火烧兰 *Epipactis mairei* Schltr.

9）天麻属 *Gastrodia* R. Br.

（1）天麻 *Gastrodia elata* Bl.

10）斑叶兰属 *Goodyera* R. Br.

（1）大花斑叶兰 *Goodyera biflora*（Lindl.）Hk. f.

（2）小斑叶兰 *Goodyera repens*（L.）R. Br.

11）玉凤花属 *Habenaria* Willd.

（1）毛葶玉凤花 *Habenaria ciliolaris* Kranzl.

12）舌喙兰属 *Hemipilia* Lindl.

（1）扇唇舌喙兰 *Hemipilia flabellate* Bur. et Franch.

（2）裂唇舌喙兰 *Hemipilia henry* Rolfe

13）羊耳蒜属 *Liparis* Rich.

（1）小羊耳蒜 *Liparis fargesii* Finet

（2）羊耳蒜 *Liparis japonica*（Miq.）Maxim.

14）舌唇兰属 *Platanthera* Rich.

（1）舌唇兰 *Platanthera japonica*（Thunb.）Lindl.

（2）小舌唇兰 *Platanthera minor*（Miq.）Rchb. f.

15）独蒜兰属 *Pleione* D. Don

（1）独蒜兰 *Pleione bulbocodioides*（Franch.）Rolfe

16）绶草属 *Spiranthes* Rich.

（1）绶草 *Spiranthes sinensis*（Pers.）Ames

17）隔距兰属 *Cleisostoma* Bl.

（1）蜈蚣兰 *Cleisostoma scolopendrifolium*（Mak.）Garay

145. 灯心草科 Juacaceae

1）灯心草属 *Juncus* L.

（1）翅茎灯心草 *Juncus alatus* Franch. et Sav.

（2）灯心草 *Juncus effusus* L.

（3）野灯心草 *Juncus setchuensis* Buchen.

（4）江南灯心草 *Juncus leschenaultii* Gay

2）地杨梅属 *Luzula* DC.

（1）羽毛地杨梅　*Luzula plumosa* E. Mey.

146. 莎草科　Cyperaceae

  1）苔草属　*Carex* L.

    （1）栗褐苔草　*Carex brunnea* Thunb.

    （2）十字苔草　*Carex cruciata* Wahlenb.

    （3）芒尖苔草　*Carex doniana* Spreng.

    （4）穹隆苔草　*Carex gibba* Wahlenb.

    （5）日本苔草　*Carex japonica* Thunb.

    （6）舌叶苔草　*Carex ligulata* Nees ex Wight

    （7）密叶苔草　*Carex maubertiana* Boott

    （8）宽叶苔草　*Carex siderosticta* Hance

    （9）细梗苔草　*Carex teinogyna* Boott

  2）莎草属　*Cyperus* L.

    （1）具芒碎米莎草　*Cyperus microiria* Steud.

    （2）香附子　*Cyperus rotundus* L.

    （3）碎米莎草　*Cyperus iria* L.

  3）荸荠属　*Eleocharis* R. Br.

    （1）牛毛毡　*Eleocharis acicularis*（L.）Roem et Schult.

  4）羊胡子草属　*Eriophorum* L.

    （1）丛毛羊胡子草　*Eriophorum comofum* Nees

  5）飘拂草属　*Fimbristylis* Vahl

    （1）拟二叶飘拂草　*Fimbristylis diphylloides* Mak.

    （2）水虱草　*Fimbristylis miliacea*（L.）Vahl

    （3）宜昌飘拂草　*Fimbristylis henryi* C. B. Clarke

  6）水蜈蚣属　*Kyllinga* Rottb.

    （1）短叶水蜈蚣　*Kyllinga brevifolia* Rottb.

  7）扁莎属　*Pycreus* P. Beauv.

    （1）小球穗扁莎　*Pycreus globosus*（All.）reichb. var. *niagiricus*（Hochst.）C. B. Clarke

    （2）直球穗扁莎　*Pycreus globosus*（All.）reichb. var. *strictus*（Roxb.）C. B. Clarke

  8）藨草属　*Scirpus* L.

    （1）萤蔺　Scirpus juncoides Roxb.

    （2）头序藨草　*Scirpus michelianus* L.

    （3）荆三棱　*Scirpus yagara* Ohwi

  9）珍珠茅属　*Scleria* Berg.

    （1）黑鳞珍珠茅　*Scleria hookeriana* Bocklr.

147. 禾本科　Gramineae

  1）看麦娘属　*Alopecurus* L.

    （1）看麦娘　*Alopecurus aequalis* Sobol.

    （2）日本看麦娘　*Alopecurus japonicus* Steud.

  2）荩草属　*Arthraxon* Beauv.

    （1）荩草　*Arthraxon hispidus*（Thunb.）Mak.

    （2）矛叶荩草　*Arthraxon prionodes*（Steud.）Dandy

  3）野古草属　*Arundinella* Raddi.

    （1）野古草　*Arundinella hirta*（Thunb.）Tanaka

4）燕麦属　*Avena* L.

　　（1）野燕麦　*Avena fatua* L.

5）菵草属　*Beckmannia* Host

　　（1）菵草　*Beckmannia syzigachne*（Steud.）Fern.

6）孔颖草属　*Bothriochloa* Kuntze

　　（1）白羊草　*Bothriochloa ischaemum*（L.）Keng

　　（2）臭根子草　*Bothriochloa intermedia*（R. Br.）A. Camus

7）雀麦属　*Bromus* L.

　　（1）雀麦　*Bromus japonicus* Thunb.

8）拂子茅属　*Calamagrostis* Adans.

　　（1）拂子茅　*Calamagrostis epigejos*（L.）Roth

　　（2）密花拂子茅　*Calamagrostis epigejos*（L.）Roth var. *densiflora* Griseb.

9）细柄草属　*Capillipedium* Stapf

　　（1）细柄草　*Capillipedium parviflorum*（R. Br.）Stapf

　　（2）硬秆子草　*Capillipedium assimile*（Steud.）A. Camus

10）狗牙根属　*Cynodon* Rich.

　　（1）狗牙根　*Cynodon dactylon*（L.）Pers.

11）薏苡属　*Coix* L.

　　（1）薏苡　*Coix lacryma-jobi* L.

12）野青茅属　*Deyeuxia* Clarion ex beauv.

　　（1）野青茅　*Deyeuxia arundinacea*（L.）Beauv.

13）马唐属　*Digitaria* Heister ex Fabr.

　　（1）升马唐　*Digitaria adscendens*（H. B. K.）Henrard

　　（2）毛马唐　*Digitaria ciliaris*（Retz.）Koel.

　　（3）马唐　*Digitaria sanguinalis*（L.）Scop.

　　（4）止血马唐　*Digitaria ischaemum*（Schreb.）Schreb

14）稗属　*Echinochloa* Beauv.

　　（1）光头稗　*Echinochloa colonum*（L.）Link

　　（2）稗　*Echinochloa crusgalli*（L.）Beauv.

　　（3）旱稗　*Echinochloa crusgalli*（L.）Beauv. var. *hispidula*（Retz.）Honda

　　（4）无芒稗　*Echinochloa crusgalli*（L.）Beauv. var. *mitis*（Pursh）Peterm.

15）穆属　*Eleusine* Gaertn.

　　（1）牛筋草　*Eleusine indica*（L.）Gaertn.

16）画眉草属　*Eragrostis* Beauv.

　　（1）大画眉草　*Eragrostis cilianensis*（All.）Vignolo-Lutati

　　（2）日本画眉草　*Eragrostis japonica*（Thunb.）Trin.

　　（3）画眉草　*Eragrostis pilosa*（L.）Beauv.

17）蜈蚣草属　*Eremochloa* Buese

　　（1）假俭草　*Eremochloa ophiuroides*（Munro）Hack.

18）野黍属　*Eriochloa* Kunth

　　（1）野黍　*Eriochloa villosa*（Thunb.）Kunth

19）白茅属　*Imperata* Cyr.

　　（1）白茅　*Imperata cylindrica*（L.）Beauv. var. *major*（Nees）Hubb.

20）箬竹属　*Indocalams* Nakai

（1）阔叶箬竹　*Indocalamus latifolius*（Keng）McClure

21）柳叶箬属　*Isachne* R. Br.

（1）柳叶箬　*Isachne globosa*（Thunb.）O. Ktze.

22）千金子属　*Leptochloa* Beauv.

（1）千金子　*Leptochloa chinensis*（L.）Nees

（2）虮子草　*Leptochloa panicea*（Retz.）Ohwi

23）淡竹叶属　*Lophatherum* Brongn.

（1）淡竹叶　*Lophatherum gracile* Brongn.

24）臭草属　*Melica* L.

（1）广序臭草　*Melica onoei* Franch. et Sav.

（2）细叶臭草　*Melica radula* French.

（3）臭草　*Melica scabrosa* Trin.

25）芒属　*Miscanthus* Anderss.

（1）荻　*Miscanthus sacchariflorus*（Maxim.）Benth. et Hk. f.

（2）芒　*Miscanthus sinensis* Anderss.

26）乱子草属　*Muhlenbergia* Schreb.

（1）乱子草　*Muhlenbergia hugelii* Trin.

27）球米草属　*Oplismenus* Beauv.

（1）球米草　*Oplismenus undulatifolius*（Arduino）Roem. et Schlut

28）雀稗属　*Paspalum* L.

（1）双穗雀稗　*Paspalum distichum* L.

（2）圆果雀稗　*Paspalum orbiculare* G. Forst.

29）狼尾草属　*Pennisetum* Rich.

（1）狼尾草　*Pennisetum alopecuroides*（L.）Spreng.

30）显子草属　*Phaenosperma* Mumro ex Benth.

（1）显子草　*Phaenosperma globosua* Munro ex Benth.

31）梯牧草属　*Phleum* L.

（1）蜡烛草　*Phleum paniculatum* Huds.

32）芦苇属　*Phragmites* Trin.

（1）芦苇　*Phragmites communis* Trim

33）毛竹属　*Phyllostachys* S. et Z.

（1）桂竹　*Phyllostachys bambusoides* S. et Z.

（2）水竹　*Phyllostachys heteroclada* Oliv.

（3）刚竹　*Phyllostachys viridis*（Young）McClure

34）早熟禾属　*Poa* L.

（1）白顶早熟禾　*Poa acroleuca* Steud.

（2）早熟禾　*Poa annua* L.

（3）细长早熟禾　*Poa prolixior* Rendle

35）棒头草属　*Polypogon* Desf.

（1）棒头草　*Polypogon fugax* Nees ex Steud.

（2）长芒棒头草　*Polypogon monspeliensis*（L.）Desf.

36）鹅观草属　*Roegneria* C. Koch

（1）竖立鹅观草　*Roegneria japonensis*（Honda）Keng

（2）鹅观草　*Roegneria kamoji* Ohwi

37) 狗尾草属　*Setaria* Beauv.

　　(1) 金色狗尾草　*Setaria glauca*（L.）Beauv.

　　(2) 皱叶狗尾草　*Setaria plicata*（Lam.）T. Cooke

　　(3) 狗尾草　*Setaria viridis*（L.）Beauv.

　　(4) 大狗尾草　*Setaria faberi* Herrm.

38) 鼠尾粟属　*Sporobolus* R. Br.

　　(1) 鼠尾粟　*Sporobolus indicus*（L.）R. Br. var. *purpurea-suffusum*（Ohwi）T. Koyama

39) 菅属　*Themeda* Forsk.

　　(1) 黄背草　*Themeda gigantea* Forsk. var. *japonica*（Willd.）Mak.

40) 菰属　*Zizania* Gronov. ex L.

　　(1) 菰　*Zizania caduciflora*（Turcz. ex Trin.）H. -M.

注　＊为栽培种

附录2　南河自然保护区脊椎动物名录

鱼　类

一、鲤形目　CYPRINIFORMES

(一) 鲤科　Cyprinidae

1. 宽鳍鱲　*Zacco platypus*
2. 马口鱼　*Opsariichthys bidens*
3. 草鱼　*Ctenopharyngodon idellus*
4. 洛氏鲅　*Phoxinus lagowskii*
5. 赤眼鳟　*Squaliobarbus curriculus*
6. 鳡　*Elopichthys bambusa*
7. 华鳊　*Sinibrama uwitypus*
8. 白条鱼　*Hemiculter leucisculus*
9. 尖头红鲌　*Erythroculter oxycephalus*
10. 青梢红鲌　*Erythroculter dabryi*
11. 团头鲂　*Megalobrama amblycephala*
12. 银鲴　*Xenocypris argentea*
13. 黄尾鲴　*Xengalobrama davidi*
14. 湖北圆吻鲴　*Distoechodon hubeinensis*
15. 中华鳑鲏　*Rhodeus sinensis*
16. 小口白甲鱼　*Varicorhinus lini*
17. 黑鳍鳈　*Sarcocheilichthys n. nigripinnis*
18. 吻鮈　*Rhinogobio typus*
19. 拟鮈　*Pseudogobio vaillanti*
20. 鲤　*Cyprinus carpio haematopterus*
21. 鲫　*Carassiusa. auratus*
22. 鳙　*Aristichthys nobilis*
23. 鲢　*Hypophthalmichthys molitrix*

(二) 鳅科　Cobitidae

24. 花斑副沙鳅　*Parabotia fasciata*
25. 紫薄鳅　*Leptobotia laeniops*
26. 大斑花鳅　*Cobitis macrostigma*
27. 泥鳅　*Misgurnus anguilicaudatus*

二、鲇形目　SILURIFORMES

(三) 鲇科　Siluridae

28. 鲇　*Silurus asotus*
29. 大口鲇　*Silurus soldatovi meridionalis*

（四）鲿科　Bagridae

    30. 黄颡鱼　*Pelteobagrus fulvidraco*

    31. 瓦氏黄颡鱼　*Pelteobagrus vachelli*

    32. 大鳍鳠　*Mystus macropterus*

（五）钝头鮠科　Amblycipitidae

    33. 白缘［鱼央］　*Liobagrus marginatus*

三、合鳃鱼目　SYNBRANCHIFORMES

（六）合鳃鱼科　Synbranchidae

    34. 黄鳝　*Monopterus albus*

四、鲈形目　PERCIFORMES

（七）鮨科　Serranidae

    35. 鳜　*Siniperca chuatsi*

    36. 斑鳜　*Siniperca scherzeri*

（八）鳢科　Channidae

    37. 乌鳢　*Channa argus*

（九）刺鳅科　Mastacembelidae

    38. 光盖刺鳅　*Pararhynchobdella sinensis*

注：分类体系及拉丁文名依据朱松泉. 1995. 中国淡水鱼类检索，并参考杨干荣. 1987. 湖北鱼类志.

两　栖　类

目、科、种	依据				区系成分			生活型	中国特有种	濒危等级	保护类型		
	拍到照片	目击	访问	文献记载	东洋种	古北种	跨界种				国家重点保护	省级重点保护	三有保护
一、有尾目 URODEIA													
（一）隐鳃鲵科 Cryptobranchidae													
1. 大鲵 *Andrias davidianus*	●						●	流溪型	●	极危	II		
（二）蝾螈科 Salamandridae													
2. 东方蝾螈 *Cynops orientalis*			●	●				流溪型	●				●
二、无尾目 ANURA													
（三）锄足蟾科 Pelobatidae													
3. 峨山掌突蟾 *Leptolalax oshanensis*			●	●				流溪型	●			●	●
4. 巫山角蟾 *Megophrys wushanensis*			●					流溪型	●				
（四）蟾蜍科 Bufonidae													
5. 华西蟾蜍 *Bufo andrewsi*			●	●				陆栖型	●				●
6. 中华蟾蜍 *B. gargarizans*	●	●					●	陆栖型				●	●

续表

目、科、种	依据				区系成分			生活型	中国特有种	濒危等级	保护类型		
	拍到照片	目击	访问	文献记载	东洋种	古北种	跨界种				国家重点保护	省级重点保护	三有保护
（五）雨蛙科 Hylidae													
7. 无斑雨蛙 Hyla immaculata			●			●		树栖型					
（六）蛙科 Ranidae													
8. 中国林蛙 Rana chensinensis				●		●		陆栖型		易危		●	●
9. 湖北侧褶蛙 Pelophylax hubeiensis	●	●		●				静水型	●			●	●
10. 黑斑侧褶蛙 P. nigromaculatas	●	●		●				静水型				●	●
11. 沼水蛙 Hylarana guentheri				●			●	静水型				●	●
12. 绿臭蛙 Odorrana margaretae			●		●			流溪型					●
13. 花臭蛙 O. schmackeri	●	●			●			流溪型					●
14. 泽陆蛙 Fejervarya limnocharis			●		●			陆栖型					●
15. 虎纹蛙 Hoplobatrachus rugulosus				●	●			静水型		II			
16. 棘腹蛙 Paa boulengeri			●		●			流溪型		易危		●	●
17. 棘胸蛙 P. spinosa			●		●			流溪型		易危		●	●
18. 隆肛蛙 P. quadrana	●	●			●			流溪型	●				●
（七）树蛙科 Rhacophoridae													
19. 斑腿树蛙 Rhacophorus megacephalus				●	●			树栖型					●
（八）姬蛙科 Microhylidae													
20. 饰纹姬蛙 Microhyla ornata				●	●			陆栖型					●
21. 北方狭口蛙 Kaloula borealis		●	●			●		静水型					●

注：分类体系及拉丁文名依据费梁. 2000. 中国两栖动物图鉴；表格中的濒危等级指中国濒危动物红皮书列入的种类.

爬 行 类

目、科、种	依据				区系成分			中国特有种	濒危等级	保护类型		
	拍到照片	目击	访问	文献记载	东洋种	古北种	跨界种			国家重点保护	省级重点保护	三有保护
一、龟鳖目 TESTUDOFORMES												
（一）鳖科 Trionychidae												
1. 中华鳖 *Pelodiscus sinensis*	●	●			●				易危			●
（二）龟科 Emydidae												
2. 乌龟 *Chinemys reevesii*	●	●			●				依赖保护			●
二、蜥蜴目 LACERTIFORMES												
（三）鬣蜥科 Agamidae												
3. 草绿龙蜥 *Japalura flaviceps*				●	●			●			●	●
4. 丽纹龙蜥 *J. splendida*					●			●			●	●
（四）壁虎科 Gekkonidae												
5. 多疣壁虎 *Gekko japonicus*			●		●							●
（五）石龙子科 Scincidae												
6. 石龙子 *Eumeces chinensis*				●	●			●				●
7. 蓝尾石龙子 *E. elegans*				●	●	●		●				●
8. 蜒蜓 *Lygosoma indicum*				●	●							●
（六）蜥蜴科 Lacertidae												
9. 丽斑麻蜥 *Eremias argus*				●		●						●
10. 北草蜥 *Takydromus septentrionalis*				●	●		●					●
11. 南草蜥 *T. sexlineatus*				●	●							●
三、蛇目 SERPENTIFORMES												
（七）游蛇科 Colubridae												
12. 黑脊蛇 *Achalinus spinalis*				●	●							●
13. 平鳞钝头蛇 *Pareas boulengeri*				●	●							●
14. 赤链蛇 *Dinodon rufozonatum*			●				●					●
15. 双斑锦蛇 *Elaphe bimaculata*				●	●			●				●
16. 王锦蛇 *E. carinata*	●	●			●				易危		●	●
17. 玉斑锦蛇 *E. mandarina*				●	●				易危			●
18. 紫灰锦蛇 *E. porphyracea*				●	●				易危			●
19. 红点锦蛇 *E. rufodorsata*		●					●					●
20. 黑眉锦蛇 *E. taeniura*	●	●					●		易危			●
21. 翠青蛇 *Entechinus major*			●		●							●
22. 双全白环蛇 *Lycodon fasciatus*			●		●							●
23. 锈链腹链蛇 *Amphiesma craspedogaster*			●		●			●				●

续表

目、科、种	依据				区系成分			中国特有种	濒危等级	保护类型		
	拍到照片	目击	访问	文献记载	东洋种	古北种	跨界种			国家重点保护	省级重点保护	三有保护
24. 虎斑颈槽蛇 *Rhabdophis tigrina*			●				●					●
25. 小头蛇 *Oligodon chinensis*				●	●							●
26. 滑鼠蛇 *Ptyas mucosus*				●	●				濒危	●		●
27. 乌梢蛇 *Zaocys dhumnades*	●	●			●				需予关注	●		●
（八）眼镜蛇科 Elapidae												
28. 眼镜蛇 *Naja naja*			●		●				易危			●
（九）蝮科 Crotalidae												
29. 短尾蝮 *Agkistrodon brevicaudus*			●				●		易危			●
30. 尖吻蝮 *Deinagkistrodon acutus*				●	●				濒危		●	●
31. 竹叶青 *Trimeresurus stejnegeri*	●				●							●

注：分类体系及拉丁文名依据季达明等.2002.中国爬行动物图鉴；表格中的濒危等级指中国濒危动物红皮书列入的种类.

鸟　类

目、科、种	依据				区系成分			居留型				中国特有种	濒危等级	保护类型		
	拍到照片	目击	访问	文献记载	古北种	东洋种	跨界种	留鸟	冬候鸟	夏候鸟	旅鸟			国家重点保护	省级重点保护	三有保护
一、鹍䴘目 PODICIPEDIFORMES																
（一）鹍䴘科 Podicipedidae																
1. 小鹍䴘 *Tachybaptus ruficollis*	●	●				●		●								●
二、鹳形目 CICONIIFORMES																
（二）鹭科 Ardeidae																
2. 苍鹭 *Ardea cinerea*			●			●				●					●	●
3. 绿鹭 *Butorides striatus*				●		●				●						●
4. 池鹭 *Ardeola bacchus*			●			●				●						●
5. 牛背鹭 *Bubulcus ibis*			●			●				●						●
6. 白鹭 *Egretta garzetta*	●					●				●					●	●
7. 大白鹭 *E. alba*		●				●				●					●	
8. 夜鹭 *Nyticorax nycticorax*	●	●				●				●						●
9. 黄斑苇鳽 *Ixobrychus sinensis*			●			●				●						●
（三）鹳科 Ciconiidae																
10. 黑鹳 *Ciconia nigra*	●	●			●						●		濒危	Ⅰ		
（四）鹮科 Threskiornithidae																

续表

目、科、种	依据				区系成分			居留型				中国特有种	濒危等级	保护类型		
	拍到照片	目击	访问	文献记载	古北种	东洋种	跨界种	留鸟	冬候鸟	夏候鸟	旅鸟			国家重点保护	省级重点保护	三有保护
11. 白琵鹭 *Platalea leucorodia*	●															
三、雁形目 ANSERIFORMES																
（五）鸭科 Anatidae																
12. 棉凫 *Nettapus coromandelianus*	●	●				●				●						●
13. 斑嘴鸭 *Anas poecilorhyncha*	●	●					●	●								●
四、隼形目 FALCONIFORMES																
（六）鹰科 Accipitridae																
14. 褐冠鹃隼 *Aviceda jerdoni*			●			●				●			稀有	II		
15. 黑冠鹃隼 *A. leuphotes*			●			●				●				II		
16. 鸢 *Milvus migrans*		●					●	●						II		
17. 苍鹰 *Accipiter gentiles*			●		●				●					II		
18. 赤腹鹰 *A. soloensis*			●			●				●				II		
19. 雀鹰 *A. nisus*			●		●				●					II		
20. 松雀鹰 *A. virgatus*			●			●			●					II		
21. 大鵟 *Buteo hemilasius*			●		●				●					II		
22. 普通鵟 *B. buteo*		●			●				●					II		
23. 毛脚鵟 *B. lagopus*			●		●				●					II		
24. 金雕 *Aquila chrysaetos*			●		●				●				易危	I		
25. 秃鹫 *Aegypius monachus*	●	●					●				●		易危	II		
26. 白尾鹞 *Circus cyaneus*			●		●				●					II		
27. 鹊鹞 *C. melanoleucos*			●		●				●					II		
28. 白腹鹞 *C. spilonotus*			●		●				●					II		
29. 白头鹞 *C. aeruginosus*			●				●		●		●			II		
（七）隼科 Falconidae																
30. 游隼 *Falco peregrinus*			●		●				●					II		
31. 灰背隼 *F. columbarius*			●		●						●			II		
32. 红脚隼 *F. amurensis*			●		●						●			II		
33. 红隼 *F. tinnunculus*		●					●			●	●			II		
五、鸡形目 GALLIFORMES																
（八）雉科 Phasianidae																
34. 中华鹧鸪 *Francolinus pintadeanus*			●			●		●								●
35. 鹌鹑 *Coturnix coturnix*		●			●				●							●
36. 灰胸竹鸡 *Bambusicola thoracica*	●					●		●				●			●	●
37. 红腹角雉 *Tragopan temminckii*		●				●		●					易危	II		

续表

目、科、种	依据				区系成分			居留型				中国特有种	濒危等级	保护类型		
	拍到照片	目击	访问	文献记载	古北种	东洋种	跨界种	留鸟	冬候鸟	夏候鸟	旅鸟			国家重点保护	省级重点保护	三有保护
38. 勺鸡 *Pucrasia macrolopha*		●				●		●						II		
39. 雉鸡 *Phasianus colchicus*	●						●	●							●	●
40. 白冠长尾雉 *Syrmaticus reevesii*	●	●					●	●				●	濒危	II		
41. 红腹锦鸡 *Chrysolophus pictus*	●	●					●	●				●	易危	II		
六、鹤形目 GRUIFORMES																
（九）鹤科 Gruidae																
42. 灰鹤 *Grus grus*		●					●		●					II		
（十）秧鸡科 Rallidae																
43. 董鸡 *Gallicrex cinerea*			●			●				●					●	●
44. 白胸苦恶鸟 *Amaurornis phoenicurus*			●			●				●						●
七、鸻形目 CHARADRIIFORMES																
（十一）雉鸻科 Jacanidae																
45. 水雉 *Hydrophasianus chirurgus*		●				●				●					●	●
（十二）鸻科 Charadriidae																
46. 灰头麦鸡 *Vanellus cinereus*			●		●						●					●
47. 金眶鸻 *Charadrius dubius*			●				●				●					●
（十三）鹬科 Scolopacidae																
48. 扇尾沙锥 *Gallinago gallinago*			●		●						●					●
49. 大沙锥 *G. megala*			●		●						●					●
50. 丘鹬 *Scolopax rusticola*			●		●						●				●	●
八、鸽形目 COLUMBIFORMES																
（十四）鸠鸽科 Columbidae																
51. 山斑鸠 *Streptopelia orientalis*	●	●					●	●	●							●
52. 珠颈斑鸠 *S. chinensis*		●				●		●							●	●
九、鹃形目 CUCULIFORMES																
（十五）杜鹃科 Cuculidae																
53. 红翅凤头鹃 *Clamator coromandus*			●			●				●					●	●
54. 鹰鹃 *Cuculus sparverioides*			●			●				●					●	●
55. 四声杜鹃 *C. micropterus*			●			●				●					●	●
56. 大杜鹃 *C. canorus*			●				●			●					●	●
57. 褐翅鸦鹃 *Centropus sinensis*			●			●		●						II		
十、鸮形目 STRIGIFORMES																
（十六）草鸮科 Tytonidae																
58. 草鸮 *Tyto capensis*			●			●		●						II		
（十七）鸱鸮科 Strigidae																

续表

目、科、种	依据				区系成分			居留型				中国特有种	濒危等级	保护类型		
	拍到照片	目击	访问	文献记载	古北种	东洋种	跨界种	留鸟	冬候鸟	夏候鸟	旅鸟			国家重点保护	省级重点保护	三有保护
59. 红角鸮 *Otus. scops*				●		●		●						II		
60. 雕鸮 *Bubo bubo*	●	●					●	●					稀有	II		
61. 毛腿鱼鸮 *Ketupa blakistoni*			●	●			●	●						II		
62. 领鸺鹠 *Glaucidiurn brodiei*				●		●		●						II		
63. 斑头鸺鹠 *Glaucidium cuculoides*			●	●		●		●						II		
64. 鹰鸮 *Ninox scutulata*	●						●			●				II		
65. 灰林鸮 *Strix aluco*				●		●		●						II		
66. 长耳鸮 *Asio atus*				●	●					●				II		
67. 短耳鸮 *A. flammeus*				●	●					●				II		
十一、佛法僧目 CORACIIFORMES																
（十八）翠鸟科 Alcedinidae																
68. 冠鱼狗 *Ceryle lugubris*			●	●		●		●								
69. 普通翠鸟 *Alcedo atthis*	●	●					●	●								
70. 蓝翡翠 *Halcyon pileata*				●		●				●					●	●
（十九）佛法僧科 Coraciidae																
71. 三宝鸟 *Eurystomus orientalis*				●		●				●					●	●
（二十）戴胜科 Upupidae																
72. 戴胜 *Upupa epops*				●			●			●					●	●
十二、䴕形目 PICIFORMES																
（二十一）啄木鸟科 Picidae																
73. 大斑啄木鸟 *Picoides major*				●	●			●								●
74. 棕胸啄木鸟 *P. hyperythrus*				●		●				●					●	●
75. 灰头绿啄木鸟 *Picus canus*			●	●				●							●	
十三、雀形目 PASSERIFORMES																
（二十二）燕科 Hirundinidae																
76. 家燕 *Hirundo rustica*		●					●			●					●	●
77. 金腰燕 *H. daurica*	●	●					●			●					●	●
（二十三）鹡鸰科 Motacillidae																
78. 灰鹡鸰 *Motacilla cinerea*		●					●			●						●
79. 白鹡鸰 *M. alba*		●								●						●
80. 树鹨 *Anthus hodgsoni*		●		●		●			●							●
81. 山鹨 *A. sylvanus*				●		●		●								●
（二十四）山椒鸟科 Campephagidae																
82. 灰山椒鸟 *Pericrocotus divaricatus*				●	●						●					●
（二十五）鹎科 Pycnonotidae																

目、科、种	依据				区系成分			居留型				中国特有种	濒危等级	保护类型		
	拍到照片	目击	访问	文献记载	古北种	东洋种	跨界种	留鸟	冬候鸟	夏候鸟	旅鸟			国家重点保护	省级重点保护	三有保护
83. 领雀嘴鹎 *Spizixos semitorques*	●	●				●		●								●
84. 黄臀鹎 *Pycnonotus xanthorrhous*	●	●				●		●								●
85. 绿翅短脚鹎 *Hypsipetes mcclellandii*		●				●		●								
（二十六）伯劳科 Laniidae																
86. 红尾伯劳 *Lanius cristatus*				●	●					●					●	●
87. 棕背伯劳 *L. schach*		●				●		●								●
（二十七）黄鹂科 Oriolidae																
88. 黑枕黄鹂 *Oriolus chinensis*				●	●					●					●	●
（二十八）卷尾科 Dicruridae																
89. 黑卷尾 *Dicrurus macrocercus*		●				●				●						●
90. 发冠卷尾 *D. hottentottus*				●	●					●						●
（二十九）椋鸟科 Sturnidae																
91. 八哥 *Acridotheres cristatellus*				●	●			●							●	●
（三十）鸦科 Corvidae																
92. 松鸦 *Garrulus glandarius*		●			●			●							●	
93. 红嘴蓝鹊 *Urocissa erythrorhyncha*		●				●		●							●	
94. 喜鹊 *Pica pica*	●	●					●	●								●
95. 星鸦 *Nucifraga caryocatactes*				●	●			●							●	
96. 大嘴乌鸦 *Corvus macrorhynchos*		●			●			●							●	
97. 白颈鸦 *C. torquatus*				●		●		●							●	
（三十一）河乌科 Cinclidae																
98. 褐河乌 *Cinclus pallasii*		●				●		●								
（三十二）鸫科 Turdidae																
99. 鹊鸲 *Copsychus saularis*		●				●		●								●
100. 北红尾鸲 *Phoenicurus auroreus*				●	●				●							●
101. 红尾水鸲 *Rhyacornis fuliginosus*	●	●				●		●								●
102. 黑背燕尾 *Enicurus leschenaulti*	●	●				●		●								●
103. 蓝矶鸫 *Monticola solitarius*				●			●	●								
104. 紫啸鸫 *Myiophoneus caeruleus*				●		●				●						
105. 虎斑地鸫 *Zoothera dauma*				●		●				●						
106. 乌鸫 *Turdus merula*		●					●	●	●						●	
107. 斑鸫 *T. naumanni*				●	●				●							●
（三十三）画眉科 Timaliidae																
108. 黑脸噪鹛 *Garrulax perspicillatus*		●				●		●								●

续表

目、科、种	依据				区系成分			居留型				中国特有种	濒危等级	保护类型		
	拍到照片	目击	访问	文献记载	古北种	东洋种	跨界种	留鸟	冬候鸟	夏候鸟	旅鸟			国家重点保护	省级重点保护	三有保护
109. 眼纹噪鹛 *G. ocellatus*				●		●	●									●
110. 画眉 *G. canorus*		●				●	●								●	●
111. 白颊噪鹛 *G. sannio*	●	●				●	●									●
112. 橙翅噪鹛 *G. elliotii*				●		●	●					●				●
(三十四) 莺科 Sylviidae																
113. 强脚树莺 *Cettia fortipes*		●				●	●	●								
114. 黄腹柳莺 *Phylloscopus affinis*				●		●	●			●						●
115. 褐柳莺 *P. fuscatus*				●	●	●					●					
116. 黄眉柳莺 *P. inornatus*				●	●	●					●					
(三十五) 山雀科 Paridae																
117. 大山雀 *Parus major*		●					●								●	●
118. 黄腹山雀 *P. venustulus*		●				●	●									
119. 沼泽山雀 *P. palustris*				●		●	●									
(三十六) 长尾山雀科 Aegithalidae																
120. 红头长尾山雀 *Aegithalos concinnus*				●		●	●									●
(三十七) 绣眼鸟科 Zosteropidae																
121. 暗绿绣眼鸟 *Zosterops japonica*				●		●				●						●
(三十八) 文鸟科 Ploceidae																
122. 麻雀 *Passer montanus*	●	●					●	●								●
123. 山麻雀 *P. rutilans*				●		●	●									●
124. 白腰文鸟 *Lonchura striata*	●					●	●									●
125. 斑文鸟 *L. punctulata*				●		●	●									
(三十九) 雀科 Fringillidae																
126. 金翅雀 *Carduelis sinica*				●	●		●									●
127. 黑头蜡嘴雀 *Eophona personata*				●	●				●							●
128. 黑尾蜡嘴雀 *E. migratoria*				●	●		●									●
(四十) 鹀科 Emberidae																
129. 黄胸鹀 *Emberiza aureola*				●	●		●				●					●
130. 黄喉鹀 *E. elegans*				●	●		●									●
131. 灰眉岩鹀 *E. cia*				●		●	●									●
132. 三道眉草鹀 *E. cioides*				●	●		●									●
133. 凤头鹀 *Melophus lathami*		●				●	●								●	●

注：分类体系和拉丁文依据赵正阶.1995.中国鸟类手册上卷非雀形目;赵正阶.2001.中国鸟类志下卷雀形目.

兽　类

目、科、种	依据				区系成分			中国特有种	濒危等级	保护类型		
	拍到照片	目击	访问	文献记载	东洋种	古北种	跨界种			国家重点保护	省级重点保护	三有保护
一、食虫目 INSECTIVORA												
（一）猬科 Erinaceidae												
1. 刺猬 *Erinaceus amurensis*	●	●			●							●
（二）鼹科 Talpidae												
2. 长吻鼹 *Talpa longirostris*			●	●	●			●				
3. 甘肃鼹 *Scapanulus oweni*			●	●	●				稀有			
（三）鼩鼱科 Soricidae												
4. 四川短尾鼩 *Anourosorex squamipes*				●	●							
5. 川鼩 *Blarinella quadraticauda*				●	●							
6. 水麝鼩 *Chimarrogale platycephala*				●	●							
7. 小缺齿鼩 *Chodsigoa parva*					●	●						
8. 中麝鼩 *Crocidura russula*					●	●						
9. 灰麝鼩 *C. attenuata*					●	●						
10. 北小麝鼩 *C. suaveolens*					●	●						
二、翼手目 CHIROPTERA												
（四）菊头蝠科 Rhinolophidae												
11. 中菊头蝠 *Rhinolophus affinis*					●	●						
12. 鲁氏菊头蝠 *R. rouxi*					●	●						
13. 普氏蹄蝠 *Hipposideros pratti*					●	●						
（五）蝙蝠科 Vespertilionidae												
14. 普通长翼蝠 *Miniopterus schreibersi*					●	●						
15. 西南鼠耳蝠 *Myotis altarium*					●	●		●				
16. 福建鼠耳蝠 *M. frater*					●		●					
17. 须鼠耳蝠 *M. mystacinus*					●		●					
18. 普通伏翼 *Pipistrellus abramus*		●					●					
三、灵长目 PRIMATES												
（六）猴科 Cercopithecidae												
19. 猕猴 *Macaca mulatta*		●	●		●				易危	II		
20. 藏酋猴 *M. thibetana*	●	●			●			●	易危	II		
四、鳞甲目 PHOLIDOTA												
（七）鲮鲤科 Manidae												
21. 穿山甲 *Manis pentadactyla*			●		●					II		
五、兔形目 LAGOMORPHA												
（八）鼠兔科 Ochotinidae												

续表

目、科、种	依据				区系成分			中国特有种	濒危等级	保护类型		
	拍到照片	目击	访问	文献记载	东洋种	古北种	跨界种			国家重点保护	省级重点保护	三有保护
22. 藏鼠兔 *Ochotona thibetana*				●	●			●				
(九) 兔科 Leporidae												
23. 草兔 *Lepus capensis*	●	●			●							●
六、啮齿目 RODENTIA												
(十) 鼯鼠科 Petauristidae												
24. 红白鼯鼠 *Petaurista alborufus*	●	●			●						●	●
25. 复齿鼯鼠 *Trogopterus xanthipes*			●		●			●	易危		●	●
(十一) 松鼠科 Sciuridae												
26. 岩松鼠 *Sciurotamias davidianus*			●				●	●				●
27. 泊氏长吻松鼠 *Dremomys pernyi*				●	●							●
28. 红颊长吻松鼠 *D. rufigenis*				●	●							●
29. 隐纹花松鼠 *Tamiops swinhoei*			●		●							●
(十二) 豪猪科 Hystricidae												
30. 豪猪 *Hystrix hodgsoni*		●			●						●	●
(十三) 鼠科 Muridae												
31. 齐氏姬鼠 *Apodemus chevrieri*				●			●					
32. 中华姬鼠 *A. draco*				●			●					
33. 大林姬鼠 *A. peninsulae*				●			●					
34. 小林姬鼠 *A. cylvaticus*				●			●					
35. 小家鼠 *Mus musculus*				●			●					
36. 巢鼠 *Micromys minutus*				●	●							
37. 褐家鼠 *Rattus norvegicus*		●	●				●					
38. 大足鼠 *R. nitidus*			●		●							
39. 白腹巨鼠 *Rattus edwardsi*		●	●		●							
40. 黄胸鼠 *R. tanezumi*				●	●							
41. 针毛鼠 *Niviventer fulvescens*				●	●							
42. 社鼠 *Niviventer confucianus*			●		●							●
(十四) 仓鼠科 Cricetidae												
43. 黑线仓鼠 *Cricetulus barabensis*				●		●						
44. 大仓鼠 *C. triton*				●		●						
45. 洮州绒鼠 *Eothenomys eva*				●	●			●				
46. 苛岚绒鼠 *E. inez*				●	●			●				
47. 黑腹绒鼠 *E. melanogaster*				●	●							
48. 大绒鼠 *E. miletus*				●		●						
七、食肉目 CARNIVORA												
(十五) 犬科 Canidae												

续表

目、科、种	依据				区系成分			中国特有种	濒危等级	保护类型		
	拍到照片	目击	访问	文献记载	东洋种	古北种	跨界种			国家重点保护	省级重点保护	三有保护
49. 豺 *Cuon alpinus*			●				●		易危	II		
50. 貉 *Nyctereutes procyonoides*			●			●					●	●
51. 赤狐 *Vulpes vulpes*			●				●				●	●
（十六）熊科 Ursidae												
52. 黑熊 *Ursus thibetanus*		●	●				●		易危	II		
（十七）鼬科 Mustelidae												
53. 猪獾 *Arctonyx collaris*	●		●		●						●	●
54. 水獭 *Lutra lutra*			●				●		易危	II		
55. 青鼬 *Martes flavigula*			●				●			II		
56. 狗獾 *Meles meles*			●			●					●	●
57. 鼬獾 *Melogale moschata*			●		●						●	●
58. 黄鼬 *Mustela sibirica*			●				●					●
59. 黄腹鼬 *M. kathiah*			●								●	
（十八）灵猫科 Viverridae												
60. 花面狸 *Paguma larvata*			●		●						●	●
61. 大灵猫 *Viverra zibetha*				●			●		易危	II		
62. 小灵猫 *Viverricula indica*				●	●					II		
（十九）猫科 Felidae												
63. 豹猫 *Prionailurus bengalensis*			●				●		易危		●	●
64. 金猫 *Catopuma temminckii*			●		●				易危	II		
65. 豹 *Panthera pardus*		●	●		●				濒危	I		
66. 云豹 *Neofelis nebulosa*			●		●				濒危	I		
八、偶蹄目 ARTIODACTYLA												
（二十）猪科 Suidae												
67. 野猪 *Sus scrofa*	●		●				●					●
（二十一）鹿科 Cervidae												
68. 毛冠鹿 *Elaphodus cephalophus*	●				●						●	●
69. 小麂 *Muntiacus reevesi*	●	●			●						●	●
70. 狍 *Capreolus capreolus*				●		●					●	●
（二十二）麝科 Moschidae												
71. 林麝 *Moschus berezovskii*			●		●			●	濒危	I		
（二十三）牛科 Bovidae												
72. 鬣羚 *Capricornis sumatraensis*		●	●		●				易危	II		
73. 斑羚 *Naemorhedus goral*			●		●				易危	II		

注：分类体系和拉丁文名依据王玉玺等.1993(2)～(5).野生动物.

附录3　南河自然保护区昆虫名录

一、原尾目　Protura
  1. 檕蚖科　Berberentomidae
    （1）天目山巴蚖　*Baculentulus tienmushanensis*
    （2）湖北肯蚖　*Kenyenyulus hubeinicus*
  2. 古蚖科　Eosentonmidae
    （3）普通古蚖　*Eosentomon cummunis*
    （4）东方古蚖　*Eosentomon orientalis*
    （5）樱花古蚖　*Eosentomon sakura*
    （6）雁山古蚖　*Eosentomon yanskanense*
    （7）多毛中国蚖　*Zhongguohentomon piligeroum*

二、弹尾目　Collembola
  3. 等节姚科　Isotomidae
    （8）微小等姚　*Isotomielloa minor*
    （9）绿等姚　*Isotoma viridis*

三、双尾目　Dipiura
  4. 康蚖科　Campodeidae
    （10）东方羽蚖　*Leniwytsmania oirientalis*
  5. 副铗蚖科　Parajapygidae
    （11）爱媚副铗蚖　*Parajapyx emeryanus*
    （12）黄副铗蚖　*Parajapyx isabellae*
    （13）杨氏副铗蚖　*Parajapyx yangi*

四、缨尾目　Thysanura
  6. 衣鱼科　Lepismatidae
    （14）毛衣鱼　*Ctenolepisma villosa*

五、浮游目　Ephemeroptera
  7. 浮游科　Ephemeridae
    （15）直线浮　*Ephemera lieata*

六、蜻蜓目　Odonata
  8. 蜓科　Ashnidae
    （16）碧伟蜓　*Anax parthenope julius*
    （17）狭痣头蜓　*Cephalaeschma magdalena*
  9. 蜻科　Libellulidae
    （18）红蜻　*Crocothemis servilia*
    （19）闪绿宽腹蜻　*Lyriothemis pachygatra*
    （20）白尾灰蜻　*Orthetrum albistylum*
    （21）异色灰蜻　*Orthetrum melania*

（22）狭腹灰蜻　*Orthetrum sabina*

（23）黄蜻　*Pantala flavescens*

（24）黑裳蜻　*Rhyothemis fuliginosa*

（25）竖眉赤蜻　*Sympetrum eroticum ardens*

（26）褐顶赤蜻　*Sympetrum infuscatum*

（27）小黄赤蜻　*Sympetrum kunckeli*

　10. 色蟌科　Calopterygidae

（28）赤基丽色蟌　*Archineura incarmata*

（29）透顶单脉色蟌　*Matrona basilaris basilaeis*

　11. 蟌科　Coenagrionldae

（30）橙红小蟌　*Agriocnemis femina*

（31）圆尾黄蟌　*Ceragrion coromandelianum*

（32）黑蟌　*Cercion calamorum*

　12. 扇蟌科　Platycenmidae

（33）扁胫扇蟌　*Copera annulata*

（34）军配豆娘　*Copera marginipes*

七、襀翅目　Plecoptera

　13. 襀科　perlidae

（35）浅褐钩襀　*Claassenia fulva*

（36）短突钩襀　*Kamimuria liui*

（37）中华襟襀　*Togoperla sinensis*

八、蜚蠊目　Blattaria

　14. 鳖蠊科　Corybiidae

（38）中华真地鳖　*Eupolyphaga sinensis*

　15. 蜚蠊科　Blattidae

（39）东方蜚蠊　*Blatta orientalis*

（40）美洲大蠊　*Periplaneta americana*

（41）黑胸大蠊　*Periplaneta fuliginosa*

（42）日本大蠊　*Periplaneta japonnica*

　16. 光蠊科　Epilampridae

（43）黑带大光蠊　*Rhabdoblatta nigrovittata*

　17. 姬蠊科　Blattellidae

（44）德国小蠊　*Blattella gernanica*

（45）广纹小蠊　*Blattella latistriga*

（46）中华拟歪尾蠊　*Episymploce sinensis*

九、螳螂目　Mantodea

　18. 螳螂科　Mantidae

（47）薄翅螳螂　*Mantis religiosa*

（48）广腹螳螂　*Hierodula patellifera*

（49）大刀螳螂　*Tenodera aridifolia*

（50）棕污斑螳螂　*Statilia maculata*

（51）绿污斑螳螂　*Statilia nemoralis*

（52）中华螳螂　*Tenodera sinensis*

十、䗛目　Phasmidae

19. 异䗛科　Heteronemiidae

（53）垂臀华枝䗛　*Sinophasma brevipenne*

20. 䗛科　Phasmatidae

（54）密粒短肛䗛　*Baculum granulosum*

十一、革翅目　Dermaptera

21. 肥螋科　Anisolabididae

（55）黄足肥螋　*Euborellia pallipes*

22. 蠼螋科　Labiduridae

（56）蠼螋　*Labidure riparia*

23. 球螋科　Forficulidae

（57）日本张球螋　*Anechura japonica*

（58）中华山球螋　*Oreasiobia chinensis*

十二、等翅目　Isoptera

24. 木白蚁科　Kalotermitidae

（59）当阳树白蚁　*Glyptotermes dangyangensis*

（60）黑树白蚁　*Glyptotermes fuscus*

25. 鼻白蚁科　Rhinotermitidae

（61）家白蚁　*Coptotermes formosanus*

（62）黄肢散白蚁　*Reticulitermes flaviceps*

（63）中华网白蚁　*Reticulitermes chinensis*

（64）白蚁科　*Termitidae*

（65）黄翅大白蚁　*Macrotermes barneyi*

（66）黑翅土白蚁　*Odontotermes formosanus*

（67）中华钩歪白蚁　*Pseudocapritermes sinensis*

十三、直翅目　Orthoptera

26. 剑角蝗科　Acridae

（68）短翅佛蝗　*Phlaeoba angustidorsis*

（69）中华剑佛蝗　*Phlaeoba sinensis*

27. 斑腿蝗科　Catantopidae

（70）黑膝胸斑蝗　*Apalacris nigrogeniculata*

（71）红褐斑腿蝗　*Catantops pinguis*

（72）棉蝗　*Chondracris rosea rosea*

（73）绿腿腹露蝗　*Fruhstoreriola viridifemorata*

（74）斑角蔗蝗　*Hieroglyphus annulicornis*

（75）山稻蝗　*Oxya agavisa*

（76）中华稻蝗　*Oxya chinensis*

（77）小稻蝗　*Oxya intricata*

（78）日本稻蝗　*Oxya japonica*

（79）日本黄脊蝗　*Patanga japonica*

（80）稻裸蝗　*Quilta oryzae*

（81）中华板胸蝗　*Spathosternum prasiniferum sinense*

（82）东方突额蝗　*Traulia orientalis orientalis*

（83）短角外斑腿蝗　*Xenocatantops brachycerus*

28. 锥头蝗科　Pyrgomorphidae

（84）短额负蝗 *Atractomorpha sinensis*

（85）长额负蝗 *Atractomorpha lata*

29. 斑翅蝗科 Oedipoidae

（86）花胫绿纹蝗 *Aiolopus tamulus*

（87）云斑车蝗 *Gastrimargus marmoratus*

（88）东亚飞蝗 *Locusta migratoria migratoria*

（89）黄胫小车蝗 *Oedaleus infernalis infernalis*

（90）疣蝗 *Trilophidia annulata*

30. 网翅蝗科 Arcypteridae

（91）中华雏蝗 *Chrothippus chinensis*

（92）黄脊竹蝗 *Rammeacris kiangsu*

31. 蚱科 Tetrigidae

（93）武当山微翅蚱 *Alulatettix wudangshanensis*

（94）日本蚱 *Tetrix japonica*

32. 蟋蟀科 Gryllidar

（95）中华蟋 *Gryllus chinensis*

（96）灶马 *Gryllodes sigillatus*

（97）油葫芦 *Gryllus testaceus*

（98）饰纹斗蟋 *Velarifictorus ornatus*

33. 蝼蛄科 Gryllotalidae

（99）东方蝼蛄 *Gryllotalpa orientalis*

34. 露螽科 Phaneropteridae

（100）中国管树螽 *Ducetia chinensis*

（101）日本条螽 *Ducetia japonica*

（102）日本绿树螽 *Holochlora japonica*

（103）薄翅树螽 *Phaneroptera falcata*

35. 草螽科 Conocephalidae

（104）中华草螽 *Conocephalus chinensis*

（105）黑斑草螽 *Conocephalus maculatus*

（106）鼻优草螽 *Euconocephalus nasutus*

（107）长翅纺织娘 *Mecopoda elongata*

36. 螽蟖科 Tettigoniidae

（108）短翅鸣螽 *Gampsocleis inflate*

（109）宽翅绿树螽 *Sympaestria truncato-lobata*

（110）绿螽蟖 *Tettigonia viridissima*

十四、同翅目 Homoptera

37. 蝉科 Cicdidae

（111）黑蚱蝉 *Cryptotympana atrata*

（112）黄蚱蝉 *Cryptotympana mandarina*

（113）碧蝉 *Hea fasciata*

（114）蒙古寒蝉 *Meimuna mongolica*

（115）松寒蝉 *Meimuna opalifera*

（116）兰草蝉 *Mogannia cyanea*

（117）草春蝉 *Mogannia hebes*

(118) 鸣蝉　*Oncotympana maculaticollis*

(119) 螗姑　*Platypleura kaempferi*

(120) 夏至姑嘹蝉　*Pomponia fusca*

(121) 蟪蝉　*Tanna japonensis*

38. 角蝉科　Membracidae

(122) 中华高冠角蝉　*Hypsauchenia chinensis*

(123) 油桐三刺角蝉　*Tricentrus leuritis*

39. 沫蝉科　Cercopidae

(124) 稻沫蝉（雷火虫）　*Callitettix versicolor*

(125) 斑带丽沫蝉　*Cosmoscarta bispecularis*

(126) 背斑沫蝉　*Cosmoscarta dorsimaculata*

(127) 一点丽沫蝉　*Cosmoscarta egens*

(128) 紫胸丽沫蝉　*Cosmoscarta exultans*

(129) 橘红丽沫蝉　*Cosmoscorta mandarina*

(130) 金色曙沫蝉　*Eoscart aurora*

(131) 白纹象沫蝉　*Philagra albinotata*

40. 叶蝉科　Cicadellidae

(132) 黑尾大叶蝉　*Bothrogonia feruginea*

(133) 华凹大叶蝉　*Bothrogonia sinica*

(134) 大青叶蝉　*Cicadulla viridis*

(135) 小绿叶蝉　*Empoasca flavescens*

(136) 褐带横脊叶蝉　*Evacanthus acuminatus*

(137) 电光叶蝉　*Inazuma dorsalis*

(138) 稻叶蝉　*Inemadara oryzae*

(139) 黄绿短头叶蝉　*Jassus chlorophana*

(140) 中带梯顶叶蝉　*Jassus yayeyamae*

(141) 二点叶蝉　*Macrosteles fascifrons*

(142) 紫黑叶蝉　*Macrosteles fuscinervis*

(143) 黑尾叶蝉　*Nephotettix cincticeps*

(144) 白翅叶蝉　*Thaia rubiginosa*

(145) 桃一点斑叶蝉　*Typhlocyba sudra*

41. 飞虱科　Delphacidae

(146) 褐飞虱　*Nilaparvata lugens*

(147) 长绿飞虱　*Saccharosydne procerus*

(148) 白背飞虱　*Sogatella furcifera*

42. 菱蜡蝉科　Cixiidae

(149) 黑尾菱蜡蝉　*Oliarus apicalis*

43. 象蜡蝉科　Dictyopharidae

(150) 苹果象蜡蝉　*Dictyophara patruelis*

(151) 蔗蜡蝉　*Orthopagus lunulifer*

44. 袖蜡蝉科　Derbidae

(152) 红袖蜡蝉　*Diostrombus politus*

45. 蜡蝉科　Fulgoridae

(153) 斑衣蜡蝉　*Lycorma delicatula*

46. 蛾蜡蝉科　Flatidae
　　（154）碧蛾蜡蝉　*Geisha distinctissima*
47. 粒脉蜡蝉科　Meenoplidae
　　（155）雪白粒脉蜡蝉　*Nisia atrovenosa*
48. 广翅蜡蝉科　Ricanidae
　　（156）眼纹疏广翅蜡蝉　*Euricania ocellus*
　　（157）绿纹广翅蜡蝉　*Ricania marginalis*
　　（158）八点广翅蜡蝉　*Ricania speculum*
　　（159）褐带广翅蜡蝉　*Ricania taeniata*
49. 木虱科　Psyllidae
　　（160）桑异脉木虱　*Anomoneura mori*
　　（161）多点幽木虱　*Euphalerus polysticti*
50. 粉虱科　Aleyrodidae
　　（162）黑刺粉虱　*Aleurocanthus spiniferus*
　　（163）白粉虱　*Trialeurodes vaporariorum*
51. 瘿绵蚜科　Pemphigidae
　　（164）枣铁倍蚜　*Kaburagia ensigallis*
　　（165）蛋铁倍蚜　*Kaburagia ovogallis*
　　（166）红小枣铁倍蚜　*Meitanaphis elongallis*
　　（167）角倍蚜　*Schlechtendalia chinensis*
　　（168）秋四脉绵蚜　*Tetraneura akinire*
52. 群蚜科　Thelaxeridae
　　（169）枫杨刻蚜　*Kurisakia onigurumii*
　　（170）山核桃刻蚜　*Kurisakia sinicarye*
53. 斑蚜科　Drepanosiphidae
　　（171）枫杨肉刺斑蚜　*Daysaphis rhusae*
　　（172）榆长斑蚜　*Tinocallis saltans*
54. 大蚜科　Lachnidae
　　（173）松大蚜　*Cinara pinea*
　　（174）柏大蚜　*Cinara tujafilina*
55. 蚜科　Aphididae
　　（175）绣线菊蚜　*Aphis citricola*
　　（176）大豆蚜　*Aphis glycines*
　　（177）棉蚜　*Aphis gossypii*
　　（178）中国槐蚜　*Aphis sophoricola*
　　（179）月季长管蚜　*Longicaudus trirhodus*
　　（180）菊小长管蚜　*Macrosiphoniella sanborni*
　　（181）桃蚜　*Myzus persicae*
　　（182）玉米蚜　*Rhopalosiphum maidis*
　　（183）梨二岔蚜　*Schizaphia piricola*
　　（184）忍冬皱背蚜　*Trichosiphonaphis lonicerae*
56. 硕蚧科　Margarodidae
　　（185）草履蚧　*Drosicha corpulenta*
57. 粉蚧科　Pseudococcidae

  （186）松白粉蚧 *Crisicoccus pini*

  （187）康氏粉蚧 *Pseudococcus comstocki*

58. 绒蚧科 Eriococcidae

  （188）柿绒蚧 *Eriococcus kaki*

59. 红蚧科 Kermococcidae

  （189）栗红蚧 *Kermes nawae*

60. 蚧科 Coccidae

  （190）角蜡蚧 *Ceroplastes ceriferus*

  （191）日本龟蜡蚧 *Ceroplastes japonicus*

  （192）伪角蜡蚧 *Ceroplastes rubens*

  （193）白蜡蚧 *Ericerus pela*

  （194）扁平球坚蚧 *Parthenolecanium corni*

61. 盾蚧科 Diaspididae

  （195）橘红肾圆蚧 *Aonidiella aurantii*

  （196）橘黄肾圆蚧 *Aonidiella citrina*

  （197）蔷薇白轮蚧 *Aulacaspis rosae*

  （198）卫茅长牡蚧 *Insualaspis corni*

  （199）长牡盾蚧 *Lepidosaphes gloverii*

  （200）榆牡盾蚧 *Lepidosaphes ulmi*

  （201）山茶片盾蚧 *Parlatoria camelliae*

  （202）桑白盾蚧 *Pseudaulaeaspis pentagona*

十五、半翅目 Hemiptera

62. 龟蝽科 Plataspidae

  （203）显著圆龟蝽 *Coptosoma notabilis*

  （204）子都圆龟蝽 *Coptosoma pulchella*

  （205）筛豆龟蝽 *Megacopta cribraria*

63. 土蝽科 Cydnidae

  （206）大鳌土蝽 *Adris magna*

64. 兜蝽科 Dinidoridae

  （207）兜蝽（九香虫） *Aspongopus chinensis*

  （208）小皱蝽 *Cyclopelta parva*

65. 盾蝽科 Scutelleridae

  （209）角盾蝽 *Cantao ocellatus*

  （210）丽盾蝽 *Chrysocoris grandis*

  （211）扁盾蝽 *Eurygaster testudinarius*

  （212）亮盾蝽 *Lamprocoris roylii*

  （213）斜纹宽盾蝽 *Poecilocoris dissimilis*

  （214）金绿宽盾蝽 *Poecilocoris lewisi*

66. 荔蝽科 Tessaratomidae

  （215）方蝽 *Asiarcha angulosa*

  （216）硕蝽 *Eurostus validus*

  （217）斑缘巨蝽 *Eusthenes femoralis*

  （218）巨蝽 *Eusthenes robustus*

67. 蝽科 Pentatomidae

(219) 华麦蝽　*Aelia fieberi*

(220) 伊蝽　*Aenaria lewisi*

(221) 中华蠋蝽　*Arma chinensis*

(222) 突腹蠋蝽　*Arma tubercula*

(223) 柑橘格蝽　*Cappaea taprobanensis*

(224) 辉蝽　*Carbula obtusangula*

(225) 大斑岱蝽　*Dalpada distincta*

(226) 斑须蝽　*Dolycoris baccarum*

(227) 麻皮蝽　*Erthesina fullo*

(228) 二星蝽　*Eysarcoris guttiger*

(229) 锚纹二星蝽　*Eysarcoris montivagus*

(230) 广二星蝽（黑腹蝽）　*Eysarcoris ventralis*

(231) 赤条蝽　*Graphosoma rubrolineata*

(232) 茶翅蝽　*Hayomorpha halys*

(233) 全蝽　*Homalogonoa obtucola*

(234) 异曼蝽　*Menida varipennis*

(235) 紫兰曼蝽　*Menida violacea*

(236) 稻绿蝽　*Nezara viridula*

(237) 稻褐蝽（白边蝽）　*Niphe elongata*

(238) 日本朱春　*Parastrachia japonensis*

(239) 中纹真蝽　*Pentatoma distincta*

(240) 壁蝽　*Piezodorus rubrofasciatus*

(241) 斑莽蝽　*Placosternum urus*

(242) 珀蝽　*Plautia crossota*

(243) 珠蝽　*Rubiconia intermedia*

(244) 稻黑蝽　*Scotinophara lurida*

(245) 突蝽　*Udonga spindens*

(246) 蓝蝽　*Zicrona caerula*

68. 同蝽科　Acanthosomatidae

(247) 宽铗同蝽　*Acanthosoma labiduroides*

(248) 副锥同蝽　*Sastragala edessoides*

(249) 伊锥同蝽　*Sastragala esakii*

69. 异蝽科　Urostylidae

(250) 亮壮异蝽　*Urochela distincta*

(251) 短壮异蝽　*Urochela falloui*

(252) 花壮异蝽　*Urochela luteovaria*

(253) 匙突娇异蝽　*Urostylis striicornis*

(254) 黑门娇异蝽　*Urostylis westwoodi*

(255) 淡娇异蝽　*Urostylis yangi*

70. 缘蝽科　Coreidae

(256) 瘤缘蝽　*Acanthocoris scaber*

(257) 斑背安缘蝽　*Anoplocnemis binotata*

(258) 红背安缘蝽　*Anoplocnemis phasiana*

(259) 短肩棘缘蝽　*Cletus pugnator*

(260) 稻棘缘蝽 *Cletus punctiger*

(261) 黑须棘缘蝽 *Cletus punctulatus*

(262) 月肩奇缘蝽 *Dereptrlyx lunata*

(263) 广腹同缘蝽 *Homoeocerus dilatatus*

(264) 须纹同缘蝽 *Homoeocerus striicornis*

(265) 一点同缘蝽 *Homoeocerus unipunctatus*

(266) 瓦同缘蝽 *Homoeocerus walkerianus*

(267) 暗黑缘蝽 *Hygia opaca*

(268) 环胫黑缘蝽 *Hygia touckei*

(269) 栗缘蝽 *Liorhyssus hyalinus*

(270) 黑胫侏缘蝽 *Mictis fuscipes*

(271) 黄胫侏缘蝽 *Mictis serina*

(272) 茶色赭缘蝽 *Ochrochira camelina*

(273) 肩异缘蝽 *Pterygomia hmeralis*

(274) 拉缘蝽 *Rhamnomia dubia*

71. 蛛缘蝽科 Alydidae

(275) 大稻缘蝽 *Leptocorisa acuta*

(276) 条蜂缘蝽 *Riptortus linearis*

(277) 点蜂缘蝽 *Riptortus pedestris*

72. 姬缘蝽科 Rhopalidae

(278) 点伊缘蝽 *Rhopalus latus*

(279) 黄伊缘蝽 *Rhopalus maculatus*

(280) 褐伊缘蝽 *Rhopalus sapporensis*

73. 长蝽科 Lygaeidae

(281) 豆突眼长蝽 *Chauliops fallax*

(282) 中国松果长蝽 *Gastrodes chinensis*

(283) 南亚大眼长蝽 *Geocoris ochropterus*

(284) 大眼长蝽 *Geocoris pallidipennis*

(285) 方红长蝽 *Lygaeus quadratomaculatus*

(286) 黑斑尖长蝽 *Oxycarenus lugubris*

(287) 短喙细长蝽 *Paromius gracilis*

(288) 竹后刺长蝽 *Pirkimerus japonicus*

(289) 中国斑长蝽 *Scolopostethus chinensis*

(290) 杉木扁长蝽 *Sinorsillus piliferus*

74. 红蝽科 Pyrrhocoridae

(291) 小斑红蝽 *Physopelta cincticollis*

(292) 突背斑红蝽 *Physopelta gutta*

(293) 地红蝽 *Pyrrhocoris sibiricus*

(294) 直红蝽 *Pyrrhopeplus carduelis*

75. 网蝽科 Tingidae

(295) 长头网蝽 *Cantacader lethierrys*

(296) 梨冠网蝽 *Stephanitis nashi*

(297) 杜鹃冠网蝽 *Stephanitis pyrioides*

76. 花蝽科 Anthocoridae

（298）细角花蝽　*Lyctocoris campestris*

（299）南方小花蝽　*Orius similis*

77. 猎蝽科　Reduviidae

（300）淡带荆猎蝽　*Acanthaspis cincticrus*

（301）多氏田猎蝽　*Agriosphodrus dohrni*

（302）黑叉盾猎蝽　*Ectrychotes andreae*

（303）褐菱猎蝽　*Isyndus obscurus*

（304）红股隶猎蝽　*Lestomerus femoralis*

（305）南普猎蝽　*Oncocephalus philippinus*

（306）日月盗猎蝽　*Peirates arcuatus*

（307）橘红背猎蝽　*Reduvius tenebrosus*

（308）黄足猎蝽　*Sirthenea flavipes*

（309）环斑猛猎蝽　*Sphedanolestes impressicollis*

（310）黑脂猎蝽　*Velinus nodipes*

78. 盲蝽科　Miridae

（311）苜蓿盲蝽　*Adelphocoris lineolatus*

（312）中黑苜蓿盲蝽　*Adelphocoris suturalis*

（313）烟草盲蝽　*Cyrtopeltis tenuis*

（314）黑肩绿盔盲蝽　*Cyrtorhinus lividipennis*

（315）绿后丽盲蝽　*Lygocoris lucorum*

（316）龙江斜唇盲蝽　*Plagiognathus amurensis*

（317）马来喙盲蝽　*Proboscidocoris malayus*

（318）赤条盲蝽　*Stenotus rubrivittatus*

79. 负子蝽科　Belestomatidae

（319）褐圆负子蝽　*Diplonychus rustica*

（320）德氏负子蝽（大田鳖）　*Lethocerus deyrollei*

十六、缨翅目　Thysanoptera

80. 纹蓟马科　Aeolothripidae

（321）横纹蓟马　*Aeolothrips fasciatus*

81. 蓟马科　Thripidae

（322）花蓟马　*Frankliniella intonsa*

（323）塔六点蓟马　*Scolothrps takahashii*

（324）稻蓟马　*Stenchaetothrips biformis*

（325）烟蓟马　*Thrips tabaci*

十七、鞘翅目　Coleoptera

82. 虎甲科　Cicindelidae

（326）八星虎甲　*Cicindela aurulenta batesi*

（327）中国虎甲　*Cicindela chinensis*

（328）曲皱虎甲　*Cicindela elisae*

（329）褴虎甲　*Cicindela laetescripta*

（330）镜面虎甲　*Cicindela specularis*

（331）断纹虎甲　*Cicindela striolata*

（332）膨边虎甲　*Cicindela sumatrensis*

83. 步甲科　Carabidae

  （333）素尖须步甲 *Acupalpus inornatus*
  （334）布氏细胫步甲 *Agonum buchanani*
  （335）黑条窄胸步甲 *Agonum daimio*
  （336）日本细胫步甲 *Agonum japonicum*
  （337）青寡行步甲 *Anoplogenius cyanesens*
  （338）尼罗锥须步甲 *Bembidion niloticum*
  （339）暗短鞘步甲 *Brachinus scotomedes*
  （340）黄胸肭步甲 *Callistoides pericallus*
  （341）中华金星步甲 *Calosoma chinense*
  （342）等级步甲 *Carabus fiduciarus*
  （343）双斑青步甲 *Chlaenius bioculatus*
  （344）黄边青步甲 *Chlaenius circumdatus*
  （345）脊青步甲 *Chlaenius costiger*
  （346）狄边青步甲 *Chlaenius inops*
  （347）黄斑青步甲 *Chlaenius micans*
  （348）徘徊小锹步甲 *Clivina vulgivaga*
  （349）日本盘步甲 *Dischissus japonicus*
  （350）大膨胸步甲 *Dischissus mirandus*
  （351）赤胸步甲 *Dolichus halensis*
  （352）黄缘肩步甲 *Epomis nigricans*
  （353）毛地婪步甲 *Harpalus griseus*
  （354）单齿婪步甲 *Harpalus simplicidens*
  （355）中华婪步甲 *Harpalus sinicus*
  （356）三齿婪步甲 *Harpalus tridens*
  （357）黑角胸步甲 *Peronomerus nigrinus*
  （358）爪哇屁步甲 *Pheropsophus javanus*
  （359）短鞘步甲 *Pheropsophus jessoensis*
  （360）三叉气步甲 *Pheropsophus occipitalis*
  （361）中国圆胸步甲 *Stenolophus connotatus*
  （362）集圆胸步甲 *Stenolophus iridicolor*
  （363）四斑小步甲 *Tachys gradatus*
 84. 龙虱科 Dytiscidae
  （364）双斑龙虱 *Hydaticus bowringi*
 85. 棒角甲科 Paussidae
  （365）五斑棒角甲 *Platyrhopalua paussoides*
 86. 隐翅甲科 Staphylinidae
  （366）青翅蚁形隐翅虫 *Paederus fuscipes*
 87. 花萤科 Cantharidae
  （367）斑胸异花萤 *Athemus maculithorax*
  （368）武当丽花萤 *Themus wudangshanus*
 88. 郭公甲科 Cleridae
  （369）暗褐郭公虫 *Thaneroclerus buquet*
 89. 叩甲科 Elateridae
  （370）角斑脊叩甲 *Aeoloderma agnata*

（371）武当筛锦胸叩甲　*Athousius wudanganus*

（372）朱肩丽叩甲　*Campsosternus gemma*

（373）暗足重脊叩甲　*Chiagosnius obscuripes*

（374）黄带裂爪叩甲　*Phorocardius comptus*

90. 吉丁甲科　Bupresidae

（375）日本松脊吉丁　*Chalcophora japonica*

（376）云南松脊吉丁　*Chalcophora yunnana*

（377）黄胸圆纹吉丁　*Coroebus sauteri*

（378）赤纹吉丁　*Coraebus sidae*

91. 皮蠹科　Dermestidae

（379）小圆皮蠹　*Anthrenus verbasci*

（380）黑毛皮蠹　*Attagenus unicolor japonicus*

（381）钩纹皮蠹　*Dermestes ater*

（382）白腹皮蠹　*Dermestes maculatus*

92. 谷盗科　Ostomatidae

（383）大谷盗　*Tenebroides mauritanicus*

93. 露尾甲科　Nitidulidae

（384）脊胸露尾甲　*Carpophilus dimdiatus*

（385）酱曲露尾甲　*Carpophilus hermipterus*

（386）隆胸露尾甲　*Carpophilus obsoletus*

（387）四星露尾甲　*Librodor japonicus*

94. 扁甲科　Cucujidae

（388）锈赤扁谷盗　*Cryptolestes ferrugineus*

（389）长角扁谷盗　*Cryptolestes pusillus*

（390）土耳其扁谷盗　*Cryptolestes turcicus*

95. 锯谷盗科　Silvanidae

（391）米扁虫　*Chthartus advena*

（392）四星蜡斑甲　*Helota gemmata*

（393）大眼据谷盗　*Oryzaephilus mercator*

（394）据谷盗　*Oryzaephilus surinamensis*

96. 隐食甲科　Cryptophagidae

（395）据胸隐食甲　*Cryptophagus dentates*

97. 毛蕈甲科　Biphyllidae

（396）褐蕈甲　*Cryptophilus inteher*

98. 薪甲科　Lathridiidae

（397）扁薪甲　*Holoparamecus depressus*

（398）红颈小薪甲　*Microgramme ruficollis*

99. 小蕈甲科　Mycetophagidae

（399）毛蕈甲　*Typhea stercorea*

100. 领坚中科　Murmidiidae

（400）小圆甲　*Murmidius ovalis*

101. 豆象科　Bruchidae

（401）豌豆象　*Bruchus pisorum*

（402）蚕豆象　*Bruchus rufimanus*

102. 瓢甲科 Coccinellidae
 (403) 大豆瓢虫 *Afidenta misera*
 (404) 奇变瓢虫 *Aiolocaria hexaspilota*
 (405) 华裸瓢虫 *Calvia chinensis*
 (406) 十五星裸瓢虫 *Calvia quindecimguttata*
 (407) 湖北红点唇瓢虫 *Chilocorus hupehanus*
 (408) 红点唇瓢虫 *Chilocorus kuwanae*
 (409) 黑缘红瓢虫 *Chilocorus rubidus*
 (410) 七星瓢虫 *Cocinella septempunctata*
 (411) 横斑瓢虫 *Coccinella transversoguttata*
 (412) 中华食植瓢虫 *Epilachna chinensis*
 (413) 银莲花瓢虫 *Epilachna convexa*
 (414) 菱斑食植瓢虫(菱斑整瓢虫) *Epilachna insignis*
 (415) 异色瓢虫 *Harmonia axyridis*
 (416) 八斑和瓢虫 *Harmonia octomaculata*
 (417) 隐斑瓢虫 *Harmonia yedoensis*
 (418) 茄二十八星瓢虫 *Henosepilachna vigintioctopunctata*
 (419) 十三星瓢虫 *Hippodamia tredecimpunctata*
 (420) 多异瓢虫 *Hippodamia (Adonia) variegata*
 (421) 黄斑盘瓢虫 *Lemnia saucia*
 (422) 白条菌瓢虫 *Macroilleis hauseri*
 (423) 六斑月瓢虫 *Menochilus sexmaculatus*
 (424) 稻红瓢虫 *Micraspis discolor*
 (425) 十二斑巧瓢虫 *Oenopia bissexnotata*
 (426) 龟纹瓢虫 *Propylaea japonica*
 (427) 澳洲瓢虫 *Rodolia cardinails*
 (428) 红环瓢虫 *Rodolia limbata*
 (429) 黑背毛瓢虫 *Scymnus (Neopullus) babai*
 (430) 黑襟毛瓢虫 *Scymnus (Neopullus) hoffmanni*
 (431) 日本小瓢虫 *Scymnus (Pullus) posticalis*
 (432) 深点食螨瓢虫 *Stethorus punctillum*
 (433) 十二斑褐菌瓢虫 *Vibidia duodecimguttata*

103. 芫菁科 Meloidae
 (434) 中国豆芫菁 *Epicauta chinensis*
 (435) 暗头豆芫菁 *Epicauta obscurocephala*
 (436) 豆黑芫菁 *Epicauta taishoensis*
 (437) 凹胸豆芫菁 *Epicauta xantusi*
 (438) 绿芫菁 *Lytta caraganae*
 (439) 眼斑芫菁 *Mylabris cichorii*
 (440) 大斑芫菁 *Mylabris phalerata*

104. 拟步甲科 Tenebrionide
 (441) 褐菌虫 *Alphitobius laevigatus*
 (442) 仓潜 *Mesomorphus villiger*
 (443) 黄粉虫 *Tenebrio molitor*

(444) 黑粉虫　*Tenebrio obscurus*

(445) 赤拟谷盗　*Tribolium ferrugineum*

105. 伪叶甲科　Lagriidae

(446) 黑胸伪叶甲（黑背伪叶甲）　*Lagria nigricollis*

106. 圆蕈甲科　Ciidae

(447) 木菌圆蕈甲　*Cis mikagensis*

107. 粉蠹科　Lyctidae

(448) 日本粉蠹　*Lyctoxylon japonum*

(449) 褐粉蠹　*Lyctus brunneus*

(450) 中华粉蠹　*Lyctus sinensis*

108. 长蠹科　Bostrychidae

(451) 竹长蠹　*Dinoderus minutus*

(452) 谷蠹　*Rhizopertha dominica*

109. 窃蠹科　Anobiidae

(453) 烟草甲　*Lasioderma serricorne*

(454) 大理窃蠹　*Ptilineurus marmoratus*

(455) 药材甲　*Stegobium paniceum*

110. 蛛甲科　Ptinidae

(456) 褐蛛甲　*Eurostus hilleri*

(457) 日本蛛甲　*Ptinus japonicus*

111. 金龟子科　Scarabaeidae

(458) 神农洁蜣螂　*Catharsius molossus*

(459) 中华蜣螂　*Copris sinicus*

112. 鳃金龟科　Melolonthidae

(460) 双脊阿鳃龟　*Apogonia bicarinata*

(461) 红脚平爪鳃金龟　*Ectinohoplia rufipes*

(462) 影斑等鳃金龟（影等鳃金龟）　*Exolontha umbraculata*

(463) 短胸七鳃金龟　*Heptophylla brevicollis*

(464) 额臀大黑鳃金龟　*Holotrichia convexopyga*

(465) 拟毛黄鳃金龟　*Holotrichia formosana*

(466) 宽齿爪鳃金龟　*Holotrichia lata*

(467) 华北大黑鳃金龟（华北齿爪鳃金龟）　*Holotrichia oblita*

(468) 暗黑鳃金龟　*Holotrichia parallela*

(469) 毛脊鳃金龟　*Holotrichia trchophora*

(470) 灰胸突鳃金龟　*Hoplosternus incanus*

(471) 戴云鳃金龟　*Polyphylla davidis*

(472) 大云鳃金龟　*Polyphylla laticollis*

113. 丽金龟科　Rutelidae

(473) 纵带长丽金龟　*Adoretosoma elegans*

(474) 中华喙丽金龟　*Adoretus sinicus*

(475) 斑喙丽金龟（斑喙长丽金龟）　*Adoretus tenuimaculatus*

(476) 腹毛异丽金龟　*Anomala amychodes*

(477) 绿脊异丽金龟　*Anomala aulax*

(478) 铜绿丽金龟　*Anomala corpulenta*

（479）漆黑异丽金龟 *Anomala ebenina*

（480）红背异丽金龟 *Anomala rugiclypea*

（481）圆脊异丽金龟 *Anomala straminea*

（482）畦翅异丽金龟 *Anomala sulcipennis*

（483）墨绿彩丽金龟（亮绿彩丽金龟） *Mimela splendens*

（484）二色长丽金龟（变长丽金龟） *Phyllopertha diversa*

（485）棉花弧丽金龟 *Popillia mutans*

（486）曲带弧丽金龟 *Popillia pustulata*

（487）中华弧丽金龟 *Popillia quadriguttata*

114. 犀金龟科 Dynastidae

（488）双叉犀金龟 *Allomyrina dichotoma*

（489）中华晓扁犀金龟 *Eophileurus chinensis*

115. 花金龟科 Cetoniidae

（490）小鹿花金龟 *Dicranocephalus bourgoini*

（491）黄斑短突花金龟 *Glycyphana fulvistemma*

（492）斑青花金龟 *Oxycetonia bealiae*

（493）小青花金龟 *Oxycetonia jucunda*

（494）褐锈花金龟 *Poecilophilides rusticola*

（495）赤斑金龟 *Poecilophilides rusticta*

（496）白星花金龟 *Potosia brevitarsis*

116. 天牛科 Cerambycidae

（497）栗灰锦天牛 *Acalolepta degener*

（498）双斑锦天牛 *Acalolepta sublusca*

（499）黑棘翅天牛 *Aethalodes verrucosus*

（500）星天牛 *Anoplophora chinensis*

（501）光肩星天牛 *Anoplophora glabripennis*

（502）楝星天牛 *Anoplophora horsfieldi*

（503）槐星天牛 *Anoplophora lurida*

（504）桑天牛 *Apriona germari*

（505）赤梗天牛 *Arhopalus unicolor*

（506）瘤胸簇天牛 *Aristobia hispida*

（507）桃红颈天牛 *Aromia bungii*

（508）松幽天牛 *Asemum amurense*

（509）黄荆重突天牛 *Astathes episcopalis*

（510）云斑白条天牛 *Batocera lineolata*

（511）中华蜡天牛 *Ceresium sinicum*

（512）榄绿虎天牛 *Chlorophorus eleodes eleodes*

（513）弧纹绿虎天牛 *Chlorophorus miwai*

（514）宝兴绿虎天牛 *Chlorophorus moupinensis*

（515）栎红胸天牛 *Dere thoracica*

（516）曲牙土天牛 *Dorysthenes hydropicus*

（517）油茶红翅天牛 *Erythrus blairi*

（518）榆并脊天牛 *Glenea relicta*

（519）栗山天牛 *Massicus raddei*

    (520) 中华薄翅天牛　*Megopis sinica*

    (521) 利川弱脊天牛　*Menesia subcarinata*

    (522) 四点次瘦花天牛　*Metastrangalia thibetana*

    (523) 双簇污天牛　*Moechotypa diphysis*

    (524) 桔褐天牛　*Nadezhdiella cantori*

    (525) 黑翅脊筒天牛　*Nupserha subvelutina*

    (526) 缘翅脊筒天牛　*Nupserha marginella*

    (527) 台湾筒天牛　*Oberea formosana*

    (528) 日本筒天牛　*Oberea japonica*

    (529) 蜡斑齿胫天牛　*Paraleprodera carolina*

    (530) 眼斑齿胫天牛　*Paraleprodera diophthalma*

    (531) 齿异瘦花天牛　*Parastrangalis crebrepunctata*

    (532) 菊小筒天牛　*Phytoecia rufiventris*

    (533) 红肩丽虎天牛　*Plaginotus christophi*

    (534) 黄条多带天牛　*Polyzornus fasciatus*

    (535) 黄星天牛　*Psacothea hilaris*

    (536) 圆斑紫天牛　*Purpuricenus sideriger*

    (537) 双条楔天牛　*Saperda bilineatooollis*

    (538) 十二星楔天牛　*Saperda subcarinata*

    (539) 粗鞘双条杉天牛　*Semanotus sinoauster*

    (540) 短角幽天牛　*Spondylis buprestoides*

    (541) 拟蜡天牛　*Stenygrinum quadrinotatum*

    (542) 骚瘦花天牛　*Strangalia fortunei*

    (543) 家茸天牛　*Trichoferus campestris*

    (544) 刺角天牛　*Trirachys orientalis*

    (545) 樟泥色天牛　*Uraecha angusta*

    (546) 葡萄脊虎天牛　*Xylotrechus pyrrhoderus*

    (547) 合欢双条天牛　*Xystrocera globosa*

117. 负泥虫科　Crioceridae

    (548) 长腿水叶甲　*Donacia provosti*

    (549) 蓝负泥虫　*Lema concinnipennis*

    (550) 驼负泥虫　*Lilioceris gibba*

    (551) 红负泥虫　*Lilioceris lateritia*

    (552) 长头负泥虫　*Mecoprosopus minor*

    (553) 水稻负泥虫　*Oulema oryzae*

    (554) 紫茎甲　*Sagra femorata purpurea*

    (555) 千斤拔茎甲　*Sagra moghanii*

    (556) 三齿茎甲　*Sagra tridentata*

118. 叶甲科　Chrysomelidae

    (557) 紫榆叶甲　*Ambrostoma quadriimpressum*

    (558) 麦茎异跗叶甲　*Apophylia thalassina*

    (559) 枫香阿萤叶甲　*Athrotus liquidus*

    (560) 印度黄守瓜　*Aulacophora indica*

    (561) 柳氏黑守瓜　*Aulacophora lewisii*

(562) 黑足黑守瓜　*Aulacophora nigripennis*

(563) 酸模叶甲　*Castrophysa atrocyanea*

(564) 蒿金叶甲　*Chrysolina aurichalcea*

(565) 薄荷金叶甲　*Chrysolina exanthematica*

(566) 斑胸叶甲　*Chrysomela maculicollis*

(567) 杨叶甲　*Chrysomela populi*

(568) 柳二十叶甲　*Chrysomela vigintipunctata*

(569) 黄腹丽萤叶甲　*Clitenella fulminans*

(570) 光背锯角叶甲　*Clytra laeviuscula*

(571) 麻克萤叶甲　*Cneorane cariosipennis*

(572) 茶无缘叶甲　*Colaphellus bowringii*

(573) 柳萤叶甲　*Galeruca spectabilis*

(574) 核桃扁叶甲　*Gastrolina depressa*

(575) 十三斑角胫叶甲　*Gonioctena tredecimmaculata*

(576) 裸顶丝跳甲　*Hespera sericea*

(577) 缅甸寡毛跳甲　*Luperomorpha birmanica*

(578) 黑条麦萤叶甲　*Medythia nigrobilineata*

(579) 二黑条萤叶甲　*Medythia nigrobilineatus*

(580) 角胸迷萤叶甲　*Mimastra cyanura*

(581) 黄缘迷萤叶甲　*Mimastra limbata*

(582) 蓝翅飘萤叶甲　*Oides bowringii*

(583) 葡萄十星萤叶甲　*Oides decempunctatus*

(584) 黑跗飘萤叶甲　*Oides tarsatus*

(585) 漆树直缘跳甲　*Ophrida scaphoides*

(586) 褐凹翅萤叶甲　*Paleosepharia fulvicornis*

(587) 核桃凹翅萤叶甲　*Paleosepharia posticata*

(588) 山楂斑叶甲　*Paropsides soriculata*

(589) 牡荆叶甲　*Phola octodecimguttata*

(590) 黄曲条菜跳甲　*Phyllotreta striolata*

(591) 柳蓝叶甲　*Plagiodera versicolora*

(592) 枸橘叶虫　*Podagricomela weisei*

(593) 黄色凹缘跳甲　*Podontia lutea*

(594) 黄斑双行跳甲　*Pseudodera xanthospila*

(595) 点额蚤跳甲　*Psylliodes punctifrons*

(596) 榆绿毛萤叶甲　*Pyrrhalta aenescens*

119. 肖叶甲科　Eumolpidae

(597) 皱背叶甲　*Abiromorphus anceyi*

(598) 桑皱背叶甲　*Adiscus fortunei*

(599) 黑足厚缘叶甲　*Aoria nigripes*

(600) 隆基角胸叶甲　*Basilepta leechi*

(601) 肖钝角胸叶甲　*Basilepta pallidula*

(602) 葡萄叶甲　*Bromium obscurus*

(603) 中华萝藦叶甲　*Chrysochus chinensis*

(604) 梳叶甲　*Clytrasoma palliatum*

（605）麦颈叶甲　*Colasposoma dauricum dauricum*

（606）丽隐头叶甲　*Cryptocephalus festivus*

（607）蔷薇隐头叶甲　*Cryptocephalus fortunatus*

（608）斑鞘隐头叶甲　*Cryptocephalus regalis*

（609）十四斑隐头叶甲　*Cryptocephalus tetradecaspilotus*

（610）二点钳叶甲　*Labidostomis bipunctata*

（611）粉筒胸叶甲　*Lypesthes ater*

（612）双带方额叶甲　*Physauchenia bifasciata*

（613）黑扁角叶甲　*Platycorynus niger*

（614）绿缘扁角叶甲　*Platycorynus parryi*

（615）蓝扁角叶甲　*Platycorynus peregrinus*

（616）黑额光叶甲　*Smaragdina nigrifrons*

（617）银纹毛叶甲　*Trichochrysea japana*

120. 铁甲科　Hispidae

（618）平顶梳龟甲　*Aspidomorpha transparipennis*

（619）北锯龟甲　*Basiprionota bisignata*

（620）雅安居龟甲　*Basiprionota pudica*

（621）甜菜大龟甲　*Cassida nebulosa*

（622）红端趾铁甲　*Dactylispa sauteri*

（623）锯齿叉趾铁甲　*Dactylispa（Triplispa）angulosa*

（624）甘薯腊龟甲　*Laccoptera quadrimaculata*

（625）膨胸卷叶甲　*Leptispa goduini*

（626）缺斑台龟甲　*Taiwania expressa*

（627）胭胸台龟甲　*Taiwania purpuricollis*

（628）北粤台龟甲　*Taiwania versicolor*

（629）苹果台龟甲　*Taiwania versicolor*

121. 锥象科　Brenthidae

（630）长颚宽喙象　*Baryrrhynchus poweri*

122. 长角象科　Anthribidae

（631）咖啡豆象　*Araecerus fasciculatus*

123. 梨象科　Apionidae

（632）豆细口梨象　*Apion collare*

124. 象甲科　Curculionidae

（633）黑褐长足象　*Alcidodes picues*

（634）短胸长足象　*Alcidodes trifidus*

（635）甘薯长足象　*Alcidodes waltoni*

（636）长尾绿象　*Chlorophanus caudatus*

（637）宽肩象　*Ectatorrhinus adamsi*

（638）中国癞象　*Episomus chinensis*

（639）臭椿沟眶象　*Eucryrrhynchus brandti*

（640）短带长颚象　*Eugnathus distinctus*

（641）蓝绿象　*Hypomeces squamosus*

（642）松瘤象　*Hyposipalus gigas*

（643）红褐圆筒象　*Macrocorymus discoideus*

（644）樟子松木蠹象 *Pissode validirostris*

（645）小齿斜背象 *Platymycteropsis excisangulus*

（646）马尾松角胫象 *Shirahoshizo Patruelis*

（647）玉米象 *Sitophilus zeamais*

（648）大灰象 *Sympiezomias velatus*

125. 卷象科 Attelabidae

（649）栗卷象 *Apoderus jekeli*

（650）圆斑卷叶象 *Paroplapoderus semiannulatus*

（651）桃虎象 *Rhynchites confragosicollis*

（652）梨虎象 *Rhynchites foveipennis*

126. 小蠹科 Scolytidae

（653）松瘤小蠹 *Orthotomicus erosus*

（654）黑条木小蠹 *Tryodendron lineatam*

（655）纵坑切梢小蠹 *Tomicus piniperda*

十八、广翅目 Megaloptera

127. 齿蛉科 Corydalidae

（656）东方巨齿蛉 *Acanthacorydalis orientalis*

（657）污翅斑鱼蛉 *Neochauliodes fraternus*

（658）花边星齿蛉 *Protohermes costalis*

十九、脉翅目 Neuroptera

128. 粉蛉科 Coniocompsa

（659）泛重粉蛉 *Semidalis aleyrodiformis*

129. 褐蛉科 Hemerobiidae

（660）全北褐蛉 *Hemerobius hunuli*

（661）日本褐蛉 *Hemerobius japomicus*

（662）平湖褐蛉 *Hemerobius lacunaris*

（663）花斑脉褐蛉 *Micromus variegatus*

130. 草蛉科 Chrysopidae

（664）牯岭草蛉 *Chrysopa kulingensis*

（665）大草蛉 *Chrysopa septempunctata*

（666）中华草蛉 *Crysoperla sinica*

二十、鳞翅目 pidoptera

131. 巢蛾科 Yponomeutidae

（667）苹果巢蛾 *Yponomeuta padella*

132. 木蠹蛾科 Cossidae

（668）咖啡豹蠹蛾 *Zeuzera coffeae*

133. 蓑蛾科 Psychidae

（669）桉袋蛾 *Acanthopsuche subferalbata*

（670）线散袋蛾 *Amatissa anelleni*

134. 刺蛾科 limacodidae

（671）灰双线刺蛾 *Cania bilineta*

（672）肖媚绿刺蛾 *Latoia pseudorepanda*

（673）黄刺蛾 *Monema flavescens*

（674）绒刺蛾 *Phocodema velutina*

(675) 纵带球须刺蛾   *Scopelodes contracta*

(676) 扁刺蛾   *Thosea sinensis*

135. 斑蛾科   Zygaenidae

(677) 伞叶花小斑蛾   *Artona gracilis*

(678) 黄纹旭锦斑蛾   *Campylotes pratti*

136. 卷蛾科   Tortricidae

(679) 苹黄卷蛾   *Archips ingentana*

(680) 龙眼棠卷蛾   *Cerace stipatana*

(681) 柳杉长卷蛾   *Homona issikii*

(682) 豆小卷蛾   *Matsumuraeses phaseoli*

(683) 苹褐卷蛾   *Pandemis heparana*

(684) 杉梢小卷蛾   *Polychrosis cunninghamiacola*

(685) 桃白小卷蛾   *Spilonota albicana*

137. 螟蛾科   Pyralidae

(686) 米黑虫   *Aglossa dimidiata*

(687) 元参棘趾野螟   *Anania verbascalis*

(688) 褐纹翅野螟   *Bocchoris aptalis*

(689) 黄翅缀叶野螟   *Botyodes diniasalis*

(690) 稻纵卷叶螟   *Cnaphalocrocis medinalis*

(691) 竹织叶野螟   *Coclebotys coclesalis*

(692) 桃蛀螟   *Conogethes punctiferalis*

(693) 瓜绢野螟   *Diaphania indica*

(694) 黄杨绢野螟   *Diaphania perspectalis*

(695) 豆荚斑螟   *Etiella zinckenella*

(696) 甘蓝野螟   *Evergestos forfiealis*

(697) 赤纹螟(赤双纹螟)   *Herculia pelasgalis*

(698) 甜菜白带野螟   *Hymenia recurvalis*

(699) 棉卷叶野螟   *Notarcha derogata*

(700) 褐萍水螟   *Nymphula turbata*

(701) 栗叶瘤丛螟   *Orthaga achatina*

(702) 灰双纹螟   *Orthopygia glaucinalis*

(703) 金双点螟   *Orybina flaviplaga*

(704) 亚洲玉米螟   *Ostrinia nubilalis*

(705) 印度谷螟   *Plodia interpunctella*

(706) 高粱条螟   *Proceras venosatus*

(707) 泡桐卷叶野螟   *Pycnarmon cribrata*

(708) 粉缟螟(紫斑谷螟)   *Pyralis farinalis*

(709) 金黄螟   *Pyralis regalis*

(710) 紫云英云翅斑螟   *Sacada semirubella*

(711) 三化螟   *Seipophaga incertulas*

(712) 黄尾蛀禾螟   *Seipophaga nivella*

(713) 楸蛀蠹野螟   *Sinmphiisa plagialis*

138. 枯叶蛾科   Lasiocampidae

(714) 直纹杂毛虫   *Cyclophragma yamadai*

　　(715) 马尾松毛虫　*Dendrolimus punctatus*

　　(716) 太白松毛虫　*Dendrolimus taibaiensis*

　　(717) 桔毛虫　*Gastropacha pardale sinensis*

　　(718) 杨枯叶蛾　*Gastropacha populifolia*

　　(719) 李枯叶蛾　*Gastropacha quercifolia*

　　(720) 竹黄毛虫　*Philudoria laeta*

　　(721) 栗黄枯叶蛾　*Trabala visjnou*

139. 大蚕蛾科　Saturniidae

　　(722) 藤豹大蚕蛾　*Leopa anthera*

　　(723) 樗蚕　*Philosamia cynthia*

140. 蚕蛾科　Bombycidae

　　(724) 钩翅赭蚕蛾　*Mustilia sphingiformis*

　　(725) 野蚕蛾　*Theophila mandarina*

141. 圆钩蛾科　Cyclidiidae

　　(726) 洋麻圆钩蛾　*Cyclidia substigmaria*

142. 钩蛾科　Drepanidae

　　(727) 六点钩蛾　*Betalbara acuminata*

　　(728) 齿线卑钩蛾　*Betalbara furce*

　　(729) 方点丽钩蛾　*Callidrepana forcipulata*

　　(730) 三线钩蛾　*Pseudalbara parvula*

143. 波纹蛾科　Thyatiridae

　　(731) 滴渺波纹蛾　*Mimopsetis determinata*

144. 尺蛾科　Geometrldae

　　(732) 萝藦艳青尺蠖　*Agathia carissima*

　　(733) 马尾松点尺蛾　*Abraxas flavisinuata*

　　(734) 丝棉木金星尺蛾　*Abraxas suspecta*

　　(735) 桦霜尺蛾　*Alcis repandata*

　　(736) 白窗尺蛾　*Allocotesia superans*

　　(737) 媚尺蛾　*Anthyperythra hermearia*

　　(738) 焦边尺蛾　*Bizia aexaria*

　　(739) 油桐尺蛾　*Buzura suppressaria*

　　(740) 云南松迁回纹尺蛾　*Chartographa fabiolaria*

　　(741) 五彩青尺蛾　*Chloromachia gavissima aphrodite*

　　(742) 木撩尺蛾　*Culcula panterinaria*

　　(743) 小蜻蜓尺蛾　*Cystidia couaggaria*

　　(744) 树形尺蛾　*Erebomorpha consors*

　　(745) 水蜡尺蛾　*Garaeus parva distans*

　　(746) 贡尺蛾　*Gonododontis aurata*

　　(747) 柑橘尺蛾　*Hemerophila harutai*

　　(748) 紫枚隐尺蛾　*Heterolacha rosearia*

　　(749) 皱纹尺蛾　*Hypomecis roboraria*

　　(750) 中国巨青尺蛾　*Limbatochlamys rothorni*

　　(751) 墨尺蛾　*Medasina corticaria*

　　(752) 小玷尺蛾　*Naxa seriaria*

(753) 黄缘斑芝麻枝尺蛾　*Obeidia tigrata neglecta*

(754) 核桃星尺蛾　*Ophthalmodes albosignaria*

(755) 雪尾尺蛾　*Ourapteryx nivea*

(756) 柿星尺蛾　*Percnia giraffata*

(757) 粉尺蛾　*Pingasa alba brunnescens*

(758) 佳眼尺蛾　*Problepsis eucircota*

(759) 槐尺蛾　*Semiothisa (Macaria) cinerearia*

(760) 尘尺蛾　*Serraca punctinalis conferenda*

(761) 波俭尺蛾　*Spilopera crenularias*

(762) 极紫线尺蛾　*Timaandra extremaria*

(763) 蒿杆三角尺蛾　*Trigonoptila straminearia*

(764) 华扭尾尺蛾　*Tristrophis rectifascia opisthomata*

(765) 缅洁尺蛾　*Tyloptera bella diecena*

(766) 玉臂黑尺蛾　*Xandrames dholaria sericea*

145. 天蛾科　Sphingidae

(767) 鬼脸天蛾　*Acheronitia lachesis*

(768) 芝麻鬼脸天蛾　*Acheronitia styx*

(769) 甘薯天蛾　*Agrius convolvuli*

(770) 榆绿天蛾　*Callambulyx tatarinovi*

(771) 八字白眉天蛾　*Celerio lineata livornica*

(772) 小豆长喙天蛾(鸟蜂蛾)　*Macroglossum stellatarum*

(773) 鹰翅天蛾　*Oxyambulyx ochracea*

(774) 红天蛾　*Pergasa elpenor lewisi*

(775) 紫光盾天蛾　*Phyllosphingia dissinilis sinensis*

(776) 霜天蛾　*Psilogramma menephron*

(777) 蓝目天蛾　*Smerinthus planus planus*

(778) 雀纹天蛾　*Theretra japomica*

146. 舟蛾科　Notodontidae

(779) 杨扇舟蛾　*Clostera anachoreta*

(780) 著蕊尾舟蛾　*Dudusa nobilis*

(781) 榆选舟蛾　*Exaereta ulmi*

(782) 角翅舟蛾　*Gonoclostera timonides*

(783) 岐怪舟蛾　*Hagapterya kishidai*

(784) 绯燕尾舟蛾　*Harpyia sangaica*

(785) 栎枝背舟蛾　*Harpyia umbrosa*

(786) 黄二星舟蛾　*Lampronadata cristata*

(787) 栎褐舟蛾　*Naganoea albibasis*

(788) 栎掌舟蛾　*Phalera assimilis*

(789) 刺槐掌舟蛾　*Phalera bimicola*

(790) 苹掌舟蛾　*Phalera flavescens*

(791) 榆掌舟蛾　*Phalera fuscescens*

(792) 缘纹拟纷舟蛾　*Pseudofentonia marginalis*

(793) 槐羽舟蛾　*Pterostoma sinicum*

(794) 皮舟蛾　*Pydna testacea*

(795) 肖剑心银斑舟蛾 *Tarsolepis japonica*

(796) 核桃美舟蛾 *Uropyia meticulodina*

(797) 梨威舟蛾 *Wilemanus bidentatus*

147. 鹿蛾科 Amatidae

(798) 广鹿蛾 *Amata emma*

(799) 蕾鹿蛾 *Amata germana mandarinia*

(800) 中华鹿蛾 *Amata sinensis*

(801) 清新鹿蛾 *Caeneressa diaphana*

(802) 小边春鹿蛾 *Eressa microchilus*

(803) 多点春鹿蛾 *Eressa multigutti*

148. 灯蛾科 Arctiidae

(804) 煤色滴苔蛾 *Agrisius fuliginosus*

(805) 银华苔蛾 *Aylla albocinerea*

(806) 头橙华苔蛾 *Agylla gigantea*

(807) 全黄华苔蛾 *Agylla holochrea*

(808) 米艳苔蛾 *Asura megala*

(809) 八点灰灯蛾 *Creatonotos transiens*

(810) 优雪苔蛾 *Cyana hamata*

(811) 橘红雪苔蛾 *Cyana interrogationis*

(812) 明雪苔蛾 *Cyana phaedra*

(813) 草雪苔蛾 *Cyana pratti*

(814) 血红雪苔蛾 *Cyana sanguinea*

(815) 缘点士苔娥 *Eilema costipuncta*

(816) 雪土苔蛾 *Eilema degenerella*

(817) 黑缘美苔蛾 *Miltochrista delineata*

(818) 曲美苔蛾 *Miltochrista flexuosa*

(819) 康美苔蛾 *Miltochrista karenkensis*

(820) 全轴美苔蛾 *Miltochrista longstriga*

(821) 粉蝶灯蛾 *Nyctemera adversata*

(822) 肖浑黄灯蛾 *Rhyparioides amurensis*

(823) 红点浑黄灯蛾 *Rhyparioides subvaria*

(824) 显脉污灯蛾 *Spilarctia bisecta*

(825) 尘白污灯蛾 *Spilarctia abliqua*

(826) 边星污灯蛾 *Spilarctia seriatopunctata*

(827) 胡麻斑黄苔蛾 *Stigmatophora flava*

149. 虎蛾科 Agaristidae

(828) 选彩虎蛾 *Episteme lectrix*

(829) 豪虎蛾 *Secrobigera amatrix*

150. 夜蛾科 Noctuidae

(830) 飞杨阿夜蛾 *Achaea janata*

(831) 榆剑纹夜蛾 *Acronicta hercules*

(832) 小剑纹夜蛾 *Acronicta omorii*

(833) 梨剑纹夜蛾 *Acronicta rumicis*

(834) 炫夜蛾 *Actinotia polyodon*

（835）枯叶夜蛾　*Adris tyrannus*
（836）黄地老虎　*Agrotis segetum*
（837）小地老虎　*Agrotis ypsilon*
（838）八字鲁夜蛾　*Amathes c-nigrum*
（839）大三角鲁夜蛾　*Amathes kollari*
（840）三角鲁夜蛾　*Amathes triangulum*
（841）小造桥夜蛾　*Anomis flava*
（842）桥夜蛾　*Anomis mesogona*
（843）灰薄夜蛾　*Araeognatha cineracea*
（844）银纹夜蛾　*Argyrogramma agnata*
（845）白条夜蛾　*Argyrogramma albostriata*
（846）道纹夜蛾　*Argyrogramma daubei*
（847）黑点丫纹夜蛾　*Autographa nigrisigna*
（848）朽木夜蛾　*Axylia putris*
（849）淑碧夜蛾　*Barathra sylpha*
（850）短栉夜蛾　*Brevipecten consanguis*
（851）柳裳夜蛾　*Catocala electa*
（852）中带三角夜蛾　*Chalciope geometrica*
（853）短带三角夜蛾　*Chalciope hyppasia*
（854）客来夜娥　*Chrysorithrum amata*
（855）斑蕊夜蛾　*Cymatophoropsis simuata*
（856）两色夜蛾　*Dichromia trigonalis*
（857）斜尺夜蛾　*Dierna strigata*
（858）旋皮夜蛾　*Eligma narcissus*
（859）癫皮夜蛾　*Gadirtha inexacta*
（860）棉铃实夜蛾　*Heliothis armigera*
（861）烟实夜蛾　*Heliothis assulta*
（862）茶色侠翅夜蛾　*Hermonassa cecilia*
（863）苹梢夜蛾　*Hypocala subsatura*
（864）肖毛翅夜蛾　*Lagoptera juno*
（865）甜菜夜蛾　*Laphygma exigua*
（866）间纹德夜蛾　*Lepidodelta intermedia*
（867）白点粘夜蛾　*Leucania loreyi*
（868）粘虫　*Leucania separata*
（869）甘蓝夜蛾　*Mamestra brassicae*
（870）黑银纹夜蛾　*Melanoplusia jessica*
（871）毛胫夜蛾　*Mocis undata*
（872）缤夜蛾　*Moma alpium*
（873）大光腹粘虫　*Mythimna grandis*
（874）宽翅地老虎　*Naenia contaminata*
（875）昏模夜蛾　*Noctua ravida*
（876）翠色狼夜蛾　*Ochropleura praecos*
（877）鳞眉夜蛾　*Pangrapta squamea*
（878）石榴巾夜蛾　*Parallelia stuposa*

（879）蒙灰夜蛾　*Polia advena*

（880）暗灰夜蛾　*Polia consanguis*

（881）淡银纹夜蛾　*Puriplusia purissima*

（882）稻蛀茎夜蛾　*Sesamia inferens*

（883）淡剑纹夜蛾　*Sidemia depravata*

（884）紫综扇夜蛾　*Sineugraphe longipennis*

（885）胡桃豹夜蛾　*Sinna extrema*

（886）旋目夜蛾　*Spirama retoria*

（887）白点闪夜蛾　*Sypna astrigera*

（888）粉斑夜蛾　*Trichoplusia ni*

（889）镶夜蛾（镶绽夜蛾）　*Trichosea champa*

（890）后夜蛾　*Trisuloides sercea*

（891）焦条黄夜蛾　*Xanthodes graellsi*

151. 毒蛾科　Lymantriidae

（892）苔肾毒蛾　*Cifuna eurydice*

（893）肾毒蛾　*Cifuna locuples*

（894）大茸毒蛾　*Dasychira thvvaitesi*

（895）乌桕黄毒蛾　*Euproctis bipunctapex*

（896）柿黄毒蛾　*Euproctis flava*

（897）云星黄毒蛾　*Euproctis niphonis*

（898）榆黄足毒蛾　*Ivela ochropada*

（899）条毒蛾　*Lymantria dissoluta*

（900）戟盗毒蛾　*Porthesia kurosawai*

（901）盗毒蛾　*Porthesia similis*

（902）鹅点足毒蛾　*Redoa anser*

152. 带蛾科　Eupterotidae

（903）褐斑带蛾　*Apha subdives*

153. 弄蝶科　Hesperiidae

（904）白弄蝶　*Abraximorpha davidii*

（905）河伯锷弄蝶　*Aeromachus inachus*

（906）小黄斑弄蝶　*Ampittia nana*

（907）钩形黄斑弄蝶　*Ampittia virgata*

（908）台湾灺弄蝶　*Borbo cinnara*

（909）黑纹珂弄蝶　*Caltoris cahira*

（910）小星弄蝶　*Ceaenorrhinus ratna*

（911）黑弄蝶台湾亚种　*Daimio tethys moorei*

（912）中华捷弄蝶　*Gerosis somoca*

（913）白斑赭弄蝶　*Ochlodes subhyalina*

（914）中华谷弄蝶　*Pelopides sinensis*

（915）宽纹带黄室弄蝶　*Potanthus pavus*

（916）尖翅黄室弄蝶　*Potanthus pulnia*

（917）断纹黄室弄蝶　*Potanthus trachalus*

154. 凤蝶科　Papilionidae

（918）宽尾凤蝶　*Agehana elvvesi*

(919) 麝凤蝶 *Byasa alcinous*

(920) 金凤蝶 *Papilio machaon*

(921) 玉带凤蝶 *Papilio polytes*

(922) 柑橘凤蝶 *Papilio xuthus*

(923) 碧凤蝶 *Papilio bianor*

155. 粉蝶科 Pieridae

(924) 红襟粉蝶 *Anthocharis cardamines*

(925) 奥倍绢粉蝶 *Aporia oberthueri*

(926) 斑缘豆粉蝶 *Colias erate*

(927) 橙黄豆粉蝶 *Colias fielldii*

(928) 艳妇斑粉蝶 *Delias belladonna*

(929) 宽边黄粉蝶 *Eurema hecabe*

(930) 尖角黄粉蝶 *Eurema laeta*

(931) 角翅粉蝶 *Gonepteryx rhamni*

(932) 菜粉蝶 *Pieris rapae*

(933) 云粉蝶 *Pontia daplidice*

156. 灰蝶科 Lycaenidae

(934) 尼采灰蝶 *Ahlbergia nicevillei*

(935) 琉璃灰蝶 *Celastrina argiola*

(936) 天使工灰蝶 *Celastrina seraphim*

(937) 黄灰蝶 *Japonica lutea*

(938) 黑灰蝶 *Niphanda fusca*

(939) 乌灰蝶 *Strymonidia w-album*

157. 蚬蝶科 Riodinidae

(940) 黄带褐蚬蝶 *Abisara fylla*

(941) 梯翅褐蚬蝶 *Abisara saturata*

(942) 银纹尾蚬蝶 *Dodona eugenes*

(943) 波蚬蝶 *Zemeros flegyas*

158. 眼蝶科 Satyridae

(944) 梨瞳艳眼蝶 *Callerebia albipuncta*

(945) 多眼蝶 *Kirinia epaminondas*

(946) 斗毛眼蝶 *Lasionmmata deidamia*

(947) 棕褐黛眼蝶 *Lethe christophi*

(948) 奇纹黛眼蝶 *Lethe cyene*

(949) 苔娜黛眼蝶 *Lethe diana*

(950) 左门黛眼蝶 *Lethe manzora*

(951) 黑带黛眼蝶 *Lethe nigrifascia*

(952) 重瞳黛眼蝶 *Lethe trimacula*

(953) 白眼蝶 *Melanargia halimede*

(954) 蛇眼蝶 *Minois dryas*

(955) 蒙链荫眼蝶 *Neope muirheadi*

(956) 完璧矍眼蝶 *Ypthima perfecta*

(957) 大波矍眼蝶 *Ypthima tappana*

159. 喙蝶科 Libytheidei

(958) 朴喙蝶中国亚种 *Libythea celtis chinensis*

160. 蛱蝶科 Nymphalidae

(959) 白条紫闪蛱蝶 *Apatura chevana*

(960) 柳紫闪蛱蝶 *Apatura ilia*

(961) 紫闪蛱蝶 *Apatura iris*

(962) 布眼蜘蛱蝶 *Araschnia burejana*

(963) 斐豹蛱蝶 *Argyeus hyperbius*

(964) 老豹蛱蝶 *Argyronome laodice*

(965) 奥蛱蝶 *Auzakia danava*

(966) 明窗蛱蝶 *Dilipa fenestra*

(967) 峨眉绿蛱蝶 *Euthalia hebe*

(968) 黄铜翠蛱蝶 *Euthalia nara*

(969) 重眉线蛱蝶 *Limenitis amphyssa*

(970) 愁眉线蛱蝶 *Limenitis disjucta*

(971) 横眉线蛱蝶 *Limenitis moltrechti*

(972) 残锷线蛱蝶 *Limenitis sulpitia*

(973) 迷蛱蝶 *Mimathyma chevana*

(974) 后斑迷蛱蝶 *Mimathyma schrenkii*

(975) 重环蛱蝶 *Neptis alwina*

(976) 双段三纹蛱蝶 *Neptis ananta*

(977) 圆斑三纹蛱蝶 *Neptis antilope*

(978) 珠环蛱蝶 *Neptis arachne*

(979) 莲花环蛱蝶 *Neptis hesione*

(980) 中环蛱蝶 *Neptis hylas*

(981) 小环蛱蝶过渡亚种 *Neptis sappho intermedia*

(982) 显角蛱蝶 *Nymphalis xanthomelas*

(983) 卵斑褐蛱蝶 *Pantoporia punctata*

(984) 眼纹星点蛱蝶 *Parathyma helmanni*

(985) 折线蛱蝶 *Parathyma sydyi*

(986) 白钩蛱蝶 *Polygonia c-album*

(987) 黄钩蛱蝶 *Polygonia c-aureum*

(988) 大二尾蛱蝶 *Polyura eudamippus*

(989) 大紫蛱蝶 *Sasakia charonda*

(990) 黄帅蛱蝶 *Sephisa princeps*

(991) 金纹蛱蝶 *Symbrenthia hippolus*

(992) 小红蛱蝶 *Vanessa cardui*

(993) 大红蛱蝶 *Vanessa indica*

二十一、双翅目 Diptera

161. 大蚊科 Tipulidae

(994) 膝突短柄大蚊 *Nephrotoma geniculata*

(995) 尖突短柄大蚊 *Nephrotoma impigra*

(996) 四斑短柄大蚊 *Nephrotoma rectispina*

(997) 黄头蜚大蚊 *Tipula xanthocephala*

(998) 毛蛉科 Psychodidae

(999) 中华白蛉　*Phlebotomus chinensis*

(1000) 蒙古白蛉　*Phlebotomus mongolensis*

(1001) 鲍氏白蛉　*Sergentomyia barraudi*

(1002) 南京白蛉　*Sergentomyia nankiangensis*

(1003) 鳞喙白蛉　*Sergentomyia squamipleuris*

162. 蚊科　Culicidae

(1004) 白纹伊蚊　*Aedes albopictus*

(1005) 双棘伊蚊　*Aedes hatori*

(1006) 日本伊蚊　*Aedes japonicus*

(1007) 骚扰伊蚊　*Aedes vexans*

(1008) 林氏按蚊　*Anopheles lindesayi*

(1009) 微小按蚊　*Anopheles minimus*

(1010) 潘氏按蚊　*Anopheles pattoni*

(1011) 二带喙库蚊　*Culex bitaeniorhynchus*

(1012) 褐尾库蚊　*Culex fuscanus*

(1013) 贪食库蚊　*Culex halifayii*

(1014) 贾氏库蚊　*Culex jacksoni*

(1015) 斑翅库蚊　*Culex mimeticus*

(1016) 伪杂鳞库蚊　*Culex pseudovishnui*

(1017) 中华库蚊　*Culex sinensis*

(1018) 迷走库蚊　*Culex vagans*

(1019) 霜背库蚊　*Culex whitmorei*

(1020) 常型曼蚊　*Mansonia uniformis*

163. 蠓科　Ceratopogonidae

(1021) 啮按库蠓　*Culicoides anophelis*

(1022) 哮库蠓　*Culicoides arakawai*

(1023) 明斑库蠓　*Culicoides circumscriptus*

(1024) 原野库蠓　*Culicoides homotomus*

(1025) 日本库蠓　*Culicoides nipponensis*

(1026) 虚库蠓　*Culicoides schultzei*

(1027) 南方库蠓　*Lasiohelea notialis*

164. 摇蚊科　Chironomidae

(1028) 背摇蚊　*Chironomus dorsalis*

(1029) 羽摇蚊　*Chironomus plumisus*

(1030) 岸摇蚊　*Chironomus riparius*

(1031) 黑趋流摇蚊　*Rheocricotopus nigrus*

(1032) 毛蚊科　Bibionidae

(1033) 黄腿毛蚊　*Bibio flavifemoralis*

165. 虻科　Tabanidae

(1034) 骚扰黄虻　*Atylotus miser*

(1035) 中华斑虻　*Chrysops sinensis*

(1036) 中华麻虻　*Haematopota sinensis*

(1037) 拟中华麻虻　*Haematopota sineroides*

(1038) 华广原虻　*Tabanus signtipennis*

(1039) 三重原虻 *Tabanus trigenminus*

166. 头蝇科 Torylaidae(Pipunculidae)

(1040) 趋稻头蝇 *Tomosvaryella orzaetora*

167. 食蚜蝇科 Syrphidae

(1041) 紫额异巴食蚜蝇 *Allobaccha apicalis*

(1042) 狭带贝食蚜蝇 *Betasyrphus serarius*

(1043) 斑翅食蚜蝇 *Dideopsis aegrota*

(1044) 巨斑边食蚜蝇 *Didea fasciata*

(1045) 黑带食蚜蝇 *Episyrphus balteatus*

(1046) 钝黑离眼食蚜蝇 *Eristalinus sepulchralis*

(1047) 长尾管食蚜蝇 *Eristalis tenax*

(1048) 短刺腿食蚜蝇 *Ischiodon scutellaris*

(1049) 梯斑墨食蚜蝇 *Melanostoma scalare*

(1050) 大灰后食蚜蝇 *Metasyrphus corollae*

(1051) 凹带后食蚜蝇 *Metasyrphus nitens*

(1052) 四条小食蚜蝇 *Paragus quadrifasciatus*

(1053) 斜斑鼓额食蚜蝇 *Scaeva pyrastri*

(1054) 月斑鼓额食蚜蝇 *Scaeva selenitica*

(1055) 印度食蚜蝇 *Sphaerophoria indiana*

(1056) 短翅细腹食蚜蝇 *Sphaerophoria scripta*

168. 果蝇科 Drosophilidae

(1057) 叶须阿果蝇 *Amiota foliiseta*

(1058) 黑叶阿果蝇 *Amiota nigrifoliiseta*

(1059) 冈田氏阿果蝇 *Amiota okadai*

(1060) 副大阿果蝇 *Amiota paramagna*

(1061) 叶毛阿果蝇 *Amiota phylochaeta*

(1062) 半处女阿果蝇 *Amiota semivirgo*

(1063) 杂色阿果蝇 *Amiota variegata*

(1064) 银额果蝇 *Drosophila albomicans*

(1065) 博克氏果蝇 *Drosophila bocki*

(1066) 缅甸果蝇 *Drosophila burmae*

(1067) 布氏纹果蝇 *Drosophila busckii*

(1068) 切达果蝇 *Drosophila cheda*

(1069) 黑花果蝇 *Drosophila coracina*

(1070) 台湾果蝇 *Drosophila formosana*

(1071) 六带果蝇 *Drosophila hexastriata*

(1072) 海德氏果蝇 *Drosophila hydei*

(1073) 伊菲斯果蝇 *Drosophila ifestia*

(1074) 宽鼻毛果蝇 *Drosophila latifrontata*

(1075) 马里果蝇 *Drosophila maryensis*

(1076) 亮额果蝇 *Drosophila nixifrons*

(1077) 背条果蝇 *Drosophila notostriata*

(1078) 裸茎毛果蝇 *Drosophila mudinokogiri*

(1079) 古冰山毛果蝇 *Drosophila oldenbergi*

（1080）东方淡果蝇　*Leucophenga orientalis*

（1081）方斑淡果蝇　*Leucophenga spilosoma*

（1082）直菌果蝇　*Mycodrosophila erecta*

（1083）银色拟淡果蝇　*Paraleucaphenga argentosa*

（1084）点斑拟果蝇　*Paramydrosophila pictula*

（1085）大线果蝇　*Zaprionus grandis*

169. 花蝇科　Anthomyiidae

（1086）粪种蝇　*Adia cinerella*

（1087）横带花蝇　*Anthomyia illocata*

（1088）灰地花蝇　*Delia platura*

170. 蝇科　Muscidae

（1089）双毛芒蝇　*Atherigona biseta*

（1090）夏厕蝇　*Fannis canicularis*

（1091）元厕蝇　*Fannia prisca*

（1092）隐斑池蝇　*Limnophora fallax fallax*

（1093）显斑池蝇　*Limnophora tigrina tigrina*

（1094）东方溜蝇　*Lispe orientalis*

（1095）园莫蝇　*Morellia hortensia*

（1096）逐畜家蝇　*Musca conducens*

（1097）突额家蝇　*Musca convexifrons*

（1098）家蝇　*Musca domestica*

（1099）黑边家蝇　*Musca hervei*

（1100）市蝇　*Musca sorbens*

（1101）黄腹家蝇　*Musca ventrosa*

（1102）狭额腐蝇　*Muscina angustifrons*

（1103）厩腐蝇　*Muscina Stabulans*

（1104）紫翠蝇　*Neomyia gavisa*

（1105）蓝翠蝇　*Neomyia timorensis*

（1106）斑足蔗黑蝇　*Ophyra chalcogaster*

（1107）厩螯蝇　*Stomoxys calcitrans*

171. 丽蝇科　Calliphoridae

（1108）巨尾阿丽蝇　*Adrichina grahami*

（1109）拟新月陪丽蝇　*Bellardia menechmoides*

（1110）红头丽蝇　*Calliphora vicina*

（1111）反吐丽蝇　*Calliphora vomitoria*

（1112）大头金蝇　*Chrysomya megacephala*

（1113）肥躯金蝇　*Chrysomya pinguis*

（1114）瘦叶带绿蝇　*Hemiprellia ligurriens*

（1115）三色依蝇　*Idiella tripartita*

（1116）南岭绿蝇　*Lucilia bazini*

（1117）亮绿蝇　*Lucilia illustris*

（1118）巴浦绿蝇　*Lucilia papuensis*

（1119）紫绿蝇　*Lucilia porphyrina*

（1120）丝光绿蝇　*Lucilia sericata*

(1121) 异色口鼻蝇 *Stomorhina discolor*

(1122) 叉丽蝇 *Triceratopyga calliphoroides*

172. 麻蝇科 Sarcophagidae

(1123) 线纹折麻蝇 *Blaesoxipha campestris*

(1124) 棕尾别麻蝇 *Boetterisca peregrina*

(1125) 黑尾黑麻蝇 *Helicophagella melanura*

(1126) 白头亚麻蝇 *Parasarcophaga albiceps*

(1127) 短角亚麻蝇 *Parasarcophaga brevicornis*

(1128) 巨亚麻蝇 *Parasarcophaga gigas*

(1129) 巧亚麻蝇 *Parasarcophaga idmais*

(1130) 拟对岛亚麻蝇 *Parasarcophaga kanoi*

(1131) 巨耳亚麻蝇 *Parasarcophaga macroauriculata*

(1132) 黄须亚麻蝇 *Parasarcophaga misera*

(1133) 秉氏亚麻蝇 *Parasarcophaga pingi*

(1134) 褐须亚麻蝇 *Parasarcophaga sericea*

(1135) 野亚麻蝇 *Parasarcophaga similis*

(1136) 鸡尾细麻蝇 *Pierretia caudagalli*

(1137) 上海细麻蝇 *Pierretia ugamskii*

(1138) 红尾拉麻蝇 *Ravinia striata*

(1139) 黄山叉麻蝇 *Robineauella huangshanensis*

(1140) 立刺麻蝇 *Sinonpponia hervehazini*

173. 寄蝇科 Tachindae

(1141) 蚕饰腹寄蝇 *Blepharipa zebina*

(1142) 兰黑栉寄蝇 *Ctenophrocera pavida*

(1143) 粘虫缺须寄蝇 *Cuphocera varia*

(1144) 日本追寄蝇 *Exorista japonica*

(1145) 毛虫追寄蝇 *Exorista rossica*

(1146) 银须筒寄蝇 *Halydaia luteicornis*

(1147) 饰额短须寄蝇 *Linnaemyia compta*

(1148) 玉米螟厉寄蝇 *Lydella grisescens*

(1149) 双班截腹寄蝇 *Nemorllia maculosa*

(1150) 松毛虫小盾寄蝇 *Nemosturmia amoena*

(1151) 常怯寄蝇 *Phryxe vulgaris*

(1152) 稻苞虫赛寄蝇 *Pseudeperchaeta insidiosa*

(1153) 稻苞虫鞘寄蝇 *Thecocatcelia parnarus*

174. 长足寄蝇科 Dexiidae

(1154) 银颜筒寄蝇 *Halydaia luleicornia*

(1155) 金龟长喙寄蝇 *Prosena siberita*

175. 秆蝇科 Chloropidae

(1156) 稻秆蝇 *Chlorops oryzae*

176. 实蝇科 Typetidae

(1157) 丽长痣实蝇 *Acidiostigma longipennis*

(1158) 柑橘大实蝇 *Bactrocera (Tetradacus) minax*

(1159) 宽带果实蝇 *Bactrocera (Zeugodacus) scutellata*

二十二、膜翅目　Hymenoptera

    177. 扁叶蜂科　Pamphiliidae

        （1160）方斑齿扁叶蜂　*Onycholyda subquadrata*

    178. 树蜂科　Siricidae

        （1161）扁脚黑树蜂　*Tremex apicalis*

        （1162）烟扁角树蜂　*Tremex fuscicornis*

    179. 叶蜂科　Tenthredinidae

        （1163）红首亚室叶蜂　*Asiemphytus rufocephalus*

        （1164）黑胫残青叶蜂　*Athalia proxima*

        （1165）短斑残青叶蜂　*Athalia rosae ruficornis*

        （1166）卡氏麦叶蜂　*Dolerus cameroni*

        （1167）长刃近曲叶蜂　*Emphytus niyrotibiali*

        （1168）黄唇宽腹叶蜂　*Macrophya abbreviata*

        （1169）樟叶蜂　*Moricella rufonofa*

        （1170）日本侧齿叶蜂　*Neostromboceros nipponicus*

        （1171）白环细叶蜂　*Pachyprotausis alboannulata*

        （1172）玄参细叶蜂　*Pachyprotausis rapae*

        （1173）黑唇副元叶蜂　*Parasiobla attenata*

        （1174）中华浅沟叶蜂　*Pseudostromboceros sinensis*

        （1175）白唇角瓣叶蜂　*Senoclidia decora*

        （1176）棕尾黄叶蜂　*Tenthredo fuscoterminata*

        （1177）红腹黄角叶蜂　*Tenthredo jozana*

        （1178）中华黄叶蜂　*Tenthredo sinensis*

    180. 三节叶蜂科　Argidae

        （1179）杜鹃三节叶蜂　*Arge similes*

    181. 瘿蜂科　Cynipidae

        （1180）板栗瘿蜂　*Dryocosmus kuriphilus*

    182. 姬蜂科　Ichneumonidae

        （1181）夹色奥姬蜂　*Auberteterus alternecoratus*

        （1182）负泥虫沟姬蜂　*Bathythrix kuwanae*

        （1183）强背草蛉姬蜂　*Brachycytrus nawaii*

        （1184）棉铃虫齿唇姬蜂　*Campoletis chlorideae*

        （1185）稻苞虫凹眼姬蜂　*Casinaria pedunculata*

        （1186）螟岭悬茧姬蜂　*Charops bicolor*

        （1187）短翅悬茧姬蜂　*Charops brachypterum*

        （1188）刺蛾紫姬蜂　*Chlorocryptus purpuratus*

        （1189）稻纵卷叶螟黄脸姬蜂　*Chorinaeus facialis*

        （1190）满点黑瘤姬蜂　*Coccygomimus aethiops*

        （1191）舞毒蛾黑瘤姬蜂　*Coccygomimus disparis*

        （1192）日本黑瘤姬蜂　*Coccygomimus japponicus*

        （1193）台湾弯尾姬蜂　*Diadegma akoensis*

        （1194）花胫蚜蝇姬蜂　*Diplazon laetatorius*

        （1195）小地老虎姬蜂　*Enicospilus pungens*

        （1196）中华钝唇姬蜂　*Eriborus sinicus*

（1197）纵卷叶螟钝唇姬蜂 *Eriborus vulgaris*

（1198）地蚕大铗姬蜂 *Eutanyacra picta*

（1199）横带驼姬蜂 *Goryphus basilaris*

（1200）花胸姬蜂 *Gotra octocinctus*

（1201）桑蟥聚瘤姬蜂 *Iseropus (Gregopimpla) kuwanae*

（1202）螟蛉埃姬蜂 *Itoplectis naranyae*

（1203）盘背菱室姬蜂 *Meschorus discitergus*

（1204）斜纹夜蛾盾脸姬蜂 *Metopius rufus browni*

（1205）中华齿腿姬蜂 *Pristomerus chinensis*

（1206）螟黄抱缘姬蜂 *Temelucha biguttula*

（1207）菲岛抱缘姬蜂 *Temelucha philippinensis*

（1208）三化螟抱缘姬蜂 *Temelucha stangli*

（1209）脊腿囊爪姬蜂 *Theronia atalantae gestator*

（1210）松毛虫囊爪姬蜂 *Theronia diluta*

（1211）黄眶离缘姬蜂 *Trathala flavo-orbitalis*

（1212）稻苞虫弧脊姬蜂 *Trichonotus japonicus*

（1213）弄蝶武姬蜂 *Ulesta agitata*

（1214）稻纵卷叶螟白姬蜂 *Vulgichneumon iminutus*

（1215）粘虫白星姬蜂 *Vulgichneumon leucaniae*

（1216）松毛虫黑点瘤姬蜂 *Xanthopimpla pedator*

（1217）广黑点瘤姬蜂 *Xanthopimpla punctata*

183. 茧蜂科 Braconidae

（1218）螟蛉脊茧蜂 *Aleiodes narangae*

（1219）弄蝶绒茧蜂 *Apanteles baoris*

（1220）二化螟绒茧蜂 *Apanteles chilonis*

（1221）稻纵卷叶螟绒茧蜂 *Apanteles cypris*

（1222）螟黄足绒茧蜂 *Apanteles flavipes*

（1223）黏虫绒茧蜂 *Apanteles kariyai*

（1224）棉大卷叶螟绒茧蜂 *Apanteles opacus*

（1224）螟蛉绒茧蜂 *Apanteles ruficrus*

（1226）三化螟绒茧蜂 *Apanteles schoenobii*

（1227）螟黑纹茧蜂 *Bracon onukii*

（1228）天牛茧蜂 *Brulleia shibuensis*

（1229）螟甲腹茧蜂 *Chelonus munaktate*

（1230）红铃虫甲腹茧蜂 *Chelonus pectinophorae*

（1231）斑痣悬茧蜂 *Meteorus pulchricornis*

（1232）稻螟小腹茧蜂 *Microgaster russatus*

（1233）中华茧蜂 *Myosoma chinensis*

（1234）天牛茧蜂 *Parabrulleia shibuensis*

（1235）黄色白茧蜂 *Phanerotoma flava*

（1236）食心虫白茧蜂 *Phanerotoma planifrons*

184. 蚜茧蜂科 Aphidiidae

（1237）桃瘤蚜茧蜂 *Ephedris persicae*

（1238）棉蚜茧蜂 *Lysiphlebia japonica*

185. 小蜂科　Chalcididae
  （1239）无脊大腿小蜂　*Brachymeria excarinata*
  （1240）广大腿小蜂　*Brachymeria lasus*
  （1241）次生大腿小蜂　*Brachymeria secundaria*
186. 广肩小蜂科　Eurytomidae
  （1242）黏虫广肩小蜂　*Eurytoma vertillata*
187. 金小蜂科　Pteromalidae
  （1243）稻苞虫金小蜂　*Eupteromalus parnarae*
  （1244）米象金小蜂　*Lariophagus distinguendus*
  （1245）松毛虫宽缘金小蜂　*Pachyneuron nawai*
  （1246）蝶蛹金小蜂　*Pteromalus puparum*
188. 跳小蜂科　Encyrtidae
  （1247）瓢虫隐尾跳小蜂　*Homalotylus flaminius*
189. 无后缘姬小蜂科　Tetrastichidae
  （1248）螟卵齿小蜂　*Tetrastichus schoenobii*
190. 扁股小蜂科　Elasmidae
  （1249）白足扁股小蜂　*Elasmus corbrtii*
191. 分盾细蜂科　Callieceratidae
  （1250）菲岛黑蜂　*Ceraphron manilae*
192. 黑卵蜂科　Scelionidae
  （1251）松毛虫黑卵蜂　*Telenomus dendrolimusi*
  （1252）等腹黑卵蜂　*Telenomus diguns*
  （1253）长腹黑卵蜂　*Telenomus rowani*
193. 旋小蜂科　Eupelmidae
  （1254）松毛虫短角平腹小蜂　*Mesocomys orientalis*
194. 赤眼蜂科　Trichogrammatidae
  （1255）螟黄赤眼蜂　*Trichogramma chilonis*
  （1256）松毛虫赤眼蜂　*Trichogramma dendrolimi*
  （1257）稻螟赤眼蜂　*Trichogramma japonicum*
195. 肿腿蜂科　Bethylidae
  （1258）窃蠹肿腿蜂　*Sclerodermus nipponicus*
196. 螯蜂科　Dryinidae
  （1259）两色食虻螯蜂　*Echthrodelphax fairchildii*
  （1260）稻虱红单节螯蜂　*Haplogonatopus apicalis*
  （1261）黑腹单节螯蜂　*Haplogonatopus oratorius*
  （1262）黄腿双距螯蜂　*Gonatopus flavfemur*
  （1263）侨双距螯蜂　*Gonatopus hospes*
197. 蚁科　Formicidae
  （1264）史氏盘腹蚁　*Aphaenogaster smythiesi*
  （1265）高桥盘腹蚁　*Aphaenogaster takahashii*
  （1266）黄足短猛蚁　*Brachyponera luteipes*
  （1267）四斑弓背蚁　*Camponotus quadrinotatus*
  （1268）马氏举腹蚁　*Crematogaster matsumurai*
  （1269）黑毛蚁　*Lasius niger*

  （1270）中华光胸臭蚁 *Lionmetopum sinense*

  （1271）黄立毛蚁 *Paratrechina flavipes*

198. 马蜂科 Polistidae

  （1272）角马蜂 *Polistes antennalis*

  （1273）约马蜂 *Polistes jokahamae*

  （1274）柑马蜂 *Polistes mandarinus*

  （1275）普通长脚马蜂 *Polistes okinawaensis*

  （1276）陆马蜂 *Polistes rothneyi grahami*

199. 胡蜂科 Vespidae

  （1277）黄腰胡蜂 *Vespa affinis*

  （1278）黑尾胡蜂 *Vespa tropica ducalis*

  （1279）墨胸胡蜂 *Vespa velutina nigrithorax*

200. 异腹胡蜂科 Polybiidae

  （1280）印度侧异腹胡蜂 *Parapolybia indica indica*

201. 蜾蠃科 Eumenidae

  （1281）镶黄蜾蠃 *Eumenes decoratus*

  （1282）中华唇蜾蠃 *Eumenes labiatus sinicus*

  （1283）显佳盾蜾蠃 *Euodynerus notatus*

202. 隧蜂科 Halictidae

  （1284）红足隧蜂 *Halictus rubicundus*

  （1285）蓝彩带蜂 *Nomia chalybeata*

203. 切叶蜂科 Megachilidae

  （1286）短板尖腹蜂 *Coelioxys ducalis*

  （1287）拟丘切叶蜂 *Megachile pseudomonticola*

  （1288）基赤腹蜂 *Parevaspis basalis*

204. 木蜂科 Xylocopidae

  （1289）黄胸木蜂 *Zylocopa appendiculata*

  （1290）中华木蜂 *Zylocopa sinensis*

205. 土蜂科 Scoliidae

  （1291）白毛长腹土蜂 *Campsomeris annulata*

  （1292）金毛长腹土蜂 *Campsomeris prismatica*

206. 蜜蜂科 Apidae

  （1293）意大利蜂 *Apis mellifera*

  （1294）中华蜜蜂 *Apis cerana*

二十三、蚤目 Siphonaptera

207. 角叶蚤科 Ceratophyllidae

  （1295）不等单蚤 *Monopsyllus anisus*

208. 多毛蚤科 Hystrichopsyllidae

  （1296）特新蚤指名亚种 *Neopsylla specialis specialis*

  （1297）上海狄蚤 *Stenoponia shanghaiensis*

209. 蝠蚤科 Ishnopsyllidae

  （1298）印度蝠蚤 *Ischnopsyllus indicus*

210. 细蚤科 Leptopeyllidae

  （1299）穗缘端蚤中缅亚种 *Acropsylla episema girshami*

（1300）迪庆额蚤　*Frontopsylla diqingensis*

211．蚤科　Pulicidae

（1301）猫栉首蚤指名亚种　*Ctenocephalides felis felis*

（1302）人蚤　*Pulex irritans*

（1303）印鼠客蚤　*Xenopsylla cheopis*

附录4 南河自然保护区科考人员名单

项目负责人：

汪正祥 湖北大学资源环境学院 教授 博导

湖北大学资源环境学院：

汪正祥 教 授

宛 晶 研究生

王 琴 研究生

李亭亭 研究生

龚 苗 研究生

华中师范大学生命科学学院：

杨其仁 教 授

雷 耘 教 授

只佳增 研究生

周素荣 研究生

陈亚娜 研究生

湖北省生态工程职业技术学院：

江建国 教 授

曾文豪 高 工

谷城县科考人员：

赵开德 县林业局党组书记、局长

严小飞 县林业局党组副书记、副局长

杨建国 县林业局副局长

陈 伟 县林业局资源科科长

陈 松 县林业调查规划设计队队长

邓正群 县林业局天保办负责人

张学功 南河镇林业管理站站长

李大权 赵湾乡林业管理站站长

汪林波 紫金镇林业管理站站长

周祖涛 南河镇林业管理站副站长

许朝林 南河镇林业管理站会计

陈家元 赵湾乡林业管理站副站长

黄晓晨 赵湾乡林业管理站副站长

张小勇　紫金镇林业管理站副站长
熊　兴　赵湾乡林业管理站职工
都祥飞　赵湾乡林业管理站职工
陈圣明　南河镇白水峪村支部书记
覃　辉　南河镇东坪村支部书记
韩世才　赵湾乡韩家山村支部书记
李友山　赵湾乡渔坪村支部书记